白鹤滩巨型地下洞室群围岩变形破坏机理与时间效应

石安池 等 著

科学出版社

北 京

内 容 简 介

本书针对高地应力地下洞室群围岩变形破坏问题，依托世界规模最大的白鹤滩水电站巨型地下洞室群工程实践，对高地应力脆性围岩变形破坏机理与时间效应展开研究。全书共分为 9 章，分别介绍了脆性玄武岩力学特性、地应力场、巨型地下洞室群围岩变形破坏类型及特征、围岩监测成果及分析、围岩变形破坏机理、洞群典型部位变形破坏特征及原因、围岩变形破坏时间效应及长期稳定性等方面的研究成果。

本书可供水利水电、土木、交通、采矿等领域的工程技术人员、科研人员和院校师生参考。

图书在版编目（CIP）数据

白鹤滩巨型地下洞室群围岩变形破坏机理与时间效应／石安池等著.
—北京：科学出版社，2023. 11
ISBN 978-7-03-077056-1

Ⅰ. ①白… Ⅱ. ①石… Ⅲ. ①金沙江–水力发电站–地下洞室–围岩变形–破坏机理–研究 ②金沙江–水力发电站–地下洞室–围岩变形–时间效应–研究 Ⅳ. ①TU929②P541

中国国家版本馆 CIP 数据核字（2023）第 219762 号

责任编辑：韩　鹏　崔　妍／责任校对：何艳萍
责任印制：肖　兴／封面设计：图阅盛世

科学出版社 出版
北京东黄城根北街 16 号
邮政编码：100717
http://www.sciencep.com
北京捷迅佳彩印刷有限公司 印刷
科学出版社发行　各地新华书店经销

＊

2023 年 11 月第　一　版　　开本：787×1092　1/16
2023 年 11 月第一次印刷　　印张：18
字数：426 000

定价：258.00 元
（如有印装质量问题，我社负责调换）

作者名单

石安池　鲁功达　洪望兵　王　猛

周家文　李　琦　肖明砾　李从江

前　言

近年来随着我国社会经济步入高质量发展新阶段，西南地区因丰富的水能资源而成为清洁能源开发利用的重要基地，众多巨型水电站陆续开工建设并逐步投产运行。受限于西南地区高山峡谷地形地貌条件，地下厂房成为大部分水电站发电厂房的主要布置形式，这些地下厂房洞室群一般具有规模巨大和空间结构复杂等特点，同时所处位置地质环境复杂、内外动力地质作用活跃、断裂构造活动性强、岩体结构复杂，地下洞室群施工期围岩变形破坏及安全稳定问题非常突出，受到工程界及学术界的广泛关注。

金沙江白鹤滩水电站是装机容量（1600 万 kW）仅次于我国三峡水电站的世界第二大的水电站，也是目前世界上在建规模最大、技术难度最大、单机容量最大（1000 万 kW）的水电站，地下洞室群规模、地下厂房跨度、圆筒式尾水调压室直径与规模均居世界之首。白鹤滩水电站左右两岸地下厂房长 438m、高 88.7m、跨度 34m，两岸共布置 8 个圆筒式尾水调压室，直径 43～48m、直墙高度 57.93～93m。两岸地下洞室群包含上百条隧洞，洞室总长度约 217km，洞室总开挖量达 2500 万 m³。此外，地下洞室群地质条件复杂，初始地应力量值高，实测最大水平主应力达 30.99MPa，长大缓倾角错动带等不良地质构造发育，玄武岩脆性破裂特征显著。在此背景下，地下洞室群施工期间围岩变形破坏问题较严重，洞室群施工期安全及长期运行稳定面临严峻挑战，工程建设技术难度世所罕见。

针对白鹤滩水电站地下洞室群围岩变形破坏问题，诸多学者通过研究已取得一些成果，但对一些关键岩石力学问题的研究和解释值得进一步深入探讨。作为白鹤滩水电站的勘察设计单位，中国电建集团华东勘测设计研究院有限公司（以下简称华东院）开展了大量地质勘测、现场试验及研究等工作，并在工程施工期间对围岩变形破坏情况进行了系统、长期、持续的现场勘察和研究，获取了大量宝贵的资料成果。在此基础上，华东院联合四川大学开展白鹤滩水电站高地应力条件下巨型地下洞室群脆性围岩变形破坏机理及时间效应研究，围绕白鹤滩脆性玄武岩力学特性、初始地应力场准确获取、巨型地下洞室群围岩变形破坏特征、巨型地下洞室群围岩变形破坏机理、地下洞室群围岩变形破坏时间效应、地下洞室群围岩长期稳定性等 6 个方面科学技术问题，课题组用理论分析结合白鹤滩工程实际，进行了深入研究，取得了较为系统的科研成果。研究成果为白鹤滩水电站地下厂房洞室群安全高效建成，保障洞室群围岩稳定提供了有力支撑。此外，研究成果可为今后类似地质条件的地下工程的安全建设提供借鉴。

本专著是对白鹤滩水电站工程巨型地下洞室群围岩变形破坏机理与时间效应相关研究及实践工作的系统性归纳总结。本专著由华东院石安池、洪望兵、李琦，四川大学鲁功达、王猛、周家文、肖明砾、李从江编写，第 1 章由石安池、王猛等编写，第 2 章由石安池、洪望兵、李琦等编写，第 3 章由石安池、鲁功达、肖明砾等编写，第 4 章由鲁功达、肖明砾等编写，第 5 章由石安池、周家文、李琦等编写，第 6 章由洪望兵、王猛等编写，第 7 章由石安池、洪望兵、李从江等编写，第 8 章由王猛、周家文、洪望兵等编写，第 9

章由鲁功达、石安池、王猛等编写，全书由石安池统稿。此外，华东院楚文杰、苑久超等以及四川大学裴建良、刘怀忠、陶剑、袁飞、严鸿川、陈骎、冉宇涵、王焘等也参与了本专著相关研究工作。

　　本专著引用了大量勘察设计成果和相关文献资料，在此表示衷心的感谢！

　　由于作者水平有限，书中不足和错漏之处在所难免，恳切希望读者批评指正。

石安池

2023 年 5 月

目 录

第1章 绪 论

1.1 白鹤滩水电站工程概况

1.1.1 工程简介

金沙江白鹤滩水电站位于金沙江下游四川省凉山彝族自治州宁南县和云南省昭通市巧家县境内，距巧家县城 45km，距昆明市 260km 左右。白鹤滩水电站上接乌东德水电站，下邻溪洛渡水电站。白鹤滩水电站的开发任务以发电为主，兼顾防洪、航运，并促进地方经济社会发展。电站水库正常蓄水位为 825.00m，总库容为 206.27 亿 m^3，调节库容可达 104.36 亿 m^3，防洪库容为 75.00 亿 m^3，电站总装机容量为 16000MW，多年平均发电量为 624.43 亿 kW·h。白鹤滩水电站工程的全景鸟瞰效果见图 1.1.1。

枢纽工程主要由混凝土双曲拱坝、二道坝及水垫塘、泄洪洞、引水发电系统等建筑物组成。混凝土双曲拱坝坝顶高程 834.00m，最大坝高 289.00m，坝身布置有 6 个泄洪表孔和 7 个泄洪深孔，坝下游布置水垫塘和二道坝；泄洪洞共 3 条，均布置在左岸。

图 1.1.1 白鹤滩水电站工程鸟瞰图

1.1.2　地下洞室群布置及特点

白鹤滩水电站左右岸各布置一套引水发电系统，均采用首部式地下厂房，地下厂房分别布置于坝址区两岸山体内，厂内各布置 8 台 1000MW 水轮发电机组。每台机组有一条引水隧洞，两台机组共用一条尾水隧洞，两岸厂房区由四大洞室组成，即主副厂房洞、主变洞、尾水管检修闸门室和尾水调压室，4 个洞室平行布置。布置格局见图 1.1.2 ~ 图 1.1.4。

（1）左、右岸主副厂房长 438.00m，高 88.70m，顶拱高程 624.60m，岩梁高程 602.30 ~ 604.40m，岩梁以下宽为 31.00m，以上宽为 34.00m。左、右岸主副厂房呈对称型布置，副厂房均布置在上游侧，主副厂房分界线处桩号为 0，自上游端至下游端，左岸主副厂房桩号为 0-071.6 ~ 0+366.4m，右岸主副厂房桩号为 0-075.4 ~ 0+362.6m。

（2）主变洞布置在主副厂房洞下游侧，与主副厂房洞净间距 60.65m，总长 368.00m，宽 21.00m，高 39.50m。两岸主变洞的下游侧各布置两个出线井，连接地面出线场。

（3）尾水连接管检修闸门室和尾水调压室分离布置，尾水管检修闸门室分两层，上层跨度 15（12.10）m，下层跨度 12（9.10）m，总高度 129.50m，总长 374.50m。

（4）尾水调压室两岸各布置 4 个，轴线与主副厂房洞、主变洞平行布置，轴线与厂房机组中心线间距为 220m，与主变洞中心距为 130.50m。两机共用一个调压室，左岸自上游至下游布置 1# ~ 4# 尾水调压室，其开挖直径分别为 48m、47.5m、46m、44.5m，右岸自下游至上游布置 5# ~ 8# 尾水调压室，其开挖直径分别为 43m、45.5m、47m、48m，调压室直墙开挖高度 57.93 ~ 93.00m。

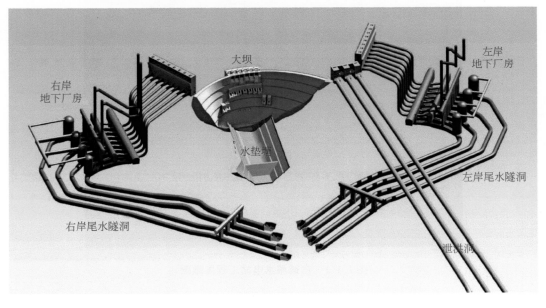

图 1.1.2　白鹤滩水电站枢纽主要建筑物布置情况

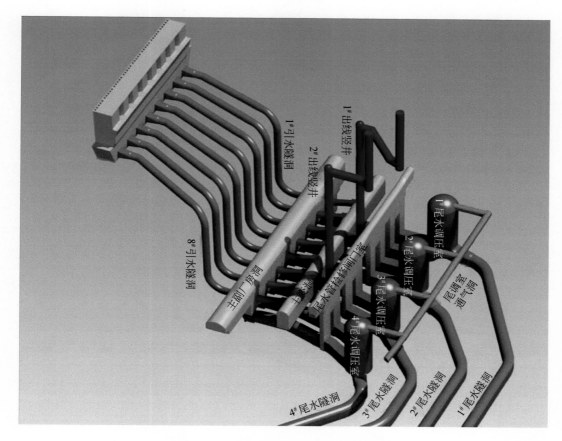

图 1.1.3 左岸引水发电系统三维布置情况

引水建筑物和尾水建筑物分别采用单机单洞和 2 机 1 洞的布置形式，左岸 3 条尾水隧洞结合导流洞布置，右岸 2 条尾水隧洞结合导流洞布置。

白鹤滩水电站地下洞室群规模宏大，地下洞室群单洞室尺寸位居水电工程领域前列。地下厂房规模是世界上已建水电工程中最大的；尾水调压室亦为世界上已建水电工程中直径最大的圆筒式调压室。

1.1.3 地下洞室群施工概况

1.1.3.1 左岸地下洞室群

左岸主副厂房分 10 层开挖，厂顶中导洞于 2012 年 12 月开始施工，第 Ⅰ 层两侧扩挖于 2014 年 5 月开始，8# 机坑底板垫层混凝土 2018 年 4 月 20 日启动浇筑，底板第 Ⅰ 层混凝土 2018 年 5 月 22 日启动浇筑，2018 年 6 月底左岸主副厂房全部完成，并转入混凝土施工及机组安装阶段。左岸主副厂房开挖分层见表 1.1.1。

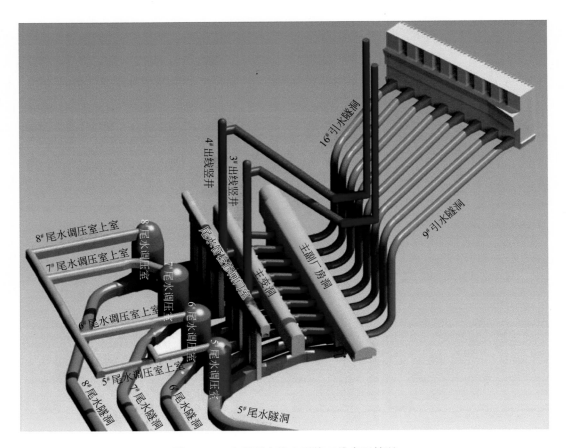

图 1.1.4　右岸引水发电系统三维布置情况

表 1.1.1　左岸主副厂房分层开挖统计表

分层		时间段	持续时间	高度/m	备注
前期准备		2012. 12 ～ 2013. 09	10	13.6	
Ⅰ		2014. 05 ～ 2014. 12	7	13.6	
Ⅱ		2015. 03 ～ 2015. 05	2	4.1	
Ⅲ		2015. 05 ～ 2015. 12	7	11	包含岩梁浇筑
Ⅳ		2016. 06 ～ 2016. 09	3	4	
Ⅴ	Ⅴ1	2016. 09 ～ 2016. 11	2	4	分 2 小层开挖
	Ⅴ2	2016. 10 ～ 2016. 12	2	4	
Ⅵ	Ⅵ1	2016. 11 ～ 2017. 01	2	5	分 2 小层开挖
	Ⅵ2	2017. 01 ～ 2017. 03	2	5.5	
Ⅶ	Ⅶ1	2017. 04 ～ 2017. 06	2	5.5	分 2 小层开挖
	Ⅶ2	2017. 06 ～ 2017. 09	3	5	
Ⅷ		2017. 09 ～ 2018. 04	8	13.2	机坑分 3 小层开挖

续表

分层	时间段	持续时间	高度/m	备注
IX	2017.12 ~ 2018.05	6	8.3	机坑分 2 小层开挖
X	2018.03 ~ 2018.06	3	5.5	机坑分 2 小层开挖
	总高度/m		88.7	

左岸主变洞分 4 层，第 I 层开挖于 2014 年 7 月，2016 年 9 月全部完成；左岸尾水管检修闸门室于 2014 年 6 月开挖，2018 年 7 月底全部完成；左岸 1# ~ 4# 尾水调压室于 2015 年 6 月开挖，至 2019 年 1 月全部完成；左岸尾水扩散段及连接管自 2015 年 9 月开挖，至 2018 年 12 月全部完成。

1.1.3.2 右岸地下洞室群

右岸主副厂房分 10 层开挖，厂顶中导洞于 2013 年 1 月开始施工，第 I 层两侧扩挖于 2014 年 5 月开始，⑨机坑底板垫层混凝土 2018 年 7 月 21 日启动浇筑，底板第 I 层混凝土 2018 年 7 月 30 日启动浇筑，2018 年 11 月右岸主副厂房全部完成，并转入混凝土施工及机组安装阶段。右岸主副厂房开挖分层见表 1.1.2。

表 1.1.2 右岸主副厂房分层开挖统计表

分层		时间段	持续时间	高度/m	备注
前期准备		2013.01 ~ 2013.09	9	13.6	中导洞开挖
I		2014.05 ~ 2014.11	6	13.6	顶拱扩挖
II		2015.03 ~ 2015.05	2	4.1	
III		2015.05 ~ 2015.12	7	11	包含岩梁浇筑
IV		2016.09 ~ 2017.03	4	6.1	分 2 小层开挖
V	Va	2017.03 ~ 2017.05	2	5.5	分 2 小层开挖
	Vb	2017.05 ~ 2017.06	2	5.5	
VI	VIa	2017.06 ~ 2017.08	3	5.5	分 2 小层开挖
	VIb	2017.08 ~ 2017.11	4	5.5	
VII		2017.11 ~ 2017.12	2	4.4	
VIII	VIIIa	2017.12 ~ 2018.07	8	4.5	分 2 小层开挖
	VIIIb		8	7.7	
IX	IXa	2018.01 ~ 2018.07	7	7.5	分 2 小层开挖
	IXb	2018.07 ~ 2018.10	4	2.8	
X	Xa	2018.07 ~ 2018.10	4	3.0	分 2 小层开挖
	Xb	2018.10 ~ 2018.11	2	2.0	
		总高度/m		88.7	

右岸主变洞分 6 层开挖，于 2014 年 7 月开挖，至 2017 年 1 月全部完成；右岸尾水管

检修闸门室，于2014年7月开挖，至2018年12月全部完成；右岸$5^{\#} \sim 8^{\#}$尾水调压室，于2015年7月开挖，至2019年2月全部完成；右岸尾水扩散段及连接管自2015年6月开挖，至2019年2月全部完成。

1.1.4　地下洞室群系统支护措施

1.1.4.1　左岸地下洞室群

1. 主副厂房

1）顶拱中导洞

喷护混凝土：初喷钢纤维混凝土5cm，挂网直径（Φ）8间距（@）15cm×15cm（直径单位：cm），钢筋拱肋+复喷混凝土15cm。

锚杆：Ⅱ类围岩采用普通砂浆锚杆Φ32，$L=6$m，预应力锚杆Φ32，$L=9$m，$T=100$kN，间距1.5m×1.5m间隔布置；Ⅲ类围岩采用普通砂浆锚杆Φ32，$L=6$m，预应力锚杆Φ32，$L=9$m，$T=100$kN，间距1.2m×1.2m间隔布置。

锚索：层内错动带LS_{3152}在顶拱上方高度15m范围内出露部位布置4排与厂顶锚固观测洞的对穿预应力锚索，顶拱缓倾角节理密集带布置2排与厂顶锚固观测洞的对穿锚索，其余部位不布置锚索；纵向间距3.6~4.8m。

2）拱肩

喷护混凝土：初喷钢纤维混凝土5cm，挂网Φ8@15cm×15cm，双向龙骨筋Φ16+复喷混凝土15cm。

锚杆：Ⅱ类围岩采用普通砂浆锚杆Φ32，$L=6$m，预应力锚杆Φ32，$L=9$m，$T=100$kN，间距1.5m×1.5m间隔布置；Ⅲ类围岩采用普通砂浆锚杆Φ32，$L=9$m，预应力锚杆Φ32，$L=9$m，$T=100$kN，间距1.2m×1.2（1.5）m间隔布置。

锚索：上下游拱脚各布置2排系统预应力锚索，纵向间距3.6~4.8m。

主副厂房顶拱典型断面锚索布置见图1.1.5（a），典型断面锚杆布置见图1.1.5（b）。

3）边墙

喷护混凝土：初喷纳米钢纤维混凝土12cm，挂网Φ8@15cm×15cm，双向龙骨筋Φ16+复喷纳米混凝土8cm。

锚杆：Ⅱ类围岩采用普通砂浆锚杆Φ32，$L=6$m，普通砂浆锚杆Φ32，$L=9$m，间距1.2m×1.2m间隔布置；$Ⅲ_1$类围岩采用普通砂浆锚杆Φ32，$L=9$m，间距1.2m×1.2m；$Ⅲ_2$类围岩采用普通砂浆锚杆Φ32，$L=9$m，预应力锚杆Φ32，$L=9$m，$T=100$kN，间距1.2m×1.2m间隔布置。

锚索：上游边墙预应力锚索$T=2500$kN，$L=25/30$m，间距3.6~6.0m；下游边墙预应力锚索$T=2500$kN，$L=25/30$m，间距3.6~6.0m。

主副厂房边墙典型断面锚索布置见图1.1.6（a），典型断面锚杆布置见图1.1.6（b）。

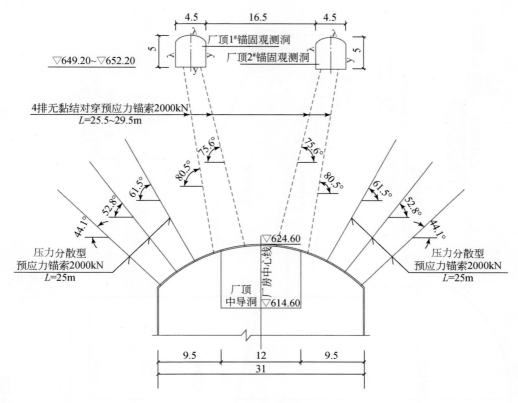

(a) 锚索布置图

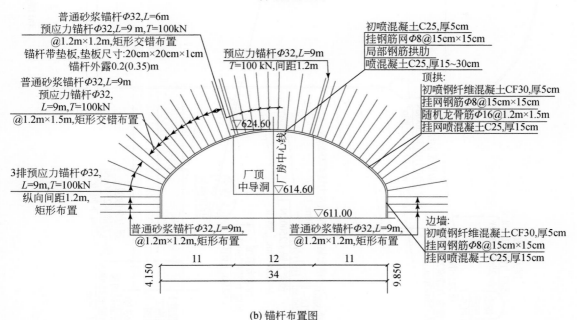

(b) 锚杆布置图

图 1.1.5　主副厂房顶拱典型断面系统支护图（单位：m）

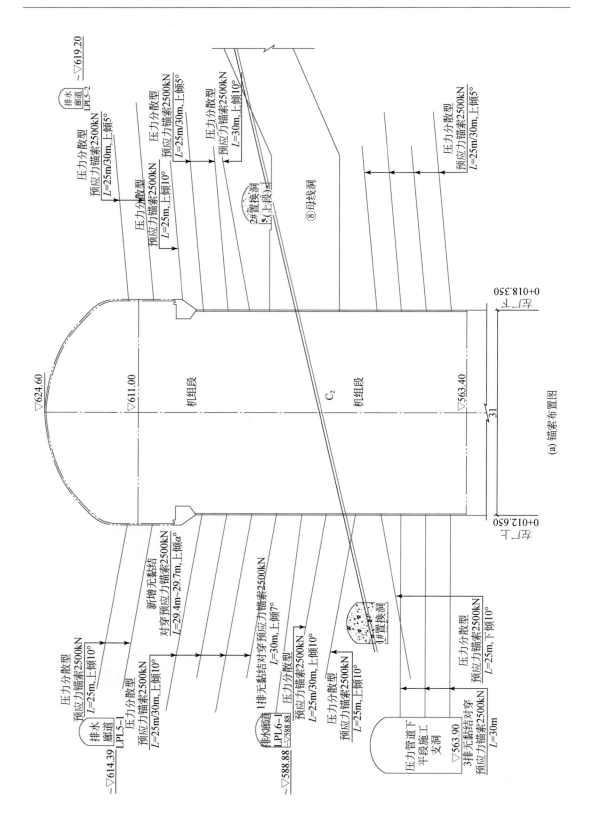

(a) 锚索布置图

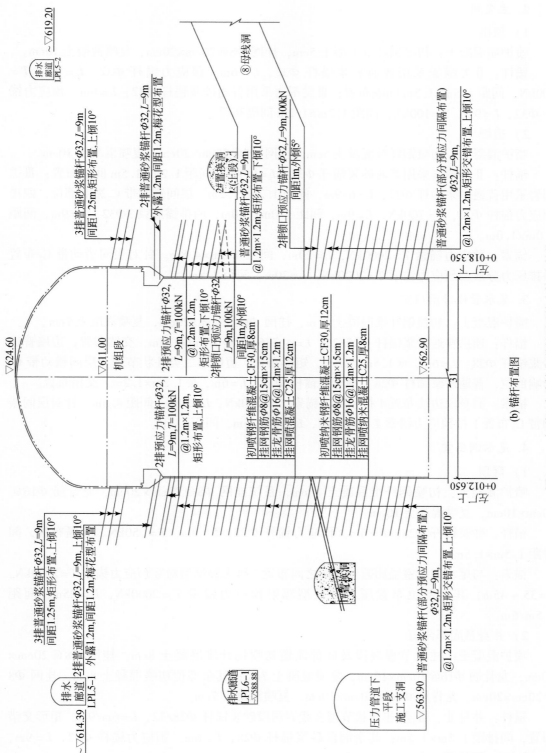

(b) 锚杆布置图

图1.1.6 主副厂房边墙典型断面系统支护图(单位:m)

2. 主变洞

1）顶拱

喷护喷混凝土：初喷钢纤维混凝土 5cm，挂网 $\Phi8@20cm\times20cm$，复喷混凝土 10cm。

锚杆：Ⅱ类围岩采用普通砂浆锚杆 $\Phi32$，$L=6m$，预应力锚杆 $\Phi32$，$L=9m$，$T=100kN$，间距 1.5m×1.5m 间隔布置；Ⅲ类围岩采用普通砂浆锚杆 $\Phi32$，$L=6m$，预应力锚杆 $\Phi32$，$L=9m$，$T=100kN$，间距 1.2m×1.2m 间隔布置。

2）边墙

喷护混凝土：初喷钢纤维混凝土 5cm，挂网 $\Phi8@20cm\times20cm$，复喷混凝土 10cm。

锚杆：Ⅱ类围岩采用普通砂浆锚杆 $\Phi32$，$L=6/9m$，间距 1.2m×1.5m 间隔布置；Ⅲ类围岩采用普通砂浆锚杆 $\Phi32$，$L=6/9m$，间距 1.2m×1.2m。层间错动带 C_2 影响部位，四排预应力锚杆 $\Phi32$，$T=100kN$，$L=9m$，间距 1.0m×1.0m；两排锚筋束 $3\Phi32$，$L=9m$，间距 1.0m×1.0m。

锚索：预应力锚索 $T=2000kN$，$L=20m$，间距 4.5m×4.8m。针对层间错动带 C_2 布置一排压力分散型预应力锚索 $T=2000kN$，$L=20m$，间距 4.8m。

3. 尾水管检修闸门室

喷护混凝土：初喷钢纤维混凝土 8cm，挂网 $\Phi8@20cm\times20cm$，复喷混凝土 7cm。

锚杆：顶拱普通砂浆锚杆 $\Phi25/28$，$L=4.5/6m$，@1.5m×1.5m，交错布置；边墙普通砂浆锚杆 $\Phi28$，$L=6m$，@1.5m×1.5m，矩形布置。边墙第二类柱状节理及层间错动带 C_2 影响部位，普通砂浆锚杆 $\Phi28$、预应力锚杆 $\Phi32$，$L=6m$，@1.2m×1.2m，交错布置。

锚索：洞身段边墙布置 4 排预应力锚索 $T=1500kN$，$L=20m$，间距 4.5m。针对层间错动带 C_2 布置 1 排预应力锚索 $T=1000kN$，$L=15\sim25m$，间距 4.5m。

4. 尾水调压室

1）穹顶

喷护混凝土：初喷钢纤维混凝土 10cm，系统挂网 $\Phi8@20cm\times20cm$，龙骨筋 $\Phi16@10cm\times10cm$，复喷混凝土 10cm。

锚杆：砂浆锚杆 $\Phi28$，$L=6m$，预应力锚杆 $\Phi32$，$L=9m$，$T=150kN$。间隔布置，间排距 1.5m×1.5m。

锚索：与尾水调压室锚固兼观测洞之间布置 5 排无黏结型对穿预应力锚索 $T=2000kN$，$L=35\sim45m$；其余部位布置压力分散型辐射预应力锚索 $T=2000kN$，$L=25m$，间距 4.5m/6m。

2）井身及底部流道

喷护混凝土：柱状节理洞段及底部流道初喷钢纤维混凝土 8cm，挂网 $\Phi8@20cm\times20cm$，龙骨筋 $\Phi16@10cm\times10cm$，复喷混凝土 7cm；其余部位初喷混凝土 8cm，挂网 $\Phi8@20cm\times20cm$，龙骨筋 $\Phi16@10cm\times10cm$，复喷混凝土 7cm。

锚杆：井身Ⅱ、$Ⅲ_1$ 类非柱状节理玄武岩洞段砂浆锚杆 $\Phi28/32$，$L=6m/9m$，矩形交错布置，间排距 1.5m×1.5m；其余洞段砂浆锚杆 $\Phi28$，$L=6m$，预应力锚杆 $\Phi32$，$L=9m$，$T=150kN$，间排距 1.2m×1.2m。

锚索：井身中部高程 595.5~610.0m 各布置 3 排全长黏结型预应力锚索，T=1500kN，L=25m，间排距 4.5m；错动带上下盘各布置 1 排全长黏结型预应力锚索 T=1500kN，L=25m，间距 4.5m；底部流道边墙针对断层布置全长黏结型预应力锚索 T=1500kN，L=25m，间排距 4.5m。

1.1.4.2 右岸地下洞室群

1. 主副厂房

1）顶拱中导洞

喷护混凝土：初喷钢纤维混凝土 5cm，挂网 Φ8@15cm×15cm。复喷混凝土 15cm。

锚杆：Ⅲ类围岩采用普通砂浆锚杆 Φ32，L=6m，预应力锚杆 Φ32，L=9m，T=100kN，间距 1.2m×1.2m 间隔布置。层间错动带 C_3、C_4，缓倾角裂隙密集带 RS_{411} 及其影响带在顶拱上方高度 0~6m 范围内出露部位采用 9m 普通砂浆锚杆及预应力锚杆间隔布置。

锚索：层间错动带 C_3、C_4，缓倾角裂隙密集带 RS_{411} 及其影响带出露部位布置 4 排与厂顶锚固观测洞的对穿预应力锚索支护，其余部位不布置锚索。

2）拱肩

喷护混凝土：初喷钢纤维混凝土 5cm，挂网 Φ8@15cm×15cm，复喷混凝土 15cm。

锚杆：Ⅲ类围岩采用普通砂浆锚杆 Φ32，L=9m，预应力锚杆 Φ32，L=9m，T=100kN，间距 1.2m×1.5m 间隔布置；层间错动带（C_3、C_4）缓倾角裂隙密集带（RS_{411}）及其影响带在顶拱上方高度 0~6m 范围内出露部位采用普通砂浆锚杆 Φ32，L=9m 与预应力锚杆 Φ32，L=9m，T=100kN，间距 1.2m×1.2m 间隔布置。

锚索：上下游拱脚各布置 3 排系统预应力锚索，纵向间距 3.6~4.8m。

主副厂房顶拱典型断面锚索布置见图 1.1.7（a），典型断面锚杆布置见图 1.1.7（b）。

3）边墙

喷护混凝土：初喷钢纤维混凝土 8cm，挂网 Φ8@15cm×15cm。复喷混凝土 12cm。

锚杆：Ⅲ$_1$ 类围岩采用普通砂浆锚杆 Φ32，L=9m，间距 1.2m×1.2m；Ⅲ$_2$ 类围岩采用普通砂浆锚杆 Φ32，L=9m，预应力锚杆 Φ32，L=9m，T=100kN，间距 1.2m×1.2m 间隔布置。

锚索：上游边墙预应力锚索 T=2500kN，L=25/30m，间距 3.6~6.0m；下游边墙预应力锚索 T=2500kN，L=25/30m，间距 3.6~6.0m。

主副厂房边墙典型断面锚索布置见图 1.1.8（a），典型断面锚杆布置见图 1.1.8（b）。

2. 主变洞

1）顶拱

喷护喷混凝土：初喷钢纤维混凝土 5cm，挂网 Φ8@20cm×20cm，复喷混凝土 10cm。

锚杆：Ⅱ类围岩采用普通砂浆锚杆 Φ32，L=6m，预应力锚杆 Φ32，L=9m，T=100kN，间距 1.5m×1.5m 间隔布置；Ⅲ类围岩采用普通砂浆锚杆 Φ32，L=6m，预应力锚杆 Φ32，L=9m，T=100kN，间距 1.2m×1.2m 间隔布置；Ⅳ类围岩采用预应力锚杆 Φ32，L=9m，T=100kN，间距 1.2m×1.2m。

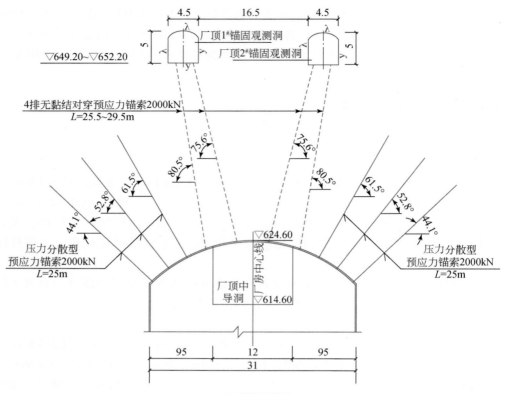

(a) 锚索布置图

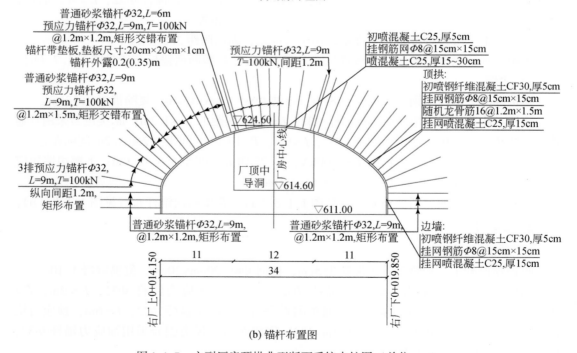

(b) 锚杆布置图

图 1.1.7 主副厂房顶拱典型断面系统支护图（单位：m）

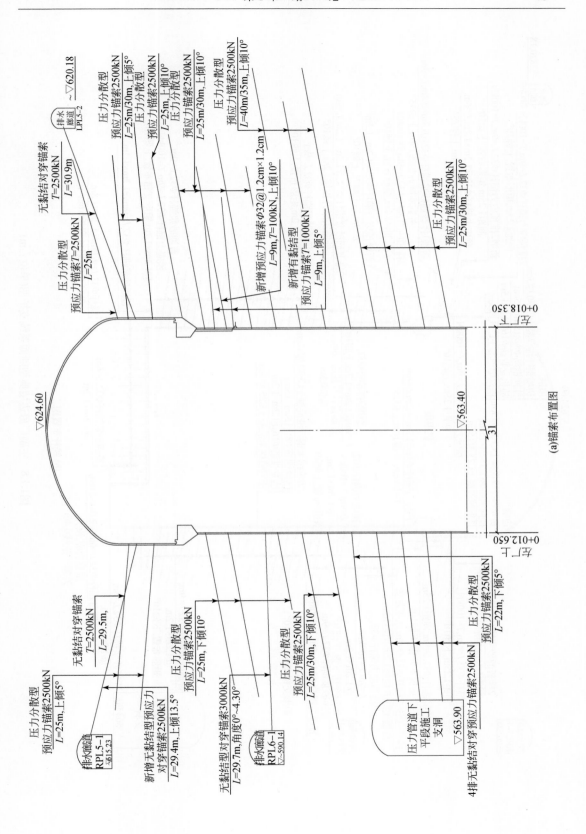

(a)锚索布置图

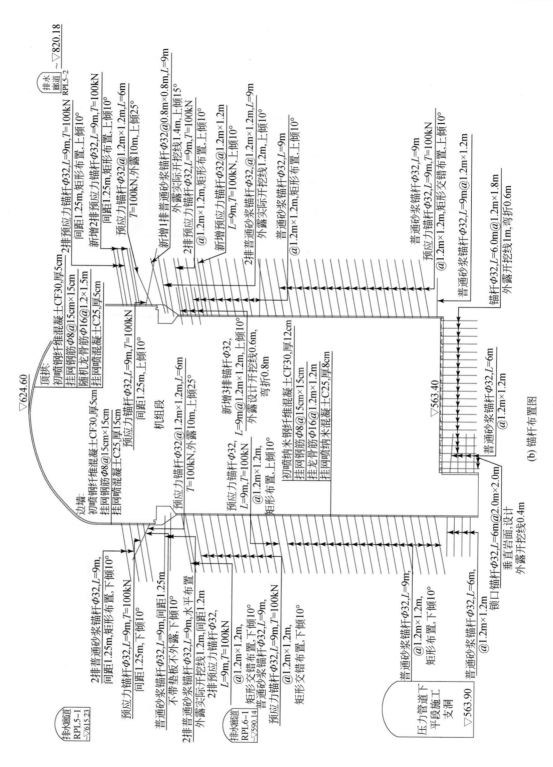

图1.1.8　主副厂房边墙典型断面系统支护图(单位：m)

锚索：层间错动带 C_4 出露部位采用预应力锚索 $T=2000kN$，$L=25m$，间距 3.6m×3.6m。

2）边墙

喷护混凝土：初喷钢纤维混凝土 5cm，挂网 $\Phi8@20cm×20cm$，复喷混凝土 10cm。

锚杆：Ⅱ类围岩采用普通砂浆锚杆 $\Phi32$，$L=6/9m$，间距 1.2m×1.5m 间隔布置；Ⅲ类围岩采用普通砂浆锚杆 $\Phi32$，$L=6/9m$，间距 1.2m×1.2m。

锚索：上游边墙预应力锚索 $T=2000kN$，$L=20m$，间距 4.5m×4.8m；下游边墙预应力锚索 $T=2000kN$，$L=20m$，间距 4.5m×4.8m。

3. 尾水管检修闸门室

喷护混凝土：初喷钢纤维混凝土 7cm，系统挂网 $\Phi6.5@15cm×15cm$，复喷 C25 混凝土厚 8cm。

锚杆：$Ⅲ_1$ 类非柱状节理顶拱普通砂浆锚杆 $\Phi25/28$，$L=4.5/6m$，$@1.5m×1.5m$，交错布置。边墙普通砂浆锚杆 $\Phi28$，$L=6m$，$@1.5m×1.5m$，矩形布置。$Ⅲ_1$ 类柱状节理顶拱普通砂浆锚杆 $\Phi25$/普通预应力锚杆 $\Phi32$，$L=6m$，$@1.2m×1.2m$，矩形布置。边墙普通砂浆锚杆 $\Phi28$/普通预应力锚杆 $\Phi32$，$L=6m$，$@1.2m×1.2m$，矩形布置；针对层间错动带 C_4、C_5 布置预应力锚杆 $\Phi32$，$L=9m$，$T=150kN$，间距 1.2m×1.2m。

锚索：顶拱针对层间错动带、柱状节理洞段局部加强，错动带下盘布置 4 排预应力锚索，每排 2～3 束，间排距 4.8m；边墙系统布置 4 排预应力锚索 $T=2000kN$，$L=20m$，间排距 4.5m×4.5m，层间错动带及其影响带范围间排距 3.6m×3.6m。

4. 尾水调压室

1）穹顶

喷护混凝土：初喷钢纤维混凝土 CF30，厚 10cm，系统挂网 $\Phi8@20cm×20cm$，龙骨筋 $\Phi16@10cm×10cm$，复喷混凝土 C25，厚 10cm。

锚杆：普通砂浆锚杆 C32，$L=6m$，预应力锚杆 C32，$L=9m$，$T=150kN$，间距 1.5m×1.5m。

锚索：与尾水调压室锚固兼观测洞之间布置无黏结对穿预应力锚索 $T=2000kN$，$L=35～45m$，间距 4.5m×6m，其余部位布置压力分散型辐射预应力锚索 $T=2000kN$，$L=25～30m$，间距 4.5m×4.5m 或 6m×6m。

2）井身及底部流道

喷护混凝土：井身高程 570m 以上初喷素混凝土 C25，井身高程 570m 以下及底部流道初喷钢纤维混凝土 CF30，厚 8cm，挂网 $\Phi8@20cm×20cm$，龙骨筋 $\Phi16@10cm×10cm$，复喷素混凝土 C25，厚 10cm。

锚杆：井身高程 570m 以上普通砂浆锚杆 C28，$L=6m$、C32，$L=9m$，间距 1.5m×1.5m；井身高程 570m 以下普通砂浆锚杆 C28，$L=6m$，预应力锚杆 C32，$L=9m$，间距 1.2m×1.2m。

锚索：拱座以下布置两排有黏结预应力锚索 $T=1500kN$，$L=25m$，间距 4m；井身及底部流道边墙布置 3～7 排有黏结预应力锚索 $T=1500kN$，$L=25m$，间距 4.5～6m。

1.2 白鹤滩地下洞室群围岩关键技术难题

1.2.1 地下洞室群围岩特点

白鹤滩地下厂房区地层为单斜构造，岩流层总体产状为 N40°E，SE∠15°，地层为上二叠统峨眉山组玄武岩，岩性复杂，分为隐晶质玄武岩、角砾熔岩、杏仁状玄武岩、斜斑玄武岩、柱状节理玄武岩，夹薄层凝灰岩。除凝灰岩外其余岩性岩质坚硬、微新、无卸荷状，岩体以次块状结构为主，局部块状结构，围岩类别主要为 III₁ 类，主要洞室围岩类别统计见表 1.2.1。

表 1.2.1 白鹤滩巨型地下洞室群围岩类别统计表

洞室名称		围岩类别							
		II		III₁		III₂		IV	
		面积/m²	比例/%	面积/m²	比例/%	面积/m²	比例/%	面积/m²	比例/%
左岸	主副厂房	3806	6.1	55844	90.2	0	0	2297	3.7
	主变洞	14110	35.5	23530	59.3	0	0	2078	5.2
	尾水管检修闸门室	15480	33.3	29978	64.5	164	0.4	835	1.8
	尾水调压室	19952	29.9	44615	66.9	0	0	2104	3.2
右岸	主副厂房	0	0	42446	68.5	16039	25.9	3524	5.7
	主变洞	9332	23.0	23657	58.3	5893	14.5	1715	4.2
	尾水管检修闸门室	624	0.9	63412	92.4	0	0	4605	6.7
	尾水调压室	0	0	60980	89.9	4790	7.0	2090	3.1

白鹤滩地下洞室群围岩具有硬、脆、碎特点，以及岩体破裂、变形具有时间效应。

1. 硬、脆、碎特征

根据室内单轴压缩试验，白鹤滩玄武岩的单轴抗压强度（uniaxial compressive strength，UCS）离散性较大，分布于 70~140MPa，平均在 90~100MPa，属坚硬岩体；声发射试验成果表明，玄武岩的启裂强度相对较低，仅 40MPa，相对于玄武岩平均单轴抗压强度 UCS=100MPa，可以将 $\sigma_1-\sigma_3>0.4$UCS 定义为岩石的启裂强度包线。白鹤滩玄武岩在成岩建造时期，由于冷却原因，隐微裂隙发育，柱状节理玄武岩中还发育柱状节理，爆破后表现出较破碎的特点，角砾熔岩表现出较好的完整性。三轴试验成果表明，玄武岩的峰值强度和残余强度之差随围压水平增大而增大，残余强度包线的斜率低于峰值强度包线，脆性破坏特征明显，表现出突出的脆性特征。

2. 岩体破裂时间效应

岩体破裂时间效应是指在荷载恒定的条件下，岩石中的破裂随时间不断增长，强度随时间不断衰减，这是脆性特征岩体的基本力学特征之一。这种特性在地下工程中的现场表现为开挖后相对完整的围岩，在掌子面向前推进以后的一段时间内或者在没有开挖扰动、围岩中应力调整结束的条件下，破裂现象仍然不断加剧。

白鹤滩水电站地下厂房典型断面的位移监测数据曲线，以及地下厂房周边辅助洞室围岩的破坏、右岸厂房顶拱喷层开裂随时间的扩展和变化现象都表明，围岩变形、锚杆应力在主厂房没有开挖施工的情况下随时间呈现缓慢增加趋势，喷层裂缝掉块随时间增加和扩展，这些都表明白鹤滩洞室围岩应力的调整时间较长，岩体破裂具有明显的时间效应。

1.2.2 施工期工程地质问题

白鹤滩水电站地下洞室群规模宏大、围岩地质条件复杂且地应力水平较高，施工期洞室群围岩表现出来的主要工程地质与岩石力学问题可以概括为以下几方面。

（1）高地应力破裂：由于左右岸地下洞室在开挖过程中的应力集中水平总体上为 0.3～0.4 倍的岩块单轴抗压强度，因此局部产生片帮或轻微岩爆破坏，岩体破裂现象较普遍。

（2）高边墙岩体卸荷松弛：厂房在下挖过程中逐渐形成高边墙，白鹤滩地下厂房区最大主应力为近水平方向，边墙围岩的响应方式是边墙岩体的松弛开裂，以及松弛破坏表现出的时间效应。层间错动带与其他结构面的组合切割，加剧了边墙的松弛程度和深度。

（3）层间错动带剪切变形：厂房开挖过程中，在边墙不同高程揭露性状较差的层间错动带，如左岸的 C_2 和右岸 C_3、C_{3-1}，使得厂房边墙在层间错动带完全揭露前后发生较大的剪切变形，进一步加剧边墙的大变形，导致边墙松弛破裂程度的加大以及变形深度的增加。

（4）柱状节理玄武岩松弛：柱状节理玄武岩未受扰动时柱体镶嵌紧密，岩体承载力较高，但易受开挖扰动而产生松弛，完整性降低。柱状节理玄武岩开挖后松弛特性显著，且时间效应明显，影响围岩稳定。

（5）结构面控制型破坏：厂房区发育有层间错动带 C_2、C_3、C_4、C_5，层内错动带 LS_{3152}、缓倾角裂隙密集带 RS_{411}、等，断层 F_{20}，小断层 f_{717}、f_{816}、f_{822} 等，长大裂隙 T_{720}、T_{813} 等，这些较大的结构面与裂隙及临空面组合，在顶拱或者边墙局部形成块体，发生块体失稳破坏；在顶拱，沿缓倾角结构面产生塌落破坏。

（6）围岩大变形：由于洞室大跨度及高边墙，在高地应力作用下，岩体破裂持续发展，在一些部位出现了大变形，如右岸小桩号下游侧边墙，变形近 190mm。

1.2.3 关键技术难题

白鹤滩水电站地下洞室群规模大，赋存环境具备高地应力和复杂地质构造等特征，高地应力条件下巨型地下洞室群脆性围岩变形破坏问题十分突出，施工期洞室群围岩稳定问题突出，运营期长期稳定问题引发关注。本书从工程实际出发，凝练出以下 6 个关键技术难题，在深入研究的基础上予以解决。

1.2.3.1　白鹤滩玄武岩力学特性

白鹤滩地下洞室群地层岩性以玄武岩为主，玄武岩坚硬、性脆、强度较高，但在高地应力作用下，施工过程中出现了多种变形破坏问题，包括片帮剥落、破裂（图1.2.1）、支护后的鼓胀开裂以及局部大变形等。这些变形与破坏的范围和程度局部超过了原来的预期。这些变形破坏现象与白鹤滩玄武岩的力学特性以及在开挖卸荷作用下的力学响应密切相关。一般来说，岩石在外荷载作用下之所以发生变形破坏，是由于其内部的微裂隙在荷载作用下发生起裂、扩展、贯通，从而使岩石出现宏观上的损伤和破坏。原本坚硬的玄武岩是怎样从完整演化为损伤开裂，开挖卸荷作用对玄武岩的力学特性产生了哪些影响，又是怎样促成了变形破坏的发生，高地应力环境对玄武岩的损伤破坏起到了哪些作用，回答这些问题对于解释围岩变形破坏的演化发展和机理十分关键。因此，要研究地下洞室群开挖过程中出现的变形破坏问题，对玄武岩基本力学特性以及开挖卸荷响应的认识和把握是首要环节。

图 1.2.1　白鹤滩玄武岩破裂

1.2.3.2　初始地应力场准确获取

天然岩体处于三向应力状态之中，洞室开挖导致岩体内应力调整与重新分布，从而引起岩体的一系列力学行为，以及宏观可见的变形破坏现象。在这个动态过程中，地应力是处于深部的地下洞室围岩变形破坏的主控因素和主要力源，初始地应力的量值和分布对于洞室开挖后围岩的力学响应具有重要作用。如现场观测所见，发生在白鹤滩地下洞室群的许多围岩破坏现象呈现出明显的高应力特征，这与洞室群的初始地应力场密不可分。因此，要研究地下洞室群围岩变形破坏问题，准确获取初始地应力场的分布规律尤为关键。

白鹤滩水电站工程区域受强烈构造活动影响，地震烈度以及地应力量值较高，同时，地应力场还受地表剥蚀、河流侵蚀、地质构造、岩体性质、卸荷作用等多方面因素影响，在漫长的地质历史时期中不断发生调整和演变。因而该区域的地应力场总体分布较为复杂，这使得获取地应力场分布规律的难度大为增加。

1.2.3.3　巨型地下洞室群围岩变形破坏类型

在白鹤滩地下洞室群历时约 5 年的开挖过程中，出现了多种类型的围岩变形破坏问题，这些问题是本书研究的重点，其主要特征、模式、类型是研究其内在机理之前首先要回答的问题。作为目前规模最大的地下厂房洞室群，同时具备高地应力及复杂地质背景，白鹤滩地下洞室群出现的变形破坏现象既有典型性也有一定特殊性。这些变形破坏现象既有洞室刚开挖就发生的，也有在开挖持续一段时间后才出现的；既有发生后很快就终止的，也有持续发展达数年之久的；既有只发生在局部小范围的，也有在多个洞室中普遍出现的。围岩变形破坏问题的种类较多，包括片帮、破裂破坏（图 1.2.2）、松弛垮塌、沿结构面塌落、块体破坏、喷护混凝土开裂、大变形等，一些破坏的范围较广且程度较为严重，甚至某些问题在同类工程中十分罕见，缺乏相关经验及理论，因而值得结合现场调查及原位监测成果进一步总结梳理、深入分析。究竟有哪几种典型的变形破坏模式，各自的发生部位、表现形式、演化发展规律是怎样的，洞室群围岩变形的空间分布和时间演化是怎样的，不同部位的变形响应模式有何不同，变形破坏发展与开挖支护程序的关系是什么，这些问题都需一一解答。

(a) 顶拱围岩片帮　　　　　　　　　　　　　　(b) 边墙围岩破裂

图 1.2.2　地下洞室群围岩破坏问题

1.2.3.4　巨型地下洞室群围岩变形破坏机理

发生在白鹤滩地下洞室群的围岩变形破坏现象，其形成机理是本书研究的核心问题。质地坚硬的玄武岩为何频繁出现破裂，开挖卸荷过程中围岩的损伤破裂是如何孕育发展的，不同变形破坏模式的主导因素和形成机制是什么，这些问题都有待深入研究。高地应力、长大软弱错动带、断层、节理裂隙等对围岩变形破坏的具体影响有待进一步回答。另外，巨型地下洞室群施工周期长，开挖支护程序复杂，围岩应力调整及施工扰动的持续时间和影响范围与中小型洞室显著不同，围岩变形破坏随巨型洞室群分层开挖的响应机制尚不明确。

在白鹤滩地下洞室群的某些典型部位，还发生了一些较为特殊的变形破坏现象（图1.2.3）。这些现象的成因机制尚不清楚，在类似工程中罕见，有的问题已经超出了前期预测和现有认知，有的直至开挖完成仍未得到合理的解释，目前对于其成因仍存在不同观点和看法。为探明和解决这些问题，华东院地质人员对典型部位的变形破坏情况进行了系统、持久的现场调查和跟踪记录，获取了大量富有意义的工作成果。随着洞室群的施工完成，有必要对这些问题进行深入研究，对其成因机制给出科学合理的解释。

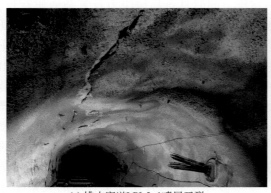

(a) 排水廊道LPL5-1喷层开裂　　　　　　　　　　　(b) 8#尾水调压室喷层开裂

图 1.2.3　地下洞室群典型部位围岩变形破坏

1.2.3.5　地下洞室群围岩变形破坏时间效应

白鹤滩地下洞室群出现的一些围岩变形破坏现象表现出明显的时间效应（图1.2.4），在开挖后发生并随时间不断发展，还有些破坏经加固处置后仍在发展。如发生在右岸厂房小桩号洞段的变形破坏现象，初期变形增长并不显著，而在厂房开挖的中后期变形反而持续增长不收敛。这些问题在同类硬岩地下洞室中较为少见，有的甚至超出了前期预测和现有认知，给整个洞室群的变形及稳定控制带来了严峻挑战。针对变形破坏时间效应，有以下几个问题值得深入探索，究竟怎样才算变形破坏的时效性，时效变形有几种模式，为什

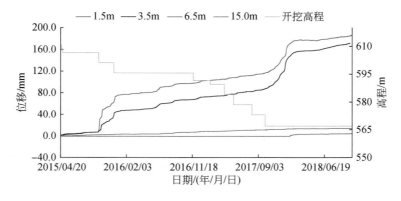

图 1.2.4　主副厂房典型部位围岩时效变形

么洞室群有的部位有时效性、有的部位没有，为什么有的部位多次加固后破坏仍不断发展，硬脆玄武岩时效变形的力学机制是什么，对策是什么。对这些问题的解释和回答，不仅对洞室群施工期间稳定控制十分重要，还对于洞室群长期运行稳定具有十分重要的意义。

1.2.3.6 地下洞室群围岩长期稳定性

地下洞室群能否在电站运行阶段保持长期稳定是开挖支护工作完成之后最值得关注的技术问题。对于尺寸规模如此庞大的地下洞室群，加之在高地应力环境和复杂地质构造影响下，现有的支护及加固措施是否妥当，能否使洞室群保持稳定，是十分关键的。一方面，在经历了一系列变形破坏问题之后，针对围岩的系统支护以及补强加固的强度是否足够，围岩是否已达到了自稳的平衡状态，这有待进一步考证；另一方面，在开挖阶段出现的围岩时效变形是否已经得到有效控制，围岩变形是否继续发展，也是关乎工程结构长期安全性的重大问题。

1.3 国内外地下洞室围岩研究现状

随着我国水电资源开发的不断深入，水电工程的建设方兴未艾。水电站多位于西部高山峡谷地区。由于山高谷深、地面空间有限，水电站大多采用地下厂房洞室群的布置形式。近年来，水电工程地下洞室群呈现尺寸规模大、地质条件复杂的特点，这给洞室群的建设带来了严峻挑战。在我国诸多大型地下洞室群的施工阶段，围岩变形破坏现象频发，已成为制约工程建设的主要问题之一。为此，国内外专家学者开展了大量研究工作，取得了一系列富有意义的成果。本节从地应力测试及反演、围岩高地应力变形破坏、围岩稳定性评价和围岩变形破坏时间效应 4 个方面介绍国内外研究现状。

1.3.1 地应力测试及地应力场

对于地下洞室而言，地应力是作用在围岩及支护结构上的主要荷载，直接影响洞室围岩稳定，开挖引起的地应力调整及围岩动态响应是导致围岩变形破坏的直接诱因。因此，初始地应力的量值及分布是地下洞室设计中需考虑的重要因素，对于工程的设计、施工、灾害处置等十分重要。在水电工程大型地下洞室群的建设前期，预先查明工程区域内初始地应力场的分布是非常重要的。实地测量是获取地应力场的基本特征最直接、最可靠的方法。

1912 年，瑞士地质学家海姆（A. Heim）首次提出了地应力的概念。1932 年，美国学者劳伦斯（R. S. Lieurace）在胡佛大坝坝底隧洞中采用岩体表面应力解除法首次成功进行了原岩应力的测量。在这一阶段，地应力的测量局限于岩体表面，受表层岩体卸荷松动等影响，测量成果的代表性及可靠性较低。20 世纪 50 年代，瑞典地质学家哈斯特（N. Hast）首次通过钻孔和应力解除法进行了地应力测量，其测量结果表明，近地表地层中的水平应力大于垂直应力，这否定了传统地应力理论的假设。而后，地应力测量在欧洲、北美洲、南非、澳大利亚等多个国家和地区广泛开展，但这一时期的地应力测量基本为平面应力测量（岳晓蕾，2006）。20 世纪 60 年代后期，三维地应力测量技术开始出现，通过单一钻孔的测量可以确定岩体内某一点的三维应力状态，地应力测量技术得到进一步发展（邓玉华，2015）。20 世纪 70 年代初期，水压致裂法出现。由于该方法具有测量深度大、操作简便、测试周期短等优势，时至今日仍为最常用的地应力测量方法之一。1977年，美国学者海姆森（Haimson）采用水压致裂法成功在地下 5105m 深处进行了地应力测量。20 世纪 80 年代，瑞典国家电力局研制出配有井下采集设备的深钻孔水下三维孔壁应力计，最大测深达到 510m（何健，2017）。随着地下工程逐渐进入深部阶段，深部地应力测量也成为了近年来的新趋势。

我国的地应力测量工作始于 20 世纪 50 年代末。在李四光和陈宗基两位专家的指导下，在三峡平善坝址进行了地应力测量。20 世纪 60 年代，中国地质力学研究所研制出压磁应力计，并在河北省隆尧县建立了我国第一个地应力观测台站，随后在全国范围建立了地应力观测台网（胡勇，2016）。20 世纪 80 年代，空心包体应力计研制出现（端木杰超，2014），地壳应力研究所首次采用水压致裂法在河北易县进行了地应力实测，迈出了我国深部矿井地应力测量的第一步（岳晓蕾，2006）。20 世纪 90 年代以来，尹菲（1990）采用声发射法在黄河小浪底及龙门水库坝址区进行了地应力测量，测得了岩体在地质历史上出现的最大地应力，并认为声发射法可以作为应力解除法的有效补充手段。刘允芳（1998）、刘允芳等（1999）对传统水压致裂法经典理论中对测量钻孔轴向与主应力方向一致的假定进行了校核和修正，并提出了真正意义上的三维地应力测量方法。周小平和王建华（2002）提出了将赤平投影法确定地应力方向与 Kaiser 效应法确定地应力量值相结合的地应力测量新方法，该方法能够克服单一方法的弊端，且操作简便、经济适用、准确度较高。葛修润和侯明勋（2011）提出了钻孔局部壁面应力解除法（BWSRM），研发了基于该方法的地应力测井机器人，并将其应用于锦屏水电站 2430m 埋深试验洞的地应力测量工作中，取得了较好的测量效果。上述研究成果表明，经过几十年来的发展，我国地应力测量技术已经取得了长足的进步。

地应力测量方法根据测量的基本原理可分为直接测量法和间接测量法。直接测量法是采用测量仪器直接测量和记录应力值，再根据测量值与原岩应力的关系进行换算得到原岩应力值，主要包括扁千斤顶法、水压致裂法、声发射法、钻孔崩落法、刚性圆筒应力计法等。间接测量法是指采用传感器或元件测量和记录岩体相关物理量（如泊松比、质量等）的变化，再将这些物理量依据公式计算间接得到原岩应力值，主要包括套孔应力解除法、应变恢复法、局部应力解除法等（孟楠楠，2015）。

虽然实地测量是获知地应力大小最有效的方法，但受制于场地、经费、规模等多因素影响，地应力实测不可能大规模进行；而且，由于地应力场成因复杂、影响因素众多，地应力实测值在很大程度上仅反映局部的应力状态，很难代表整个工程区域的地应力水平；再次，测量结果还受到测量误差的影响，导致测量结果具有一定离散性。因此，有必要根据现场实测资料，通过一定的分析或计算，以获得较大范围的地应力分布，为工程计算分析提供较为可靠的初始地应力场（谢红强等，2009）。这种方法思路就是地应力场的反演计算，即利用有限测点的数据还原工程区域的初始地应力场。这种方法更为简便，且能够较为直观地得到地应力场的分布规律。

地应力反演的方法大致可分为位移反分析法和应力反分析法两种。位移反分析法是以实测的地下洞室围岩位移为基础进行地应力反演计算。受制于地质条件和实测资料，位移反分析法的精度往往难以保证。因此该方法适用于研究区域缺乏地应力实测数据，或实测地应力是扰动地应力的情况。应力反分析法是基于工程区域的少量地应力实测数据，通过反演计算，使计算应力与实测值达到最佳拟合，从而得到地应力场的分布。在具备地应力实测资料的情况下，该方法相对比较可靠、高效（胡斌等，2005）。工程中常用的应力反分析法主要包括多元回归分析法、边界载荷调整法、应力函数法、灰色理论法以及人工神经网络方法等，下面对这几种方法进行简要介绍。

（1）多元回归分析法：该方法基于工程区域地质资料建立有限元数值计算模型，将影响初始地应力的各个因素（如地形、构造运动等）单独作用在计算模型上，建立各影响因素与地应力量值之间的多元回归方程，再通过最小二乘法计算得到各因素对地应力的影响因子。该方法考虑的因素比较全面，计算精度较高，但当研究范围较大且地质条件比较复杂时，计算工作量较大（郭怀志等，1983；郭运华等，2014；汪雄，2013）。

（2）边界载荷调整法：该方法首先假设边界荷载的分布，并与研究区域的应力场相对应，从而通过确定边界上的荷载大小来获得地应力场的分布规律。通过不断调整研究区域边界上的荷载大小，用试算的方式计算得到调整边界荷载分布后地应力场的分布特征，从而得到初始地应力场的量值和分布规律（白世伟和李光煌，1982；侯俊领，2014）。

（3）应力函数法：该方法根据研究区域少数测点地应力资料设定一个四次多项式应力函数，该函数满足弹性理论中的调和方程，计算该应力函数在给定点上的应力，使计算应力值与已知应力值间的误差最小，由此确定该应力函数。基于该应力函数，可对研究区域地应力场进行分析（汪雄，2013）。

（4）灰色理论法：信息部分明确、部分不明确的系统为灰色系统，地应力场由自重应力场和构造应力场两部分组成，其中自重应力场信息基本明确，而构造应力场受多方面因素影响，一般信息不明确，因此地应力场为典型的灰色系统，可以采用灰色理论进行反演分析。该方法通过对实测应力和计算应力（给模型施加一组边界条件模拟重力和构造作用叠加的地应力场）进行灰色理论模型计算，求出符合假定边界条件的系数，再将计算得到的边界荷载施加在模型上进行有限元计算，从而得到研究区域的初始应力场（戚蓝等，2002；王金安和李飞，2015）

（5）人工神经网络法：边界荷载与初始地应力场之间的非线性关系可以通过神经网络表示，该方法首先构造神经网络模型，获取训练样本，然后构造非线性映射，导入地应力实测数据以获得所需边界荷载，最后采用数值计算方法以获得研究区域的初始应力场（易达等，2004；刘宇博，2020）。神经网络模型中应用比较广泛的是 BP 神经网络，其是一种根据数据误差进行反向传递算法训练的多层前馈神经网络，主要由正向及反向传播两部分组成。该算法的特点在于先从输出层结果误差回推上一层的结果误差，不断循环，最终获得其余各层的误差估计。该算法的自适应和非线性映射能力较为突出，不受非线性模型的限制，因此能够很好地解决数据样本少、情景不确定、相关信息缺乏的问题（邓建辉等，2001；严鸿川等，2021）。

1.3.2　围岩高地应力变形破坏

地下洞室开挖使围岩内应力调整并重新分布，若重分布应力超过围岩强度或引起围岩过大变形，将导致围岩失稳破坏。岩体初始地应力是开挖后二次应力场的决定性因素，其量值及方位对围岩受力状态具有重要影响。因此，在高地应力环境中修建的地下洞室更容易遭遇围岩变形破坏问题（周家文等，2019；Yuan et al.，2021；Wang et al.，2022）。受强烈内外动力地质作用影响，我国西南地区水电工程地下洞室群普遍处于高地应力环境，如雅砻江二滩水电站、锦屏一级水电站和大渡河猴子岩水电站、双江口水电站等地下洞室群围岩实测最大主应力均超过了35MPa，锦屏二级水电站深埋引水隧洞实测最大主应力超过40MPa（钱波等，2019）。在高地应力环境下进行地下洞室开挖，围岩变形破坏问题十分显著（王猛等，2021；Tao et al.，2021）。二滩水电站地下洞室群施工过程中岩爆频发，既有小岩块弹射而出，也出现了大岩块崩落的现象（彭加寿，1998）。锦屏一级水电站地下厂房下游侧拱腰部位喷层普遍开裂，围岩发生劈裂、弯折破坏，局部甚至被压碎，并出现钢筋肋拱挤压弯曲变形现象（黄润秋等，2011）。猴子岩水电站地下洞室群多处发生围岩破坏现象，主厂房拱肩岩体劈裂破坏，边墙局部产生大变形，尾水调压室出现岩体片帮剥落现象（李志鹏等，2014；程丽娟等，2014）。锦屏二级水电站引水隧洞掘进期间发生岩爆上百次，导致围岩大范围塌方及支护结构破坏（王继敏，2018）。这些变形破坏问题导致停工支护，使工期和投资增加，甚至引发安全事故。

针对高地应力环境地下洞室群施工期间出现的围岩变形破坏实际问题，卢波等（2010）研究了锦屏一级水电站地下洞室群主厂房、主变洞的拱腰、拱座和边墙及母线洞侧墙等部位变形开裂机制，将其归为典型的高应力、低强度应力比情况下围岩卸荷变形破坏。黄润秋等（2011）结合地质、监测、物探、施工及试验资料，分析了锦屏一级水电站地下洞室群围岩变形破坏的主要特征，探讨了地应力、岩体结构及岩石力学特性等对变形破坏的影响，提出高地应力和相对低强度的脆性围岩是导致变形破坏的根本原因，地应力方向和岩体结构是洞室群变形破坏特征差异性的主要原因。刘建友等（2010）基于现场调查及数值模拟结果分析了锦屏一级水电站地下厂房下游拱腰喷护混凝土开裂剥落的成因机制，认为高地应力和偏压作用在下游拱腰形成的应力集中是该部位围岩鼓出变形和喷层开裂的主要原因，主变洞开挖和围岩中第4组结构面的普遍发育加剧了变形开裂。杨静熙等（2016）对锦屏一级水电站地下厂房围岩松弛情况进行了长期检测，分析了围岩松弛深度的演化发展规律，提出高地应力条件下围岩松弛深度的80%以上一般形成于本层开挖后间隔2层之内，当间隔3层时大多数部位都能达到最终深度，松弛深度较大的部位，松弛受爆破影响较小，受时效变形控制的卸荷松弛影响显著。胡炜等（2013）通过三维数值模拟研究了锦屏一级水电站地下洞室群开挖期间围岩应力、变形及塑性区的演化趋势，结果表明断层出露会导致局部围岩变形突变，厂房边墙、洞室连接部位以及断层穿越处围岩塑性区深度较大，施工过程中围岩存在破裂风险。

李志鹏等（2017）分析了猴子岩水电站地下厂房围岩破坏的主要特征及地质力学机制，提出主要的破坏机制为应力驱动型，有张开碎裂、剥离、板裂、岩爆及剪切破坏等表现形式，从力学机制上分为拉张破裂、张剪破裂和剪切破裂 3 种模式。杨云浩等（2015）采用离散元程序 3DEC 模拟分析了猴子岩水电站地下洞室群开挖期间的围岩变形破坏特征，提出厂房上游侧产生的应力集中为围岩片帮剥落的主要原因，而下游侧的主控破坏形式为卸荷松弛造成的沿结构面的滑移破坏及结构面与优势节理组交切形成的局部块体滑脱。Li 等（2017）基于现场调查和数值模拟成果研究了猴子岩水电站地下洞室群围岩变形破坏机制，结果表明量值较高且方向近似垂直于厂房轴线的初始第二主应力是厂房围岩开裂剥落的主要原因，边墙围岩大变形由高地应力条件下开挖引起的强卸荷导致。彭琦等（2007）基于施工期现场监测资料，分析了瀑布沟水电站地下厂房围岩变形特征及机制，提出围岩变形主要由结构面的"张开位移"构成。针对瀑布沟水电站地下厂房高边墙围岩劈裂问题，Li 等（2022）开展了三维地质力学模型试验，并基于弹塑性损伤软化模型进行了数值分析，结果表明围岩劈裂由开挖引起的卸荷导致，而岩体破裂产生的应力波作用至原应力场后可能会导致围岩的进一步破裂。蒋雄等（2019）通过微震监测及离散元数值分析研究了两河口水电站母线洞围岩的破坏机制，结果表明母线洞大断面开挖卸荷并形成直角临空面是围岩变形破坏的主要原因。张顿等（2021）综合现场监测及数值模拟成果分析了双江口水电站地下厂房开挖初期围岩变形破坏特征，认为开挖卸荷导致煌斑岩脉与上盘岩体发生错动变形，致使该区域顶拱变形过大。

针对白鹤滩水电站地下洞室群的围岩变形破坏问题，Hatzor 等（2015）采用非连续变形分析法（discontinous deformation analysis，DDA）研究了导流洞柱状节理玄武岩的变形破坏问题，提出柱体滑移和倾倒破坏是边墙围岩的主要破坏模式，并认为顶拱围岩的松弛深度将会很大，甚至超过洞室跨度的一半。Zhao 等（2018）基于微震监测研究了地下厂房洞室交叉部位含错动带围岩的破坏机制，结果表明微震事件的动态演化与聚集与围岩应力调整及损伤发展密切相关，近临空面围岩的破坏机制以张拉破坏为主，而深部错动带附近岩体的破坏机制主要为剪切破坏。Feng 等（2017）对地下厂房施工期间围岩深部开裂的过程进行了原位观测，结果表明深部开裂是高地应力环境、上游拱肩围岩应力集中随分层下挖不断增强并向深部转移、支护相对滞后以及节理岩体强度较低等多因素综合作用的结果。Duan 等（2017）对地下洞室群含错动带围岩破坏的过程进行了原位观测，结果表明在洞室开挖后，洞室顶拱部位发育的错动带与母岩接触面黏结强度降低，同时在围压卸荷以及联合重力作用下，下盘岩体不断松弛，节理贯通、张开滑移，最终发生塌方。Xiao 等（2016）通过微震监测分析和电镜扫描研究了厂房开挖期间一次应力-结构控制型塌方的破坏机制，结果表明张拉破坏是主要的破坏机制，而在结构控制型塌方中剪切破坏占比相对较高。刘健等（2018）研究了厂房层内错动带影响洞段拱圈围岩变形破坏的分布特征及演化机制，认为厂房第 I 层开挖产生应力集中，导致上游拱肩错动带及同组裂隙与临空面切割层状块体产生剪切变形，从而导致上游拱肩多点变位计监测到围岩变形"负增长"。

前人针对白鹤滩水电站地下洞室群工程的研究成果主要涉及柱状节理玄武岩变形破坏、含错动带围岩变形破坏、浅层围岩塌方以及深部硬岩开裂等方面，采用的技术手段包括原位观测、数值模拟、微震监测、室内试验等，对于揭示高地应力条件下复杂岩体变形破坏机制起到了重要作用。但以上成果多集中于洞室群开挖初期阶段出现的变形破坏问题，于整个洞室群全施工周期以及不同洞室、不同部位普遍出现的变形破坏现象有待进一步总结梳理。

还有一些学者对多个地下洞室群普遍出现的围岩变形破坏问题进行了总结梳理，凝练了主要的模式机制，提出了有针对性的处置措施。向天兵等（2011）建立了大型地下洞室群围岩破坏模式分类体系，依据控制因素、破坏机制和发生条件划分为 3 个层次，将破坏模式总结为 18 种，并针对每种破坏模式提出了动态识别、复核与调控方法。董家兴等（2014）对多个高地应力大型地下洞室群围岩变形破坏问题进行梳理，依据控制因素将围岩失稳模式划分为岩体结构控制重力驱动型、应力驱动型和复合驱动型 3 种，再根据发生部位进一步划分为 16 种模式，并针对每种失稳模式提出了调控对策。

1.3.3　围岩稳定性评价

围岩稳定性对于地下工程至关重要，关系到工程施工安全及其运行期间安全。对地下洞室的围岩稳定做出合理评价，是工程技术人员需要解决的重要问题。围岩稳定性分析评价方法可归纳为两类，洞室整体稳定性分析和洞室局部块体稳定性分析。整体稳定性评价方法主要包括工程地质类比法、岩体结构分析法、岩石力学解析法和模拟试验法，其中模拟试验法包括物理模拟和数值模拟。局部块体稳定性分析主要研究各类岩体结构面相互切割形成的可能失稳块体，其评价方法主要有赤平投影块体稳定性分析、块体稳定坐标投影法、块体结构矢量解析法以及关键块体理论（胡中华，2018）。下面就一些常见的方法进行简要介绍。

（1）工程地质类比法：该方法通过将已建类似工程的地质资料以及设计、施工及监测等方面的成果经验与拟建地下洞室进行对比分析，进行洞室围岩稳定评价。该方法又可进一步分为直接对比法和间接类比法。直接对比法包括工程中常用的预测围岩变形的经验公式，如莫斯特柯夫、杨子文、黄家然（1986）等提出的经验公式（陈海军，2005）。间接类比法主要基于工程经验，依据岩石强度、岩体完整程度、力学性能及地质特征等围岩稳定影响因素，对围岩进行类别划分，如 RQD 分类、RMR 分类、Q 系统分类、Z 系统分类等，按围岩类别评价稳定性（刘健，2018）。

（2）岩石力学解析法：该方法基于弹性、弹塑性等力学理论进行数学计算，求取圆形洞室围岩应力及变形解，对于非圆形断面洞室可采用复变函数进行求解。朱大勇等（1999）提出了一种可求解任意形状洞室映射函数的计算方法，可用于复杂形状洞室围岩应力的弹性解析分析。由于工程岩体是一种复杂的地质结构体，具有非均质、非连续、非线性等特点，同时洞室开挖扰动使其存在复杂的边界条件，因此解析法在实际工程应用中存在一定局限性。

（3）数值模拟法：该方法以力学及数学理论为基础，基于计算机程序对工程结构及岩体进行数值建模并计算分析，得到围岩应力、变形、塑性区等多变量分布场，从而对地下洞室围岩稳定进行评价。该方法能够一定程度上模拟还原岩体的复杂结构及力学行为，能够较好地考虑工程荷载变化及相对复杂的边界条件，可以对工程结构的力学响应及灾变失稳进行预测，因此成为解决岩土体工程问题的有效工具之一。常见的数值模拟方法有：有限差分法（fast lagrangian analysis of continuum，FLAC）、有限元法（finite element method，

FEM)、块体元法（block element method，BKEM）、边界元法（boundary element method，BEM)、离散元法（discrete element method，DEM）、非连续变形分析法（discontinuous deformation analysis，DDA）、流形元法（numerical manifold method，NMM）等（董志宏等，2004；陆晓敏等，2001）。

上述几种方法均属于整体稳定性评价方法，而另外一类局部块体稳定性评价方法主要通过岩体结构确定性模型、概化模型及岩体力学参数，并结合洞室布置条件研究由各级结构面相互围限形成的块体的稳定性。此类方法在现场地质调查的基础上，针对围岩特定结构面确定与其他结构面的不利组合，确定滑移方向、滑移面、切割面及其面积，潜在块体的体积和重量，在考虑重力和围岩应力作用下，运用块体极限平衡理论计算由结构面组合形成的块体稳定性（巨能攀，2005）。

除上述方法之外，近年来学者们结合地下洞室群工程实践中遭遇的围岩变形破坏实际问题，从不同角度提出了一些新的围岩稳定性评价方法。苏国韶等（2006）提出了高地应力地下洞室硬脆围岩稳定评价的局部能量释放率新指标，能够较为合理地定量预测高应力下岩爆破坏的强度、位置及范围。朱维申等（2007）提出了三种大型地下洞室群围岩稳定性评价指标，分别为弹塑性与弹性位移之比、围岩塑性区与洞室截面积之比、关键点相对位移。陈国庆等（2010）建立了大型地下厂房围岩变形动态预警路线体系，提出了利用现场变形监测数据直接快速判别围岩稳定的新方法。Zhang等（2011）建立了用于估算围岩稳定性的破坏接近指数（failure approach index，FAI），将其应用于锦屏二级水电站地下厂房、交通洞和引水隧洞的围岩稳定评价，结果表明该方法合理有效、方便实用。刘会波等（2011）提出了地下洞室围岩失稳的能量耗散突变判据，可以判断围岩失稳的位置和程度。冯夏庭等（2011）提出了复杂地质条件下大型地下洞室群稳定性分析、开挖过程与支护设计的智能动态设计方法，可对洞室群当前、后续开挖阶段以及长期运行的围岩稳定实现有效评价。张伯虎等（2012）提出了基于微震监测的地下厂房安全稳定评价方法，对大岗山水电站地下厂房顶拱塌空区域的稳定性进行了评价。Li等（2020）提出了一种将灰色关联法、主成分分析和云理论相结合的岩爆风险评估新方法，并将其应用于某地下厂房的岩爆灾害评估。Ma等（2020）提出了围岩耗散能稳定分析模型（energy dissipation-based stability analysis model，EDM），基于此对锦屏一级水电站地下洞室群围岩稳定进行了综合评估。

1.3.4　围岩变形破坏时间效应

地下洞室围岩在开挖成形后产生滞后而持续的变形破坏，这种现象被称为围岩的蠕变或时效变形。一般认为蠕变问题多存在于软弱岩体中，然而近年来的研究发现，脆性硬岩在洞室开挖后仍有可能出现显著的时效变形，甚至在开挖结束后较长时间内变形仍然增长（王祥秋等，2004）。针对地下洞室脆性围岩的时效变形现象，国内外专家学者进行了深入研究。

诸多学者结合典型工程中的脆性围岩时效变形问题开展了研究。李仲奎等（2009）分析了锦屏一级水电站地下洞室群围岩时效变形特征，认为变形既与开挖相关又与时间相关，且随时间增加量的比例很高是该工程与其他厂房围岩变形的最大区别，并提出高—超高地应力和岩体强度相对较低是变形过大的根本原因，而非开挖期间的持续变形的原因在于，在高应力状态和开挖面卸载造成岩体由三向受力向双向、甚至单向受力状态转化情况下，岩体的流变性能得到了突出显现。程丽娟等（2010）对锦屏一级水电站地下洞室群围岩时效变形进行了研究，发现时效变形一般发生在断层影响带、强开挖卸荷或应力集中区域，认为时效变形的原因包含开挖过程引起的时效性和岩体流变性引起的时效性，而岩体在高应力状态、裂隙发育或双向甚至单向受力状态下流变特性更为明显。魏进兵等（2010）也分析了锦屏一级水电站地下洞室群围岩时效变形特征，但认为该时效变形反映的是围岩松弛破坏渐进发展过程，与常规的流变概念有所不同。李志鹏等（2014）分析认为猴子岩水电站地下洞室群虽与锦屏一级地质条件类似，但围岩变形时间效应不甚明显，仅在个别部位表现出明显的渐进扩展特征，其与围岩的蠕变特性和相邻洞室开挖引起的洞群效应有关。李桂林等（2011）分析大岗山水电站地下洞室群监测数据发现，在辉绿岩脉较发育、节理裂隙较多的部位，围岩变形表现出一定时效性，即在开挖停顿期间变形仍有小幅增加，并认为该时效变形与锦屏一级这种普遍具有时间效应的围岩变形有较大区别。张勇等（2012）分析官地水电站地下洞室群监测资料发现，结构面与应力复合控制型围岩变形表现出了时效特征，在开挖停止后围岩仍持续变形，同时该区域还出现卸荷松弛、喷层开裂等现象，这种变形破坏模式主要受高应力卸荷调整和结构面共同影响。卢波等（2012）认为官地水电站地下洞室群硬岩时效变形的本质是岩体内部结构面的变形，即在高地应力开挖卸荷作用下，岩体结构因应力调整发生相应的演化，从而引起应力进一步调整，该相互作用过程导致变形随时间持续增加。刘会波等（2013）基于变形监测成果及力学分析认为，岩体在中高地应力条件下由高围压环境急剧转变为低围压、高应力差环境的力学机制与开挖引起围岩扰动破坏的空间效应是导致地下洞室群围岩时效变形的主要形成机制。

上述成果对于国内典型工程围岩时效变形的特征规律进行了较好的总结，使人们对于脆性硬岩时效变形的诱发因素及形成机制有了更进一步的认识。同时由该成果可以看到，对于不同工程所反映出的围岩时效变形现象，其主要特征、表现形式以及岩体所处的地质环境各不相同，因此对于其力学机制的解释也有所不同。目前针对白鹤滩水电站地下洞室群围岩时效变形的研究比较罕见，其脆性玄武岩时效变形问题较为典型突出，上述理论成果在白鹤滩工程是否适用，白鹤滩的问题属于哪一种模式，其原因机制是什么，有必要进一步开展相关研究。

国内外学者尝试了不同方法对脆性围岩时效变形进行描述和模拟。以 Kemeny 等（2003）和 Potyondy 等（2007）为代表的学者采用离散元方法模拟岩石蠕变过程，但该方法存在着细观参数难以直接获取、模型计算量较大等缺陷，难以应用于大尺度的工程问题。以 Zhao 等（2017）为代表的方法使用元件组合模型来模拟岩石时效变形，然而元件模型均是基于一维假三轴应力状态提出，因此难以合理描述复杂真三轴应力条件下的岩体时效变形行为。以 Xu 等（2017，2018）为代表的方法通过考虑岩石力学参数的非均质性来模拟岩石蠕变，但该方法需要模拟细观尺度的岩石行为，因此计算工作量巨大，截至目前尚未能应用于实际大型工程中。以 Miura 等（2003）为代表的方法使用断裂力学理论来模拟岩石蠕变，但该方法需要对岩石微裂纹的几何分布特征等无法获知的参数进行预先假设，而且该方法同样需要模拟微观尺度的岩石行为，同样计算工作量巨大，因此截至目前仍未能应用于实际大型工程中。以 Shao 等（2003）为代表的方法使用基于损伤力学原理的弹塑性模型模拟岩石蠕变，但该方法通常忽略了初始加载阶段的非弹性变形对岩石时效变形的影响，而且弹塑性模型通常收敛较慢，计算时间较长，工作效率较低。以 Debernardi 和 Barla（2009）为代表的方法使用黏塑性模型模拟岩石蠕变，但常规黏塑性模型方法无法描述亚临界裂纹扩展造成的岩石力学性质劣化以及由微裂纹扩展贯通引起的加速蠕变行为。同时，虽然基于过应力理论的常规黏塑性模型计算效率高于弹塑性模型，但该方法无法控制超出屈服面的应力状态，进而可能预测出不真实的应力状态。

综合来看，虽然这些方法能够从不同角度描述岩石蠕变力学行为，但在实际工程应用方面仍存在一些不足，尤其是面对水电工程大型地下洞室群这种深埋、复杂环境条件，其局限性进一步凸显。因此针对白鹤滩水电站地下洞室群出现的高地应力脆性围岩时效变形现象，提出一种计算效率高、参数标定方便、应力状态可控、能够有效描述真实复杂应力条件下岩体全阶段时效变形行为的数学模型，是十分必要的。

1.4　主要研究内容与技术路线

本专著依托世界规模最大的白鹤滩水电站地下洞室群工程，针对上述关键技术难题，开展巨型地下洞室群围岩变形破坏机理与时间效应研究，主要包含以下 4 个方面的研究内容。

1.4.1　玄武岩力学特性研究

（1）玄武岩强度变形特征

选取白鹤滩地下洞室群玄武岩岩样开展室内单轴及三轴试验，三轴试验中的加卸载应力路径根据地下洞室开挖卸荷过程中围岩应力调整实际状态设定。通过室内试验，获取玄武岩常规力学性质及参数，以及在不同应力路径下的应力–应变关系、变形特征及强度参数，总结玄武岩在开挖卸荷状态下的基本力学特性。

（2）玄武岩宏细观破坏特性

通过三轴加卸载试验，结合声发射及计算机体层成像（computed tomography，CT）技术，从起裂强度、宏观破坏、声发射特性及内部裂纹演化等方面探究玄武岩宏细观破坏特性。总结三轴试验中不同应力路径下玄武岩的宏观破坏特征；分析岩样在加卸载过程中不同阶段的声发射特性及细观破裂演化；通过 CT 扫描获取岩样内部裂纹形态、空间分布及扩展演化规律，分析岩样在不同应力路径下的细观破坏机制。

（3）玄武岩原位力学试验研究

在工程现场对玄武岩开展刚性承压板、柔性枕中心孔及钻孔弹模法岩体变形试验，并结合经验方法确定玄武岩的变形参数；开展岩体常规尺寸及大尺寸抗剪试验，并结合经验方法确定玄武岩的抗剪强度参数。

1.4.2　地下洞室群围岩变形破坏类型及特征研究

（1）围岩变形破坏特征

通过长期现场勘察、地质编录、现场测试，对地下洞室群施工期间围岩变形破坏现象进行总结，归纳变形破坏的主要模式、类型、特征，总结其发生部位、表现形式、分布特点及演化发展规律等。

（2）围岩变形监测成果分析

对地下洞室群多点变位计原位监测成果进行深入分析，总结围岩变形主要特征，分析主要洞室围岩变形的基本量值、空间分布及时间演化特性。

1.4.3　地下洞室群围岩变形破坏机理研究

（1）围岩变形破坏数值分析

采用数值模拟手段对地下洞室群及围岩、地质构造等进行三维建模，基于现场施工方案对洞室群分层开挖支护过程进行数值模拟，计算分析围岩应力、变形及塑性区随开挖的演化发展规律，探讨地应力、岩体结构面、洞室群结构布置及开挖支护程序等多方面因素对围岩变形破坏的影响，总结围岩变形破坏时空演化特性。

（2）典型变形破坏类型形成机理

针对地下洞室群典型围岩变形破坏现象，基于现场勘察、监测及数值模拟分析成果，对其形成机理进行深入分析。总结提炼围岩变形破坏的主控因素及响应机制，还原开挖卸荷作用下围岩变形破坏的孕育及演化发展过程。

（3）地下洞室群典型部位变形破坏原因分析

对左岸厂房排水廊道 LPL5-1 喷护混凝土开裂、厂房边墙层间错动带变形、右岸厂房小桩号洞段大变形及 8# 尾水调压室喷护混凝土开裂的原因进行深入分析。总结其变形破坏主要特征，结合现场勘查及数值模拟成果，分析其关键影响因素及孕育发展过程，揭示其成因机制。

1.4.4　地下洞室群围岩变形破坏时间效应研究

（1）围岩变形时间效应特征

基于围岩变形原位监测成果，梳理出地下洞室群围岩时效变形的典型类型，并对其主要特征、表现形式进行分析总结。

（2）脆性硬岩时效变形本构模型

基于边界面理论及亚临界裂纹扩展概念，建立能够描述高地应力条件下脆性玄武岩时效变形的黏塑性边界面损伤本构模型，从亚临界裂纹扩展角度解释脆性岩石时效变形的力学机制。

（3）围岩变形时间效应数值分析

基于脆性硬岩时效变形本构模型，通过数值手段对地下洞室群开挖过程进行模拟分析，探究围岩变形随时间演化趋势，分析高地应力开挖卸荷作用下脆性围岩时效变形特征规律，并在此基础上分析围岩时效变形力学机制。

（4）地下洞室群围岩稳定性评价

综合地下洞室群围岩监测成果和数值模拟结果对围岩稳定性进行分析评价。对地下洞室群围岩变形监测数据进行分析，评价变形发展趋势以及围岩长期稳定性。基于脆性硬岩时效变形本构模型，通过数值模拟法计算分析施工期及长效运行阶段的围岩变形系数，对地下洞室群围岩长期稳定性进行评价。

本专著的总体研究技术路线如图 1.4.1 所示。

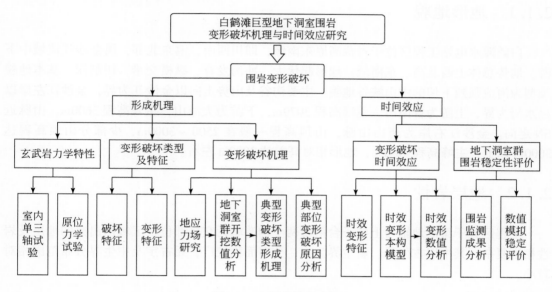

图 1.4.1 研究技术路线

第2章　白鹤滩水电站地质概况

2.1　区域地质概况

2.1.1　地形地貌

白鹤滩水电站工程区位于青藏高原东南缘，即川西南、滇东北部，属金沙江流域中下游。地势总体上西北高、东南低，地形起伏大，冲沟发育，纵横交错，切割深。基本地貌类型为河流强烈下切的中山峡谷地貌。主要沟谷及山势走向以金沙江为界，金沙江左岸以黑水河为界，上游为鲁南山，主峰高程3079m，下游为大凉山，主峰高程3600m，山脉近SN走向。金沙江右岸为药山山脉，山顶高程一般在2500～3000m，少部分山顶高程达3000m以上，主峰高程4041m，地形相对高差达2000m左右。

2.1.2　地层岩性

工程区处于康滇地轴与上扬子台褶带两个构造单元交接部位，区域内出露的地层及岩性相当复杂。其中以古生界、新生界为主，分布面积较广，元古宇及中生界分布范围相对较小。

1. 古生界

古生界在本区广泛出露，其中寒武系、奥陶系、二叠系出露范围相对较大，志留系、泥盆系和石炭系出露面积相对较小。寒武系、奥陶系、志留系、泥盆系和石炭系整体上形成了以泥质砂岩、页岩、白云岩、白云质灰岩、灰岩、玄武岩为主相间分布的综合性岩组。左岸基本呈NNW向分布，右岸则呈NE向分布。

2. 中生界

中生界在本区分布范围相对较小，大寨沟流域中下游一带出露三叠系、白垩系，侏罗系缺失。三叠系、白垩系整体上由以砂岩、泥岩、粉砂岩、页岩、泥灰岩、煤线为主相间分布的岩层构成。

3. 新生界

新生界主要为第四系松散堆积层，包括残坡积物（Q^{edl}）、崩坡积物（Q^{col+dl}）、冲洪积物（Q^{apl}）和泥石流堆积物（Q^{sef}）等。堆积物零星分布于沿江两岸坡脚、缓坡、谷底等地。

2.1.3　地质构造

本区地处强烈抬升的青藏、川西高原东缘向云贵高原和四川盆地过渡部位，在大地构造单元分区上，位于 I 级构造单元——扬子准地台的西南部，Ⅱ 级构造单元——上扬子台褶带西南边缘，Ⅲ 级构造单元——凉山陷褶束南端。

白鹤滩水电站坝址位于扬子准地台内康滇地轴东侧、上扬子台褶带西部，处在两个二级构造单元的边界上。中生代末期的燕山运动席卷全区，康滇地轴和上扬子台褶带一起卷入变形，其中，在康滇地轴形成 SN 走向的盖层褶皱带，而在上扬子台褶带则主要表现为 NE 走向的盖层滑脱变形。喜马拉雅运动时期，研究区再次表现为强烈的褶皱隆起，仅在局部地区凹陷接受堆积。

2.1.4　地震动参数

新构造运动主要是指新近纪以来的地壳活动。据区域地质志，本区自新近纪以来，共发生两次规模比较大的构造运动，其中新近纪至早更新世，表现出川西高原大幅度隆升。中更新世晚期又有一次强烈构造运动，表现为地壳的强烈下切、水系的袭夺，经此构造运动之后，形成了与现今完全一致的水系和沟谷地貌。晚更新世至全新世地壳强烈的构造运动逐渐减弱，以整体抬升和强度不大的差异运动和块体的侧向滑移为特征。

近场区主要断裂带活动均以水平走滑位移为主，垂直差异运动不强。研究结果表明：白鹤滩工程近场区处于强烈活动的川滇菱形块体东侧边缘附近，具有比较高的区域地震活动背景。区域内主要发震构造带有鲜水河断裂带、安宁河断裂带、则木河断裂带、小江断裂带等，有历史记载以来，在这些主要强烈活动的断裂带上发生了多次震级为 7 级及 7 级以上地震。

根据 2016 年 2 月中国地震灾害防御中心提出的《金沙江白鹤滩水电站坝址设计地震动参数复核报告》（中震安评〔2016〕15 号），场址地震基本烈度按 50 年超越概率 10% 地震动参数确定，为Ⅷ度。6 种不同超越概率水平的基岩动峰值加速度见表 2.1.1。

表 2.1.1　白鹤滩工程区不同超越概率水平基岩动峰值加速度表

超越概率水平	50 年 63%	50 年 10%	50 年 5%	50 年 2%	100 年 2%	100 年 1%
动峰值加速度/gal	66	209	276	376	451	534

2.2　坝址区基本地质条件

2.2.1　地形地貌

坝区属中山峡谷地貌，地势北高南低，向东侧倾斜。左岸为大凉山山脉东南坡，山峰高程 2600m，整体上呈向金沙江倾斜的斜坡地形；右岸为药山山脉西坡，山峰高程在 3000m 以上，主要为陡坡与缓坡相间的地形。

谷坡左岸相对较缓，右岸陡峻，河谷呈不对称的"V"字形（图 2.2.1）。拱坝上游高程 825m 处谷宽 590～713m，拱坝下游与尾水隧洞出口线之间高程 825m 处河谷宽一般 449～534m，局部谷宽 559m，尾水出口下游，河谷敞开。

图 2.2.1　坝址区河谷地貌

左岸谷肩以上为斜坡地形，坝区上游有地形较缓、范围较大的 1 号（新建五队）斜坡。坝区范围内主要有 2 号（华东院基地至新田一带）及 3 号（人民湾）等两块规模较大的斜坡，斜坡倾向 SE，倾角 20°左右，沿岩流层层面发育，三级斜坡由 NW 向陡壁衔接。左岸谷肩以下，尾水隧洞出口上游临江由近 SN 向陡壁构成，局部两级狭窄斜坡，陡壁高度由上游至下游逐渐增高，临江陡壁高度 250～400m。尾水隧洞出口临江陡壁向 NW 偏转，陡壁增高，河谷变宽。泄洪洞出口及下游，谷肩高程 1050～1250m，斜坡前缘为走向 N60°W，陡壁高度 100～170m，陡壁底部高程 850～1160m，陡壁以下为走向 N45°W 的陡坡。

右岸谷肩以上为缓坡地形，缓坡沿下三叠统飞仙关组岩层层面发育，走向 N40°E 左右，倾 SE，倾角 15°左右。谷肩以下为陡壁地形，岸坡高陡，间有狭长的缓坡台阶，南侧（上游）谷肩高程 950m、北侧（下游）谷肩高程 1320m，临江高程 890～1020m 以下为台坎状的陡壁地形；陡壁与缓坡相间，陡壁高度 70～110m。

2.2.2　地层岩性

坝区主要出露上二叠统峨眉山组（$P_2\beta$）玄武岩，上覆下三叠统飞仙关组（T_1f）泥质粉砂岩、泥岩、砂岩，地层呈假整合接触。第四系松散堆积物主要分布于河床及缓坡台地上。

1. 上二叠统峨眉山组

坝址区峨眉山组玄武岩根据喷发间断共划分为 11 个岩流层，总厚度约 1500m。每一个岩流层自下而上一般为熔岩、角砾熔岩，顶部为凝灰岩，熔岩主要为斜斑玄武岩、隐晶质玄武岩、少量微晶玄武岩、杏仁状玄武岩，隐晶质玄武岩中发育柱状节理的称之为柱状节理玄武岩。因此，玄武岩岩性主要分为含角砾（集块）玄武岩、斜斑玄武岩、隐晶质玄武岩、柱状节理玄武岩、杏仁状玄武岩、角砾熔岩、凝灰岩等 7 种，其中斜斑玄武岩、隐晶质玄武岩、微晶玄武岩、杏仁状玄武岩统称为块状玄武岩。

2. 下三叠统飞仙关组

下三叠统飞仙关组为一套河湖相沉积的紫红色泥质粉砂岩、泥岩、砂岩。假整合于峨眉山组玄武岩之上，飞仙关组砂岩总厚 265m，分布于坝址右岸高程 1100m 以上。

3. 第四系

第四系主要为上更新统（Q_3^{apl}）含泥砂碎石层和全新统（Q_4）松散堆积层。

2.2.3　地质构造

坝址区地质构造主要表现为原生构造、断裂构造（包括断层、层间错动带、层内错动带、裂隙等）等形式。

1. 原生构造

柱状节理是玄武岩中常见的一种原生破裂构造，多见于厚层熔岩中，它往往将岩体切割成一种规则的多边形长柱体，柱体基本垂直于熔岩层的延伸方向。在这些柱体尚未完全凝固硬化时，如果继续向前流动，将促使柱体一定部位发生倾斜，而此倾斜即反映了熔岩的流动方向。白鹤滩坝址玄武岩的特点之一是隐晶质玄武岩中发育柱状节理，根据柱体大小可以将柱状节理分为 3 类。

第 1 类：柱状节理发育的密度较大，大多未切割成完整的柱体，柱体长度一般 2 ~ 3m，直径 13 ~ 25cm，岩石呈灰黑色，其内微裂隙发育，切割岩体块度为 5cm 左右。

第 2 类：柱状节理发育不规则，未切割成完整的柱体，柱体长度一般在 0.5 ~ 2.0m，直径 25 ~ 50cm，其内微裂隙较发育，但相互咬合，未完全切断，块度在 10cm 左右。

第 3 类：柱状节理发育不规则，未切割成完整的柱体，柱体粗大，长度 1.5 ~ 5m 不等，直径 0.5 ~ 2.5m，切割不完全，嵌合紧密。

2. 断裂构造

按断裂构造与岩流层产状的关系，分为断层、层间错动带、层内错动带、裂隙等。

1）断层

断层是指具有较大规模或明显位移的断裂构造。白鹤滩坝区断层指倾角陡于岩流层倾角 20°，宽度 5cm 以上的断裂构造。

断层的共同特征是，普遍具有 60° 以上的陡倾角，性质以平移或走滑为主。在地表的延伸距离均不大，一般不超过 2km；在剖面上，它们的深度一般不超过 1km。断层形成时期可归结为早期（燕山期）和晚期（喜马拉雅期）构造运动的产物。

坝址区断层除 NE 向的 F_{17} 外，主要为 NW 向，并以 NWW 和 NNW 两个方向组最为发育（表 2.2.1），占总数的 88%。

表 2.2.1　白鹤滩坝区断层分组特征统计一览表

组别	产状	特征	所占百分比/%
NWW	N45°~74°W，SW∠70°~90°（N55°W，SW∠84°）	带内以角砾岩为主，部分断层发育碎裂岩及断层泥，或有石英脉充填	29
	N45°~75°W，NE∠70°~90°（N59°W，NE∠84°）	带内以角砾岩为主，部分断层发育碎裂岩及断层泥，或有石英脉充填	24
NNW	N13°~45°W，SW∠71°~90°（N32°W，SW∠83°）	带内以碎裂岩为主，局部见石英脉充填	24
	N15°~45°W，NE∠80°~90°（N32°W，NE∠86°）	带内以角砾、岩屑及碎裂岩为主，局部见石英脉充填	7
NNE	N23°~41°E，NW∠65°~80°（N33°E，NW∠74°）	带内充填碎裂岩、碎粉岩，断层泥。石英脉局部充填	10
近 SN	N3°~7°E，NW∠76°~81°（N5°E，NW∠80°）	正断层，张性，带内多面理、劈理及角砾岩	2

注：( ) 内产状为优势产状。

坝区 NWW 向陡倾角断层平行发育，规模较大的间距 300~400m，地形上形成陡壁或冲沟，次级断层间夹其中，平行间距 30~60m，延伸长度有限。NE 向断层较少，以 F_{17} 断层规模最大，与 NW 向断层相互切割，错距不大。NNW 断层在两岸均有发育，一般被 NW 向断层限制或错开。近 SN 向断层短小，一般分布于两条 NW 向断层之间，被 NW 向断层限制。

2）层间错动带

层间错动带指发育于各岩流层顶部凝灰岩层中的缓倾角、贯穿性的结构面。坝区总体呈平缓的单斜构造，岩层向 SE 倾斜，玄武岩与上下沉积岩层的产状一致，这种构造格架在燕山期就基本奠定。

坝区由于地层内部存在平行不整合面、软弱的凝灰岩夹层等，在构造作用下，形成层间错动带。层间错动带在岩流层顶的凝灰岩层内，顺层—小角度切层错动还是比较普遍的。在每层玄武岩顶部沿凝灰岩层发育层间错动带，这些错动带在坝址分布广泛，延伸较长。

坝址 11 个岩流层顶部凝灰岩均有不同程度的构造错动，均形成层间错动带，层间错动带产状一般为 N40°~55°E，SE∠15°~20°，厚度一般为 10~40cm，少量为 60cm。

3）层内错动带

层内错动带是指坝区玄武岩各岩流层内发育的顺层或小角度切层结构面。这些错动带随机发育，延伸长短不一，层内错动带的成因及形成时代与层间错动带基本一致。

层内错动带延伸范围不大或断续延伸，延伸至两岸的不多，除少量外错动带长度一般在 50 ~ 200m。层内错动带一般与岩流层面近平行，部分层内错动带倾角大于岩层倾角，但层内错动带均不穿层。错动带一般呈单条出现，局部以缓倾角裂隙带形式出现。

4）裂隙

裂隙发育程度与岩性有关，角砾熔岩中裂隙极少，杏仁状玄武岩、斜斑玄武岩发育少量裂隙，隐晶质玄武岩、柱状节理玄武岩中，裂隙较发育。缓倾角错动带上盘裂隙发育程度相对密集，下盘相对不发育。

坝区裂隙优势产状有 3 组，其中以 N20° ~ 60°W，SW∠60° ~ 90°最发育，其次为 N10° ~ 80°E，SE∠3° ~ 40°缓倾角裂隙，第三为 N20° ~ 60°W，NE∠65° ~ 90°裂隙。

裂隙面形态总体上以平直粗糙为主，少量裂隙面呈弯曲状。裂隙大多无充填或充填厚度极薄的方解石脉（或石英脉），且通常胶结较好；少数充填岩屑，其厚度一般都在数毫米；在未卸荷岩体内，陡倾角裂隙通常为闭合状。

2.2.4　岩体风化与卸荷

2.2.4.1　岩体风化

坝区出露的块状玄武岩和角砾熔岩均属坚硬岩，其自身抗风化能力强，无强风化岩体。左岸边坡弱风化上段下限水平埋深一般不超过 50m；弱风化下段下限水平埋深一般不超过 100m，局部大于 100m。右岸边坡高程 1040 ~ 1100m 处弱风化上段水平埋深近 100m，1040 ~ 634m 处弱风化上段水平埋深 5 ~ 50m；高程 1040 ~ 1100m 处弱风化下段下限水平埋深大于 150m，1040 ~ 634m 处弱风化下段下限水平埋深 20 ~ 117m。右岸高程 1100m 以上的砂泥岩地层见 5 ~ 10m 的强风化，弱风化上段下限水平埋深 30 ~ 50m，弱风化下段下限水平埋深 130m。

2.2.4.2　岩体卸荷

坝区岸坡岩体卸荷主要表现为沿构造结构面的张开，有的卸荷裂隙（缝）是部分追踪构造结构面，部分拉断岩体。卸荷裂缝多追踪 SN-NW 方向的断层、裂隙等构造结构面发育；少量追踪 NE 向结构面发育。

左岸岩体水平方向的卸荷深度总体上大于右岸，其主要原因是左岸为顺向坡，较之右岸逆向坡更易于卸荷。平面上，F_{14} 断层上游侧两岸卸荷深度相当，强卸荷带的水平埋深小于 53m，弱卸荷带下限水平埋深一般为 13 ~ 115m，最深 180m。F_{14} 断层下游左岸卸荷深度明显深于右岸，左岸强卸荷下限水平埋深 80 ~ 110m，弱卸荷下限水平埋深 60 ~ 180m，右岸强卸荷下限水平埋深 5 ~ 42m，弱卸荷下限水平埋深 20 ~ 110m。从剖面上看，左岸高程 700m 以上岩体卸荷深度相对较深，强卸荷岩体下限水平埋深 80 ~ 100m，局部达 143m，主要受层间错动带 C_3、层内错动带 LS_{337} 等的影响较大；右岸高程 700 ~ 800m 处岩体卸荷深度相对较大，强卸荷岩体一般水平深度一般 50m，局部 70m。

2.2.5 水文地质条件

坝址左右两岸由于地形、地质条件的差异，两岸地下水活动差异明显。左岸坡度较缓，汇水面积较大，浅表部岩体以孔隙结构和块裂结构为主，地表水较易入渗，地下水较活跃，平洞内渗滴水、流水分布广泛，局部涌水，平洞出水量多在 10 ~ 100L/min。右岸坡地形陡峻，汇水面积小，降水入渗补给量小，地下水活动很弱，平洞内出水点少，且多呈渗、滴水状。

1. 地下水埋深

坝址两岸地下水位深浅不一，无统一的水位，并且具有分层性。坝区两岸地下水位埋藏深，除近河边孔外，埋深多在 100m 以上，其中左岸埋深范围变化相对较小，埋深在 100 ~ 170m；右岸由于岸坡陡峻，埋深范围变化大，埋深在 100 ~ 400m。两岸埋深最大的部位多在两岸谷肩附近的山体内。左岸地下厂房洞室群部位水位埋深在 100 ~ 150m，水位在 750 ~ 780m，水面与坡顶缓倾斜面坡度基本一致，水力坡降多在 10% 左右；右岸地下厂房洞室群部位地下水位在 750 ~ 800m，埋深在 350m 左右。

2. 岩体与结构面渗透性

坝区玄武岩以微、弱透水岩体为主，占 90% 以上，中等透水岩体试段占 5.5%，强透水试段占 1.3%。地质构造（断层、层间及层内错动带、裂隙）是影响岩体透水性的主要因素，所在部位岩体的透水性增大，构造带所在孔段透水率明显大于其上下孔段的透水率。一般情况下，构造影响带的透水性比围岩大一个量级，即在微透水岩体中呈弱透水，在弱透水岩体中呈中等透水。总体上看，构造影响均有随埋深增加而逐渐减弱的趋势。

相对隔水层即透水率 $q<1Lu$[①] 的岩体，左右岸相对隔水层顶板总体与地形面相似，左缓右陡，左低右高。左岸谷肩以上顶板平缓，水平向埋深很大，垂直埋深 120 ~ 180m，谷肩以下顶板较陡，水平向埋深 150 ~ 230m；河床坝址上游埋深较浅，下游埋深较大，垂直埋深 60 ~ 120m；右岸顶板陡峻，垂向埋深变化大，水平向埋深 120 ~ 200m。

3. 地下水水质及腐蚀性

坝区水体主要化学成分有 Ca^{2+}、Mg^{2+}、Na^++K^+、HCO_3^-、SO_4^{2-}、Cl^-、CO_3^{2-} 以及游离的 CO_2 和侵蚀性 CO_2。两岸厂区裂隙水的阳离子以 Na^++K^+ 为主，阴离子以 CO_3^{2-} 为主，主要离子百分含量一般为 $Na^++K^+>Ca^{2+}>Mg^{2+}$、$CO_3^{2-}>SO_4^{2-}>HCO_3^-$。

左岸地下厂区裂隙水 pH 为 8.3 ~ 10.4，总硬度 3.2 ~ 21.5mg/L，总碱度为 45.9 ~ 99.1mg/L，呈碱性，属于极软水，水质类型主要为 $CO_3^{2-}\cdot SO_4^{2-}-K^++Na^+$。右岸地下厂区裂隙水 pH 为 7.6 ~ 10.6，总硬度 3.2 ~ 45.9mg/L，总碱度为 65.4 ~ 168.6mg/L，呈碱性，属于极软水，水质类型主要为 $CO_3^{2-}\cdot SO_4^{2-}-K^++Na^+$。

根据《水力发电工程地质勘察规范》（GB 50287—2006）中环境水对混凝土腐蚀性评

---

① Lu 为吕荣值，1Lu=1L/（min·MPa·m）。

价标准，两岸地下厂房部位，岩体渗透性较弱，整体为相对隔水岩体，水循环较弱，地下水对混凝土具溶出型弱腐蚀性，局部具溶出型中等腐蚀性。

2.3　左岸地下洞室群工程地质条件

2.3.1　地形地貌

左岸地下洞室群位于坝肩上游山体内，地表为 2 号斜坡，NE 走向，倾向 SE，倾角 20°左右，地下洞室群水平埋深 600~1180m，垂直埋深 260~370m。

地下厂房水平埋深 600~1000m，垂直埋深 260~330m；主变洞水平埋深 860~1110m，垂直埋深 285~370m；尾水管检修闸门室水平埋深 950~1100m，垂直埋深 260~330m；尾水调压室水平埋深 980~1180m，垂直埋深 300~330m。

2.3.2　地层岩性

左岸地下洞室群地层为单斜构造，岩层总体产状为 N40°E，SE∠15°，走向与厂房轴线交角 20°。岩性主要为 $P_2\beta_2^3$~$P_2\beta_3^3$ 层角砾熔岩、杏仁状玄武岩、斜斑玄武岩、隐晶质玄武岩、柱状节理玄武岩，夹薄层凝灰岩，其中 $P_2\beta_2^4$ 层凝灰岩厚 20~80cm，紫红色，岩质软弱，遇水易软化。

地下厂房岩性为 $P_2\beta_2^3$~$P_2\beta_3^1$ 层角砾熔岩、杏仁状玄武岩、斜斑玄武岩、隐晶质玄武岩、柱状节理玄武岩，夹薄层凝灰岩，其中 $P_2\beta_2^4$ 层凝灰岩厚 20~80cm，局部可达 150cm，出露于厂房边墙中下部、南侧端墙底部、北侧端墙中上部。$P_2\beta_3^1$ 层隐晶质玄武岩底部约 20m 范围局部发育第三类柱状节理，$P_2\beta_2^3$ 层隐晶质玄武岩中部约 26m 范围局部发育第二类柱状节理。

主变洞岩性与主厂房相同，其中 $P_2\beta_2^4$ 层凝灰岩厚 30~80cm，岩质软弱，遇水易软化，出露于主变洞上下游边墙及北端墙。

尾水管检修闸门室地层岩性与主厂房相同，其中 $P_2\beta_2^4$ 层凝灰岩厚 40~80cm，出露于井身段高程 622~590m 处。

尾水调压室岩性为 $P_2\beta_2^3$、$P_2\beta_2^4$、$P_2\beta_3^1$ 层杏仁状玄武岩、隐晶质玄武岩、斜斑玄武岩、柱状节理玄武岩、角砾熔岩及凝灰岩等。$P_2\beta_2^3$ 层局部发育第二类柱状节理玄武岩，$P_2\beta_2^4$ 层凝灰岩厚 30~70cm。

2.3.3　地质构造

工程区为倾向南东的单斜构造，岩层产状 N40°~45°E，SE∠15°~20°，走向与厂房轴线交角约 20°。

1. 断层

左岸地下洞室群发育的断层规模一般较小，主要为硬性结构面和岩块岩屑型，其共同特征是，走向总体上在 N40°～70°W，具有 75°以上的陡倾角，性质以平移为主。

地下厂房发育断层 f_{718}、f_{719}、f_{720}、f_{721}、f_{7101}，均为 NW–NWW 向陡倾角断层，与厂房轴线大角度相交，宽度 5～20cm，带内物质以节理化构造岩、构造角砾岩为主，岩块岩屑 A 型。f_{719}、f_{720}、f_{721} 在洞顶揭露，延伸至厂房岩梁底部尖灭。f_{718}、f_{7101} 仅在层间错动带 C_2 下盘岩体内发育，其中 f_{7101} 穿过厂内集水井及 1# 机坑，在厂内集水井北侧端墙形成壁面，f_{718} 经过 7# 机坑。

主变洞发育 7 条小规模断层：f_{717}～f_{721}、f_{7102}、f_{7103}，走向 N30°～65°W，宽度 2～20cm，带内物质为构造角砾岩，结构面类型为胶结型。

尾水管检修闸门室发育 4 条小规模断层：f_{717}、f_{721}、f_{7102}、f_{7104}，走向 N35°～60°W，宽度 5～15cm，带内物质为构造角砾岩，结构面类型为胶结型。

尾水调压室发育断层 f_{717}、f_{722}、f_{723}、f_{7124}～f_{7135}，总体产状为 N30°～70°W，NE（SW）∠70°～88°，宽一般为 3～8cm，以方解石脉胶结的构造角砾岩为主。断层 f_{722}、f_{723}、f_{7124}～f_{7130} 竖切 1# 尾水调压室洞室穹顶及井身；断层 f_{7131} 竖切 2# 尾水调压室 NE 侧；断层 f_{717} 竖切 3# 尾水调压室穹顶及井身；断层 f_{7132}～f_{7135} 竖切 3# 尾水调压室井身。

2. 层间错动带

层间错动带 C_2 沿 $P_2\beta_2^4$ 层凝灰岩中部发育，产状为 N42°～45°E，SE∠14°～17°，错动带厚度 10～60cm，平均厚约 20cm，泥夹岩屑型，遇水易软化，见图 2.3.1、图 2.3.2。C_2 缓倾角斜切地下厂房，主要出露于安装间北端墙及主厂房边墙；出露于主变洞桩号左厂 0+60～0+320m 的边墙及北端墙、出露于尾水管检修闸门室井身段高程 622～590m、斜切 4 个尾水调压室上部。

图 2.3.1　左岸主副厂房层间错动带 C_2 典型特征

3. 层内错动带

层内错动带主要发育在 $P_2\beta_3^2$、$P_2\beta_3^3$ 层，以岩块岩屑型和硬性结构面为主，规模较小。

图 2.3.2　下游边墙左厂 0+297～0+310m 高程 596～592mC₂ 面貌

地下厂房层内错动带 LS_{3152} 发育于 $P_2\beta_3^1$ 层顶部，带宽 2cm，带内为角砾化构造岩，在左岸地下厂房顶拱桩号左厂 0-071.6～0-038m 揭露，上、下盘岩体中同产状的缓倾角裂隙发育；层内错动带 LS_{3153} 发育于 C_2 上盘 $P_2\beta_3^1$ 层隐晶质玄武岩（发育第三类柱状节理）中；层内错动带 LS_{3253}、LS_{3254}、LS_{3255}、LS_{3256}、LS_{3263} 等分布在厂房顶拱上部 15～50m 范围内。

主变洞发育层内错动带 LS_{3161}，产状 N35°E，SE∠15°～20°，宽度 0.3～0.5cm，带内物质为角砾化构造岩，结构面类型为岩屑夹泥型，出露于桩号左厂 0-40～0+175m 段边墙及顶拱。

尾水管检修闸门室发育层内错动带 LS_{3162}、LS_{3163}，产状为 N45°E，SE∠15°～25°，宽度 2～8cm，局部 10～15cm，带内物质为节理化构造岩，结构面类型为岩块岩屑型，出露于上、下游边墙高程 632～650m。

尾水调压室发育层内错动带 LS_{2365}、LS_{2366}，位于 3# 和 4# 尾水调压室井身段，宽度 3～8cm，主要为节理化构造岩，局部夹断续方解石脉。

4. 裂隙

优势裂隙主要有 3 组：①N40°～70°W，NE∠70°～85°；②N10°～40°W，SW（NE）∠60°～80°；③N30°～50°E，SE∠15°～25°。裂隙以陡倾角为主，NW-NWW 向最发育，与边墙夹角 50°～70°，长度一般 3～5m，少数 8～10m 或更长，间距 50～150cm，裂隙面以闭合，平直粗糙为主。

地下厂房发育长大裂隙 T_{720}、T_{721}，均为 NW 向陡倾裂隙，宽度 1～3cm，主要为节理化构造岩，伴有方解石脉充填，在厂房顶拱北侧揭露，延伸至岩梁下部附近尖灭。

主变洞发育 4 条长大裂隙 T_{723}、T_{726}、T_{727}、T_{728}，走向 N40°～65°W，宽度 0.1～3cm，带内物质以构造角砾岩为主，结构面类型为胶结型。

尾水调压室发育长大裂隙 T_{734}、T_{735}、T_{732}。宽度 1～5cm 为主，局部 5～10cm，充填方解石脉，主要为硬性结构面。

左岸主副厂房轴线工程地质剖面图见图 2.3.3。

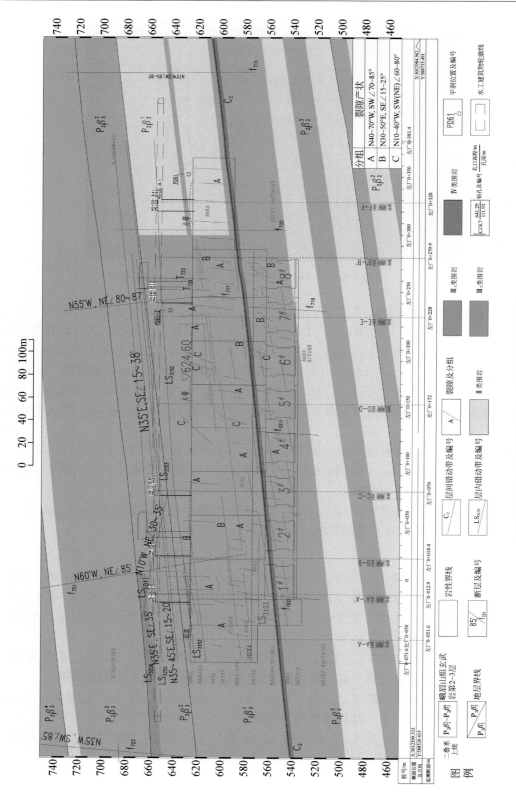

图2.3.3　左岸主副厂房轴线工程地质剖面图(单位：m)

2.3.4　岩体风化与卸荷

左岸地下洞室群均为微新、无卸荷岩体。

2.3.5　水文地质

左岸地下洞室群岩体透水性较小，以微透水和弱透水性为主，地下洞室群整体干燥，无大的出水点，仅局部渗滴水。

地下厂房整体干燥，局部渗滴水，出水点主要分布于洞顶，以沿裂隙渗滴水为主，局部呈线状渗水。渗水点在洞顶的两个通风竖井附近相对较集中，洞顶层内错动带 LS_{3152} 及北侧端墙层间错动带 C_2 揭露部位局部也有少量渗滴水；位于厂房上、下游两侧的 C_2 置换洞开挖期也以整体干燥为主，层间错动带 C_2 揭露部位主要呈潮湿状，局部渗滴水—线状流水，最大单点出水量 $<15L/min$。

受结构面、爆破、岩体松弛、锚索及锚杆施工影响，洞室周边一定深度围岩透水性增强，施工过程中常出现高高程的洞室施工用水向低高程的洞室渗漏的现象。

2.4　右岸地下洞室群工程地质条件

2.4.1　地形地貌

右岸地下洞室群位于坝肩上游山体内，地表为下红岩斜坡，总体坡角 $10° \sim 15°$，向南倾斜，分布有居民点，地面高程约 $1100 \sim 1300m$，地下洞室群水平埋深 $420 \sim 700m$，垂直埋深 $420 \sim 620m$。

地下厂房水平埋深 $420 \sim 500m$，垂直埋深 $420 \sim 540m$；主变洞水平埋深 $480 \sim 560m$，垂直埋深 $465 \sim 540m$；尾水管检修闸门室水平埋深 $520 \sim 600m$，垂直埋深 $430 \sim 620m$；尾水调压室水平埋深 $670 \sim 700m$，垂直埋深 $460 \sim 510m$。

2.4.2　地层岩性

右岸地下洞室群地层为单斜构造，岩层总体产状为 $N48° \sim 50°E$，$SE\angle 15° \sim 20°$，岩层走向与厂房轴线大角度相交，交角 $60° \sim 70°$。出露岩性主要为 $P_2\beta_3^3 \sim P_2\beta_6^1$ 层隐晶质玄武岩、柱状节理玄武岩、斜斑玄武岩含、杏仁状玄武岩、角砾熔岩及薄层凝灰岩；其中 $P_2\beta_4^1$ 层底部发育厚 $15 \sim 28m$ 第三类柱状节理玄武岩，柱体长度一般 $1.5 \sim 5.0m$，直径 $50 \sim 250cm$，微裂隙断续切割柱体，岩体以次块状结构为主，较完整。

地下厂房地层为 $P_2\beta_3^3 \sim P_2\beta_5^1$ 层，其中 $P_2\beta_4^1$ 顶部、$P_2\beta_3^6$ 及 $P_2\beta_4^3$ 层分布有 $0.2 \sim 0.6m$ 厚的凝灰岩或凝灰质角砾岩，岩质软弱，遇水易软化。$P_2\beta_3^6$ 层凝灰岩斜穿主厂房，主要分布于

安装间顶拱及主厂房边墙；$P_2\beta_3^4$ 层顶部凝灰岩主要分布于安装间及主厂房 9#、10# 机组之间边墙，在 10# 机组上部边墙与 $P_2\beta_3^6$ 层凝灰岩交汇；$P_2\beta_4^3$ 层凝灰岩分布于副厂房顶拱及端墙上部，厚度在 0.4~0.6m。

主变洞地层为 $P_2\beta_3^4$~$P_2\beta_5^1$ 层，其中 $P_2\beta_3^4$、$P_2\beta_3^6$ 及 $P_2\beta_4^3$ 层分布有 0.05~0.6m 厚的凝灰岩。

尾水管检修闸门室地层为 $P_2\beta_3^3$~$P_2\beta_6^1$ 层，其中 $P_2\beta_3^4$ 层顶部、$P_2\beta_3^6$、$P_2\beta_4^3$、$P_2\beta_5^2$ 层为厚 0.05~1.3m 的凝灰岩或凝灰质角砾岩，岩质软弱，遇水易软化。

尾水调压室地层主要为 $P_2\beta_3^3$~$P_2\beta_6^1$ 层，$P_2\beta_3^3$、$P_2\beta_5^1$、$P_2\beta_6^1$ 层发育第一、第二类柱状节理玄武岩，$P_2\beta_4^1$ 层底部发育第三类柱状节理玄武岩，$P_2\beta_4^3$ 层顶部、$P_2\beta_3^6$ 层、$P_2\beta_4^3$ 层、$P_2\beta_5^2$ 层为厚 10~40cm 的凝灰岩，岩质软弱，遇水易软化，$P_2\beta_4^1$ 层中下部发育厚 7~12m 的角砾熔岩，凝灰质含量较高，岩体强度较低。

2.4.3　地质构造

1. 断层

右岸地下电站发育的断层规模一般较小，主要为硬性结构面和岩块岩屑型，断层大部分走向为 N40°~65°W，倾角多大于 75°。规模较大的断层有 F_{20}，宽度 30~40cm，为构造角砾岩，局部为角砾化构造岩，岩块岩屑 A 型，斜切四大洞室。

地下厂房发育断层 F_{20}、f_{8107}~f_{8109}，断层 F_{20} 在边墙上部发育影响带，上盘影响带宽 3~5m，下部影响带宽约 2m，主要为裂隙密集带，在 9#、10# 机组附近（桩号右厂 0+228~0+250m）竖向斜切主厂房；f_{8107} 带内为角砾化构造岩，主要在 9# 基坑下游边墙附近出露；f_{8108} 与断层 F_{20} 平行，角砾化构造岩，主要在 10# 基坑北侧边墙出露；f_{8109} 带内主要为节理化构造岩，在 10# 机组顶拱出露。

主变洞发育断层 F_{20}、f_{823}、f_{816} 共 3 条，断层 F_{20} 出露桩号右厂 0+174~0+185m；断层 f_{823} 出露桩号右厂 0+300~0+318m；断层 f_{816} 出露桩号右厂 0+174~0+200m，上游拱肩尖灭，下游边墙于高程 590m 交于断层 F_{20}。

尾水管检修闸门室发育断层 F_{20}、f_{816}、f_{823}、f_{8110}、f_{8111}，断层 F_{20} 在 12# 和 13# 闸门井之间（K+170~K0+187m）竖向斜切尾闸室。

尾水调压室发育断层 f_{816}、f_{817}、f_{8105}、f_{8120}、f_{8121}、f_{8122}，断层 f_{816}、f_{817}、f_{8121}、f_{8122} 竖切 7# 尾水调压室洞室穿顶及井身，断层 f_{8105} 竖切 6# 尾水调压室，断层 f_{8120} 发育于 6# 尾水调压室井身下部和底部流道。

2. 层间错动带

层间错动带有 C_2、C_3（分上、下段）、C_{3-1}、C_4、C_5，C_3 上段未见错动痕迹，性状较好。

地下厂房发育层间错动带 C_3（分上、下段）、C_{3-1}、C_4、C_5。C_3 在 $P_2\beta_3^6$ 层凝灰岩中发育，C_3 上段未见错动痕迹，性状较好，其力学参数按凝灰岩参数考虑；C_3 下段宽 5~10cm，带内主要为劈理化构造岩、角砾化构造岩，结构面类型以泥夹岩屑为主，见

图 2.4.1，C_3 缓倾角斜切主厂房，主要出露于安装间顶拱及主厂房边墙。C_{3-1} 在 $P_2\beta_3^4$ 层顶部凝灰岩中发育，错动不明显，概化为一条胶结差的胶结型结构面，主要出露于安装间及主厂房 $9^\#$、$10^\#$ 机组之间边墙，在 $10^\#$ 机组上部边墙高程 592m 左右尖灭于 C_3。C_4 宽 10 ～ 20cm，在 $P_2\beta_4^3$ 层凝灰岩中发育，带内主要为劈理化构造岩，局部为角砾化构造岩，结构面类型以泥夹岩屑为主，见图 2.4.2，缓倾角斜切副厂房顶拱及南侧端墙上部。

图 2.4.1　右岸主副厂房上游边墙 C_3 下段面貌

图 2.4.2　C_4 截渗洞洞桩号 0+090 ～ 0+119mC_4 面貌

主变洞发育层间错动带 C_{3-1}、C_3、C_4，C_{3-1} 出露桩号右厂 0+283 ～ 0+318m；C_3 上段，为一条不连续的结构面，出露桩号右厂 0+273 ～ 0+318m；C_4 宽 10 ～ 20cm，局部 2 ～ 5cm，出露桩号右厂 0－049 ～ 0+002m。

尾水管检修闸门室发育层间错动带 C_{3-1}、C_3 上段、C_3 下段、C_4、C_5。C_{3-1}、C_3 上段、

C_3 下段缓倾角斜切 $9^\#$ ~ $13^\#$ 闸门井（高程 538 ~ 588m），C_4、C_5 缓倾角斜切尾闸室洞身段南侧中上部（高程 619 ~ 667.5m）。

尾水调压室发育层间错动带 C_3、C_{3-1}、C_4、C_5，C_3 出露于 $5^\#$ 尾水调压室井身下部和 $6^\#$ 尾水调压室井身下部及底部流道；C_{3-1} 出露于 $5^\#$ 和 $6^\#$ 尾水调压室井身下部；C_4 斜切 $7^\#$ 尾水调压室穹顶和 $8^\#$ 尾水调压室井身上部；C_5 斜切 $8^\#$ 尾水调压室穹顶。

3. 层内错动带

层内错动带主要发育在 $P_2\beta_5^2$、$P_2\beta_3^3$、$P_2\beta_6^1$ 层中，长度一般为 50 ~ 150m，间距 >30m，局部密集段间距 5 ~ 20m，以岩块岩屑型为主，个别为硬性结构面。

地下厂房发育缓倾角裂隙密集带 RS_{411}，层内错动带 RS_{4271} 及 RS_{3371}。$P_2\beta_4^1$ 层下部第三类柱状节理玄武岩内缓倾角裂隙发育，一般裂隙间距大于 50cm，局部密集发育构成缓倾角裂隙密集带 RS_{411}，裂隙间距一般为 10 ~ 30cm，局部 5 ~ 10cm，发育位置随机性强，主要发育于该层下部、C_3 上盘，断续斜切主厂房，顶拱出露桩号右厂 0+280 ~ 0+340m，底板出露桩号右厂 0+040 ~ 0−010m。RS_{4271} 出露于主厂房下游边墙 $16^\#$ 母线洞南侧，RS_{3371} 出露于 $9^\#$ 机坑上游及南侧边墙中部。

主变洞 $P_2\beta_4^1$ 层下部第三类柱状节理玄武岩内缓倾角裂隙发育，一般裂隙间距大于 50cm，局部密集发育构成缓倾角裂隙密集带 RS_{411}，裂隙间距一般为 10 ~ 30cm，局部 5 ~ 10cm，发育位置随机性强，主要发育于该层下部。

尾水管检修闸门室发育有缓倾角裂隙密集带 RS_{411} 和层内错动带 RS_{4171}。RS_{411} 在 $9^\#$ ~ $13^\#$ 闸门井中下部出露。RS_{4171} 宽 5 ~ 8cm，结构面类型为岩块岩屑 A 型，在 $10^\#$ 闸门井中上部出露。

尾水调压室发育缓倾角裂隙密集带 RS_{411}，主要在 $5^\#$、$6^\#$、$7^\#$ 尾水调压室井身下部和 $7^\#$ 尾水调压室底部流道揭露。

4. 裂隙

优势裂隙共 3 组：①N40° ~ 60°W，NE（SW）∠75° ~ 85°；②N20° ~ 30°E，NW ∠ 70° ~ 80°；③N45° ~ 55°E，SE ∠18° ~ 25°。裂隙长度一般为 2 ~ 5m，间距一般大于 50cm，局部 20 ~ 50cm，裂隙面以闭合平直粗糙为主。

地下厂房发育长大裂隙 T_{813}、T_{871}、T_{872}，T_{813} 为 NNE 向陡倾角裂隙，宽 1 ~ 5cm，主要为节理化构造岩，延伸约 40m，在主厂房顶拱桩号右厂 0+030 ~ 0+065m 出露；其余为 NNW 向陡倾角裂隙，宽度一般为 2 ~ 3cm，以方解石脉为主，少量岩片、岩屑，延伸较短，在南侧顶拱出露。

尾水管检修闸门室发育有长大裂隙 T_{873}，宽 5 ~ 8cm，节理化构造岩，在尾闸室顶拱及上游边墙（K0+142 ~ K0+153m）出露。

尾水调压室发育长大裂隙 T_{874}，产状 N40° ~ 60°W，SW（NE）∠80° ~ 85°，宽度 3 ~ 10cm，为方解石脉，竖切 $8^\#$ 尾水调压室穹顶。

右岸主副厂房轴线工程地质剖面图见图 2.4.3。

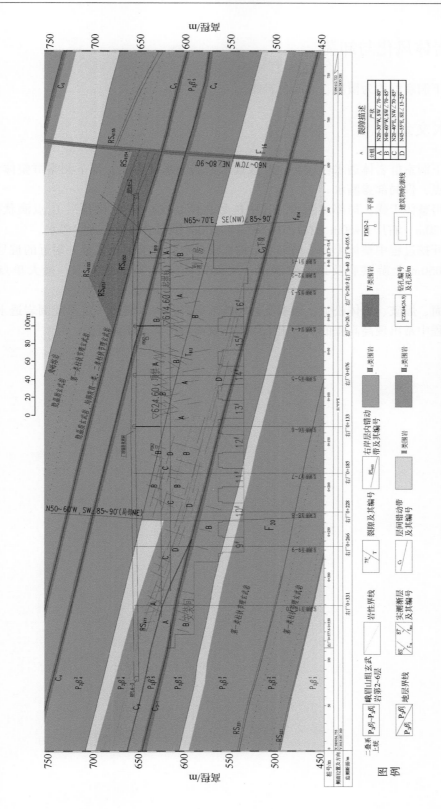

图2.4.3　右岸主副厂房轴线工程地质剖面图(单位：m)

2.4.4　岩体风化与卸荷

右岸地下洞室群均为微新、无卸荷岩体。

2.4.5　水文地质

右岸地下洞室群岩体透水性较小，以微透水和弱透水性为主，地下洞室群整体干燥，无大的出水点，仅局部渗滴水。

地下厂房整体干燥，局部渗滴水，其中桩号右厂 $0-70m$ 左右拱顶沿 C_4 点滴状渗水，桩号右厂 $0+20m$、右厂 $0+60m$、右厂 $0+280\sim0+300m$ 拱顶沿裂隙点滴状渗水。

主变洞开挖过程中整体干燥，局部沿结构面渗滴水。位于 $4^{\#}$ 排风竖井附近的桩号右厂 $0+035\sim0+050m$ 上游拱肩及顶拱渗滴水；层间错动带 C_4 局部渗滴水，最大单点流量 $0.1L/min$。

受结构面、爆破、岩体松弛、锚索及锚杆施工影响，洞室周边一定深度围岩透水性增强，施工过程中常出现高高程的洞室施工用水向低高程的洞室渗漏现象。

第3章　玄武岩力学特性研究

3.1　概　　述

地下洞室开挖打破了岩体的初始应力平衡，使洞周临空面岩体径向应力释放、切向应力增加，围岩随着应力的调整和卸荷产生一系列力学响应，进而发展为变形、破坏。在这个过程中，围岩在二次应力驱动下的力学行为是变形破坏发生的直接原因。因此，对于地下洞室围岩变形破坏的研究，首先应建立在对岩石力学特性深入了解的基础上。试验是认识岩石力学性质最为基本的手段，通过开展室内或现场试验可以获取岩石（体）的强度及变形特征，解释岩石在荷载作用下的变形破坏机制。本章对白鹤滩水电站地下洞室群硬脆玄武岩力学特性进行试验研究。通过开展三轴压缩试验，以及声发射测试、CT 扫描试验，探究玄武岩在开挖卸荷作用下的强度变形特征及宏细观破坏机制。结合现场岩体力学试验成果，获取洞室围岩的基本力学特性。准确把握硬脆玄武岩在高地应力环境下开挖力学响应及宏细观破坏机制，可为后续围岩变形破坏机理分析打下基础。

3.2　岩石常规室内试验成果

白鹤滩水电站坝址区玄武岩主要为熔岩类、火山碎屑熔岩类、火山碎屑岩类等 3 类岩性。熔岩类可分为含角砾（集块）玄武岩、斜斑玄武岩、柱状节理玄武岩、隐晶（微晶）质玄武岩、杏仁状玄武岩等，局部斜斑玄武岩及杏仁状玄武岩与隐晶质玄武岩过渡，构成含斜斑玄武岩及含杏仁玄武岩；火山碎屑熔岩类以角砾熔岩为主，底部多与杏仁状玄武岩接触，形成过渡带；火山碎屑岩类主要分布于各岩流层顶部，玄武质碎屑砂岩位于 $P_2\beta_1$ 层顶部，凝灰岩分布于 $P_2\beta_1 \sim P_2\beta_{11}$ 顶部，常见层间错动带分布其中。在施工前的勘察阶段，对上述岩性开展了一系列室内常规力学试验，取得了大量成果，本节对主要试验成果进行介绍。

3.2.1　单轴抗压强度

岩石单轴抗压强度试验的试样尺寸主要采用 Φ50mm×100mm 的标准圆柱体，或采用原始心样直径，断面磨光，高径比为 2∶1 的试样，在 WE30B 试验机或 RMT-150 岩石刚性伺服试验系统上进行，控制位移速率 0.01mm/s，连续施加轴向荷载直至试件破坏，每组干、湿试样各 3 块。试验成果见表 3.2.1。

表 3.2.1 岩石室内力学试验成果统计表

岩层	岩石名称	风化程度	量值	抗拉强度 /MPa		单轴抗压强度 /MPa		软化系数	弹性模量 /GPa		泊松比	
				干	饱和	干	饱和		干	饱和	干	饱和
$P_2\beta$	柱状节理玄武岩	微风化	最小值	2.51	1.58	47.7	27.2		28.0	12.2	0.17	0.20
			最大值	10.1	10.8	2.51	162.0		86.6	71.1	0.26	0.27
			小值平均值	4.14	3.1	87.7	77.3		39.7	13.3		
			大值平均值	8.07	6.53	146.1	106.4		71.4	68.2		
			平均值	6.12	5.2	127.0	91.1	0.71	56.8	52.3	0.21	0.24
			统计个数	28	20	31	28		11	5	2	2
		弱风化下段	最小值			171.4	44.9		77.28	34.92		0.27
			最大值			193.8	123.3		88.32	82.92		0.29
			平均值			180.6	85.0	0.47	83.32	59.78	0.25	0.28
			统计个数			3	3		3	6	1	2
	隐晶质玄武岩	微风化	最小值	4.21	2.43	80.0	67.0		30.2	25.1	0.18	0.20
			最大值	13.0	10.1	317	267		80.6	66.6	0.25	0.30
			小值平均值	5.78	4.14	111.0	85.7		46.0	44.1		
			大值平均值	9.18	7.50	199.0	162.6		68.0	59.9		
			平均值	6.92	5.55	147.2	112.3	0.76	59.3	54.7	0.22	0.25
			统计个数	12	12	31	31		17	11	7	6
		弱风化下段	最小值			134	72		50	29.8		
			最大值			202	121		102	42.8		
			平均值			160	96.5	0.60	69	36.3	0.25	0.29
			统计个数			3	2		3	2	1	1
	杏仁状玄武岩	微风化	最小值	3.57	2.36	45.1	25.3		16.8	21.5	0.11	0.17
			最大值	10.6	8.70	276.8	181.0		69.3	68.1	0.25	0.28
			小值平均值	5.10	3.75	94.3	72.2		36.0	34.2		
			大值平均值	8.18	5.98	181.1	136.6		55.3	50.8		
			平均值	6.53	4.86	130.3	99.1	0.76	45.9	43.3	0.21	0.23
			统计个数	31	28	45	42		35	26	8	8
		弱风化下段	最小值			90	71		27	23	0.26	0.29
			最大值			136	114		77	50	0.27	0.30
			平均值			119	91	0.76	53	36	0.26	0.29
			统计个数			4	5		4	7	3	3

岩层	岩石名称	风化程度	量值	抗拉强度 /MPa		单轴抗压强度 /MPa		软化系数	弹性模量 /GPa		泊松比	
				干	饱和	干	饱和		干	饱和	干	饱和
P₂β	角砾熔岩	微风化	最小值	2.57	2.41	66.6	40.6		17.9	14.4	0.14	0.22
			最大值	13.9	11.60	252	137		62.4	39.0	0.24	0.32
			小值平均值	3.77	2.82	86.4	64.8		27.4	21.3		
			大值平均值	8.42	6.24	139.1	105.8		42.4	32.1		
			平均值	5.42	4.29	108.2	74.7	0.69	34.0	26.2	0.21	0.27
			统计个数	17	17	28	25		17	12	5	5
		弱风化下段	最小值			65.2	35.4		29.8	18.5	0.26	0.29
			最大值			131.8	107		46.4	45.1	0.27	0.30
			小值平均值			81.3	55.4		33.8	24.6		
			大值平均值			122	95		44.4	40.2		
			平均值			101.8	74	0.74	40.4	33.1	0.27	0.30
			统计个数			8	11		8	11	3	4
	斜斑玄武岩	微风化	最小值	3.77	2.81	71.4	32.2		22.4	18.1	0.17	0.17
			最大值	9.35	8.49	200.0	177.4		68.5	62.6	0.26	0.28
			小值平均值	4.54	4.13	88.1	72.4		42.8	36.6		
			大值平均值	6.99	6.24	149.9	114.9		62.9	54.2		
			平均值	5.69	4.81	125.7	95.5	0.76	46.9	39.0	0.22	0.23
			统计个数	9	9	18	18		14	14	6	6

试验结果表明：

（1）5 种玄武岩在烘干状态下，微风化岩石的单轴抗压强度平均值在 108～147MPa，饱和试样的单轴抗压强度平均值降低到 74～112MPa，其对应的软化系数在 0.69～0.76，弱风化下段岩石试验的统计值有限，单轴抗压强度平均值在 101～180MPa，饱和试样的单轴抗压强度平均值降低到 74～96MPa，其对应的软化系数在 0.47～0.76 之间，可见水对岩石强度影响较明显。

（2）弱风化下段玄武岩与微风化带玄武岩饱和单轴抗压强度比较，隐晶质玄武岩降幅最大，弱风化下段为微风化带的 85%，角砾熔岩则未下降。

（3）从岩石饱和单轴抗压强度来看，玄武岩强度大于 60MPa，属于坚硬岩。

（4）各类微风化带玄武岩抗压强度总统计平均值关系如下：

烘干：隐晶质玄武岩＞杏仁状玄武岩＞柱状节理玄武岩＞斜斑玄武岩＞角砾熔岩；

饱和：隐晶质玄武岩＞杏仁状玄武岩＞斜斑玄武岩＞柱状节理玄武岩＞角砾熔岩；

软化系数总统计平均值关系如下：

软化系数：隐晶质玄武岩＝杏仁状玄武岩＝斜斑玄武岩＞柱状节理玄武岩＞角砾熔岩。

3.2.2　抗拉强度

岩块抗拉强度试验采用劈裂法，试样尺寸主要采用 Φ50mm×50mm 的标准圆柱体，或采用原始心样直径、断面磨光、高径比为 1∶1 的试样，在 WE30B 试验机上进行。

表 3.2.1 中统计了自然风干 97 块、饱和 86 块试验成果，由表可知：

（1）5 种玄武岩自然风干状态下抗拉强度统计平均值在 5.42～6.92MPa，饱和抗拉强度统计平均值在 4.29～5.55MPa。

（2）自然风干状态统下，角砾熔岩的抗拉强度最低，统计平均值为 5.42MPa，隐晶质玄武岩强度最高，统计平均值为 6.92MPa；饱和状态下，角砾熔岩强度最低，统计平均值为 4.29MPa，隐晶质玄武岩强度最高，统计平均值为 5.55MPa。

3.2.3　变形参数

岩石单轴压缩变形试验采用千分表法，在型号为 WE-30B 刚性压力机上，采用逐级一次连续加载，分 10～12 级加载，每施加一级后立即读数，选取峰值强度 50% 处的变形量计算岩石弹性模量（割线模量）；部分模量直接在 RMT-150 岩石刚性伺服试验系统上进行单轴抗压强度测试时直接测取，每组干、湿试样各 3 块。表中 3.2.1 中对试验得到的变形参数进行了统计。

3.2.4　抗剪强度参数

为获取岩石的抗剪强度参数，还开展了室内三轴压缩试验，试验在 RMT-150 岩石伺服试验系统上进行，采用等侧向压力（$\sigma_2 = \sigma_3$），每组试样 5～6 块，按照下列公式计算各参数：

$$\sigma_1 = F\sigma_3 + R \tag{3.2.1}$$

式中：σ_1 为轴向压力；σ_3 为侧向压力；F 为 $\sigma_1 \sim \sigma_3$ 关系曲线斜率；R 为 $\sigma_1 \sim \sigma_3$ 关系曲线截距。σ_1、σ_3、R 单位均为 MPa。

岩石抗剪强度参数确定：

$$f = \frac{F-1}{2\sqrt{F}} \tag{3.2.2}$$

$$c = \frac{R}{2\sqrt{F}} \tag{3.2.3}$$

式中：f 为摩擦系数；c 为内聚力，单位为 MPa。

室内三轴压缩试验共进行了 25 组，均为天然风干状态；按 5 种岩性，将三轴压缩试验成果进行综合统计，统计结果见表 3.2.2。

表 3.2.2　岩石抗剪强度参数统计表

岩石名称		抗剪强度参数	
		f	c/MPa
柱状节理玄武岩	最小值	1.29	10.2
	最大值	1.70	15.0
	综合值	1.49	12.4
	统计个数	4	4
隐晶质玄武岩	最小值	1.73	8.51
	最大值	2.18	16.1
	综合值	2.00	11.0
	统计个数	3	3
杏仁状玄武岩	最小值	1.36	4.70
	最大值	2.35	12.9
	综合值	1.87	9.87
	统计个数	9	9
角砾熔岩	最小值	1.22	5.34
	最大值	1.63	13.0
	综合值	1.31	13.0
	统计个数	5	5
含斑玄武岩	最小值	1.39	5.16
	最大值	2.12	17.6
	综合值	1.77	8.56
	统计个数	3	3

由上表可知，柱状节理玄武岩和角砾熔岩的抗剪强度参数摩擦系数较低，分别为 1.49 和 1.31，内聚力较高，分别为 12.4MPa 和 13.0MPa；另 3 种玄武岩的摩擦系数较高，在 1.77 ~ 2.00，内聚力在 8.56 ~ 11.0MPa。

3.3　三轴试验强度与变形特征

3.3.1　三轴压缩试验方案

对于岩石室内三轴压缩试验来说，要探究地下洞室围岩在开挖卸荷过程中的力学行为，试验方案的设定应符合开挖应力调整状态。一般来说，地下洞室的开挖使临空面周边岩体径向应力释放、切向应力增大，是径向卸载、切向加载的过程。因此室内试验的加卸载应力路径也应类似。另外，岩石的变形和破坏是内部微裂纹、微缺陷在荷载条件下断裂、扩展、聚合及相互作用过程的宏观表现。要研究岩石在微观尺度上的变形破坏机制，可借助声发射和 CT 扫描技术对岩石内部损伤和破裂演化进行有效观测。

图 3.3.1 为本三轴试验的研究思路。对隐晶质玄武岩岩样开展三轴压缩加卸载试验，分析玄武岩强度变形特征及宏观破坏特征，试验的同时对岩样同步进行声发射测试，探究玄武岩在加卸载过程中的声发射特征。试样加载破坏后，选取典型岩样进行 CT 扫描与三维重构，获得破坏岩样裂纹形态及空间分布，分析总结玄武岩细观破坏机制。

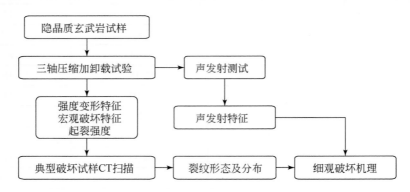

图 3.3.1　岩石室内三轴试验研究路线图

在三轴压缩试验中，应力路径参考地下洞室开挖过程中围岩应力状态进行设计，以达到模拟实际洞室开挖应力调整的效果，才能为洞室开挖围岩变形破坏机制分析提供依据。分析可知，在白鹤滩地下洞室群施工过程中围岩主要处于 3 种应力状态，分别为加轴压卸围压、恒轴压卸围压以及三轴压缩：①加轴压卸围压常见于洞室开挖后的应力集中区域，例如地下厂房的顶拱区域，开挖后伴随着围压卸载，临空面上切线方向应力不断增加，近临空面围岩处于切向加载、径向卸载的应力状态；②恒轴压卸围压常见于洞室开挖后卸荷占主导的区域，例如高边墙以及其他应力非集中区域，这些部位开挖后切向应力加载不显著，应力调整主要为垂直于临空面方向上的卸荷；③三轴压缩为经支护后围岩所处应力状态，支护措施在径向提供了一定围压，但受应力持续调整影响，切线方向上仍可能存在加载情况。因此，为真实反映地下洞室开挖围岩应力调整过程，本试验中应力路径选取加轴压卸围压、恒轴压卸围压、三轴压缩 3 种，见图 3.3.2，其具体试验方案如下。

1. 方案一

常规三轴压缩试验，试验围压设计水平分别为 10MPa、20MPa、30MPa、40MPa，为避免脆性岩石发生突然破坏对试验仪器产生损坏，本次试验在前期压密阶段采取轴向力来控制（加载速率 15kN/min），当试样进入塑性阶段进行环向控制（速率为 0.02mm/min）直至试验结束。

2. 方案二

加轴压卸围压试验。试验步骤为①与常规三轴试验相同，首先按照静水压力条件施加 $\sigma_2 = \sigma_3$ 到预设围压数值，本次卸荷试验围压预定值设置为 20MPa、30MPa、40MPa、50MPa；②稳定围压，逐步加轴压至预定值；③以 2MPa/min 的速率卸载围压 σ_3，并以环向 0.0025mm/min 的速率增加轴压，直至试样发生破坏。

3. 方案三

恒轴压卸围压试验。试验步骤为①按照静水压力条件施加 $\sigma_2 = \sigma_3$ 到预定值，与方案二一样设置 4 种围压水平；②将轴压 σ_1 加载至预设应力值后，维持轴压恒定；③在轴压保持稳定的同时以 2MPa/min 的速率卸载围压 σ_3，直至试样发生破坏。

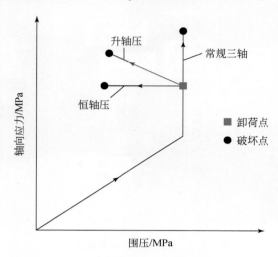

图 3.3.2　三轴压缩试验应力路径方案图

各岩样试验条件如表 3.3.1 所示。

表 3.3.1　试验卸围压速率与初始应力水平

试验方案	试样编号	初始轴压/MPa	初始围压/MPa	卸荷速率/ (MPa/min)
方案一： 常规三轴 压缩试验	A1	—	0	—
	A2	—	10	—
	A3	—	20	—
	A4	—	30	—
	A5	—	40	—
	A6	—	50	—
方案二： 加轴压 卸围压试验	B1	$0.8\sigma_f$	20	2
	B2	$0.8\sigma_f$	30	2
	B3	$0.8\sigma_f$	40	2
	B4	$0.8\sigma_f$	50	2
方案三： 恒轴压 卸围压试验	C1	$0.85\sigma_f$	20	2
	C2	$0.85\sigma_f$	30	2
	C3	$0.85\sigma_f$	40	2
	C4	$0.85\sigma_f$	50	2

注：σ_f 为各自初始围压下常规三轴压缩试验得到的岩石峰值强度，如试样 B1 对应的 σ_f 为 A1 试样的峰值强度。

　　本次三轴加卸载试验是在四川大学 MTS815 岩石力学试验机上开展的，该设备最大能够提供 4600KN 的轴向荷载及 140MPa 的环向压力，并可在全试验过程中进行声发射事件自动化实时记录与空间定位。试验设备如图 3.3.3 所示。

图 3.3.3　MTS815 岩石力学试验机

　　试验所用岩样为白鹤滩右岸尾水调压室区域隐晶质玄武岩。岩样经钻孔取心、切割、打磨等工序加工而成。岩样为圆柱形，直径 50mm，高 100mm，如图 3.3.4 所示。岩样完整且颗粒细密，经声波仪测定，其纵波波速为 4300 ~ 4800m/s。

图 3.3.4　隐晶质玄武岩岩样

3.3.2　应力-应变曲线

　　3 种应力路径下隐晶质玄武岩岩样典型应力-应变曲线如图 3.3.5 所示。

　　由图 3.3.5（a）可知，玄武岩三轴加载试验的应力应变曲线大致可分为 4 个阶段：①岩样内部裂隙压密闭合阶段，该段与线弹性段的主要区别为该段曲线呈上凹形；②线弹性阶段，曲线基本为线性；③荷载加至承载能力极限后出现了明显的脆性破坏，未出现明

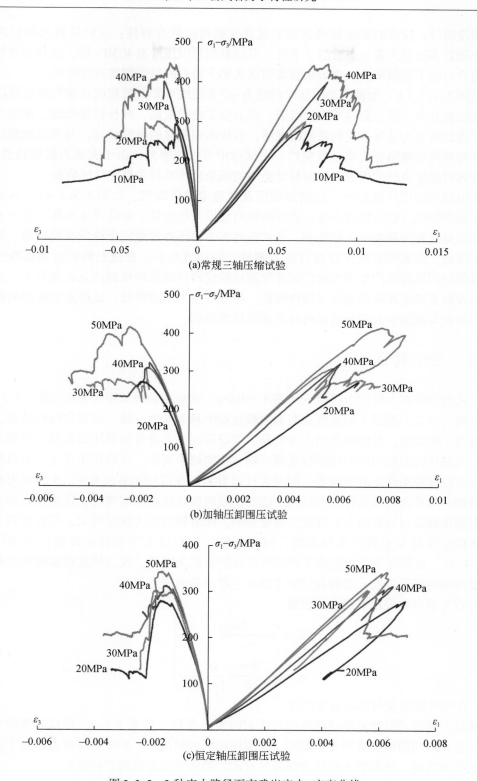

图 3.3.5　3 种应力路径下玄武岩应力–应变曲线

显的塑性阶段，应力的突然骤降体现了玄武岩极高的脆性特性；④峰后残余阶段应力较低，伴随着多次应力重分布后趋于平稳。可以看到当围压增至 40MPa 时，试样在达到峰值强度前后出现了屈服平台，这表明较高围压水平下岩石的脆性程度有所降低。

由图 3.3.5（b）加轴压卸围压时的应力–应变曲线可知，前期的压密与弹性阶段与常规加载试验基本一致，到达卸围压点后，应力应变曲线变陡，弹性模量增加，偏应力增加相比常规试验更为显著。达到峰值荷载后，岩样出现明显的脆性破坏，与常规加载试验相比，其峰后应变骤降更为明显且突然。在试验中可以观察到，由于玄武岩脆性特性明显，岩样破坏时发生突然的爆裂，此卸荷试验中的残余阶段难以得到完整的数据。

在恒轴压卸围压试验中，达到卸围压点时稳定轴压卸载。如图 3.3.5（c）所示，侧向围压逐渐降低，轴压保持不变，岩样的轴向变形开始增加，最终发生破坏。由于玄武岩强度甚高并且其内部裂纹孔隙较多，在试验过程中轴压并没能完全稳定在设计值，而是在其上下波动，这表明岩样正在进行应力调整。岩样破坏后，在残余阶段后期曲线突然骤降，可能与岩样再次产生较大脆性破坏导致试验仪器启动保护机制停止试验有关。从图中还可以看到玄武岩在峰前基本呈线性特征，峰值后应力迅速降低，试样发生剧烈的脆性破坏，因此在本试验中大部分岩样的峰后曲线很难得到。

3.3.3　变形特征

玄武岩岩样在 3 种应力路径下（围压 30MPa）的应变曲线如图 3.3.6、图 3.3.7 所示。由图可知，各应力路径下的曲线在前期加载过程中基本保持一致，呈现出线性特征，而后随着轴压不断增加，各曲线开始出现差异。可以看到，无论是加轴压卸荷还是恒轴压卸荷试验，其破坏时的轴向应变均相较常规三轴试验的结果更小，且卸荷条件下岩石破坏时的轴向应力较加载条件下有所降低。同时也可以看到，在前期加载过程中，3 种应力路径下岩样的轴向与环向应变变化基本相同，应变曲线的演化规律基本吻合，这说明在前期加载过程中围压卸载对岩样的变形特征无明显影响。随着轴向应力继续增大，尽管常规三轴试样的体积应变量大于另外两种方案，但在加轴压卸荷状态下岩样的环向应变曲线最陡（图 3.3.7），说明在该应力路径下岩样的环向扩容最为剧烈。这表明加载试验中岩样的破坏主要由轴向变形引起，而卸荷试验中破坏主要由环向变形导致。

岩石变形参数采用下式进行求解：

$$\left.\begin{array}{l} E = \dfrac{\sigma_1 - 2\mu\sigma_3}{\varepsilon_1} \\[2mm] \mu = \dfrac{B\sigma_1 - \sigma_3}{\sigma_3(2B - 1) - \sigma_1} \end{array}\right\} \qquad (3.3.1)$$

式中：B 为环向应变与轴向应变之比。

通过上述公式可计算得到隐晶质玄武岩的变形参数，见表 3.3.2。可以看到随着围压升高，玄武岩的弹性模量均有所增加。在围压相同的情况下，3 种不同应力路径下的变形参数差异不明显，这表明不同应力路径对玄武岩轴向变形参数的影响较小。

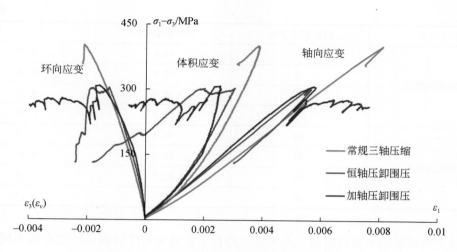

图 3.3.6　不同应力路径下玄武岩应力–应变曲线

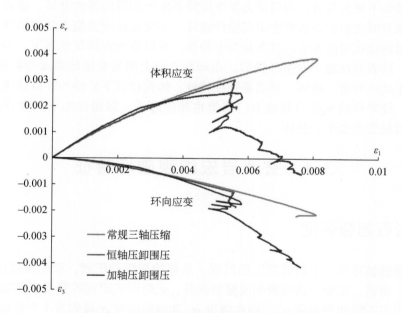

图 3.3.7　不同应力路径下环向、轴向应变曲线

表 3.3.2　不同应力路径下隐晶质玄武岩变形参数

试验类型	初始围压/MPa	弹性模量/GPa	泊松比
常规三轴压缩	10	49.2	0.19
	20	50.6	0.17
	30	53.5	0.19
	40	67.6	0.16

试验类型	初始围压/MPa	弹性模量/GPa	泊松比
加轴压卸围压	20	47.4	0.17
	30	62.4	0.18
	40	59.9	0.15
	50	58.3	0.18
恒轴压卸围压	20	42.4	0.17
	30	55.3	0.19
	40	52.7	0.16
	50	59.1	0.15

通过上述试验结果可以看出:不同应力路径下玄武岩岩样的响应特性有所不同,主要体现在脆性、变形及强度3个方面。首先是脆性特性,在卸围压状态下岩样的脆性特性相比常规三轴状态下更为显著,峰后应力发生陡降并发生剧烈的脆性破坏。这表明在开挖卸荷作用下,未及时支护的围岩将会出现脆性破坏,不仅是在应力集中的顶拱区域,在卸荷为主的高边墙部位也可能发生。其次是变形特性,可以看到在卸荷状态下,岩样发生显著的环向扩容。这表明在地下洞室开挖后,在卸荷方向上围岩会出现明显的扩容和大变形,导致围岩发生鼓胀开裂、破坏。最后是强度特性,卸荷状态下岩样的峰值强度相比三轴状态有所折减,使岩样的承载力和应力门槛值也相应降低,因而在地下洞室开挖卸荷作用下,围岩更容易发生变形和破坏。

3.4　玄武岩宏细观破坏特征

3.4.1　岩石起裂强度

岩石的脆性破坏是一个渐进发生的过程,从原始裂隙的压密,新生裂纹的稳定扩展,裂纹的连接、贯通、汇合、剪切滑动或劈裂张开,最终形成宏观的剪切或劈裂断裂面而破坏,此过程中岩石的起裂强度 σ_{ci}、损伤强度 σ_{cd} 和峰值强度 σ_f 被称为3个重要的应力门槛值,是岩石压缩过程中不同破坏阶段的分界点。通过室内试验确定岩石的起裂强度等应力门槛值,可以识别分析岩石不同破坏阶段的特征规律,对于认识岩石力学特性、把握岩石的损伤演化过程、分析岩石的变形破坏机制具有重要意义。本节采用裂纹体积应变法计算白鹤滩地下洞室群隐晶质玄武岩的起裂强度,分析其强度破坏演化机理。

3.4.1.1　裂纹体积应变法

裂纹应变是指在应力作用下,岩石内部的原生裂纹起裂和扩展以及新裂缝产生导致的岩石轴向和侧向变形的变化,记 ε_1^c 为轴向裂纹应变,ε_2^c 和 ε_3^c 为侧向裂纹应变,ε_v^c 为体积裂纹应变。又由广义虎克定律可知,弹性应变为

$$\varepsilon_1^e = \frac{1}{E}\left[\sigma_1 - \mu(\sigma_2 + \sigma_3)\right] \tag{3.4.1}$$

$$\varepsilon_2^e = \frac{1}{E}\left[\sigma_2 - \mu(\sigma_1 + \sigma_3)\right] \tag{3.4.2}$$

$$\varepsilon_3^e = \frac{1}{E}\left[\sigma_3 - \mu(\sigma_1 + \sigma_2)\right] \tag{3.4.3}$$

又知裂纹应变等于实测应变减去弹性应变，于是

$$\varepsilon_1^c = \varepsilon_1 - \varepsilon_1^e = \varepsilon_1 - \frac{1}{E}\left[\sigma_1 - \mu(\sigma_2 + \sigma_3)\right] \tag{3.4.4}$$

$$\varepsilon_2^c = \varepsilon_2 - \varepsilon_2^e = \varepsilon_2 - \frac{1}{E}\left[\sigma_2 - \mu(\sigma_1 + \sigma_3)\right] \tag{3.4.5}$$

$$\varepsilon_3^c = \varepsilon_3 - \varepsilon_3^e = \varepsilon_3 - \frac{1}{E}\left[\sigma_3 - \mu(\sigma_1 + \sigma_2)\right] \tag{3.4.6}$$

同弹性体积应变的求法一样，体积裂纹应变为

$$\varepsilon_v^c = \varepsilon_1^c + \varepsilon_2^c + \varepsilon_3^c = \varepsilon_v - \frac{1 - 2\mu}{E}(\sigma_1 + \sigma_2 + \sigma_3) \tag{3.4.7}$$

对于常规三轴应力状态，即 $\sigma_2 = \sigma_3$，此时，裂纹应变为

$$\varepsilon_1^c = \varepsilon_1 - \frac{1}{E}(\sigma_1 - 2\mu\sigma_3) \tag{3.4.8}$$

$$\varepsilon_2^c = \varepsilon_3^c = \varepsilon_3 - \frac{1}{E}\left[(1 - \mu)\sigma_3 - \mu\sigma_1\right] \tag{3.4.9}$$

$$\varepsilon_v^c = \varepsilon_v - \frac{1 - 2\mu}{E}(\sigma_1 + 2\sigma_3) \tag{3.4.10}$$

利用上述公式，再结合室内三轴试验结果即可计算得到岩石的裂纹应变。通过绘制体积裂纹应变曲线，确定曲线开始增长的起点对应的应力为起裂强度，体积应变曲线出现拐点时的应力为损伤强度，由此确定岩石的应力门槛值（黄书岭，2008）。

3.4.1.2　计算结果

基于 3.3 小节的室内三轴试验结果，采用裂纹体积应变法得到了白鹤滩隐晶质玄武岩的裂纹应变曲线及起裂强度。图 3.4.1 给出了玄武岩在常规三轴压缩、围压 20MPa 状态下的应力-应变曲线及裂纹应变曲线。结合已有研究可知，岩石从受荷到最终破坏，经历了裂缝压密闭合（Ⅰ）、弹性变形（Ⅱ）、裂纹稳定扩展（Ⅲ）、裂缝失稳扩展（Ⅳ）以及峰后破坏（Ⅴ）等 5 个阶段。下面对这 5 个阶段做简要分析介绍。

在第Ⅰ阶段，即裂纹压密闭合阶段，在应力作用下岩样中原生裂纹闭合，此时轴向变形为非线性，岩石处于体积压缩状态，体积裂纹应变不断减小。

在第Ⅱ阶段，即弹性变形阶段，岩样在闭合应力作用下中原生裂纹闭合完成，没有新的裂纹产生，此时轴向变形为线性，侧向变形为线性，岩石仍处于体积压缩状态，体积裂纹应变 ε_v^c 减小到零，并保持到第Ⅲ阶段开始。

在第Ⅲ阶段，即裂纹稳定扩展阶段。许多研究证明，在这一阶段内岩石内部的裂纹是稳定扩展的，即裂纹继续扩展的前提是应力持续增加。这一阶段的起始点为裂纹起裂强度

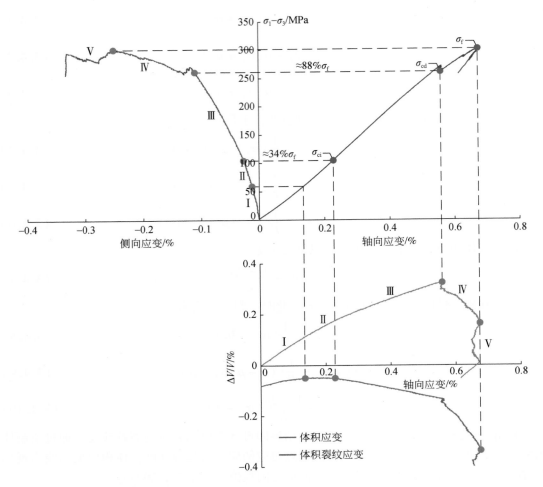

图 3.4.1　白鹤滩隐晶质玄武岩应力-应变曲线及裂纹应变曲线

σ_{ci}，标志着裂纹起裂和扩展，是岩石的一个重要参数。在这一阶段，当应力持续增加超过 σ_{ci} 时，岩石中原生裂纹的起裂和扩展主要沿着矿物之间的裂纹或者颗粒之间的孔隙和边界，随机的新裂纹形成，此时轴向变形为线性，侧向变形为非线性，岩石开始出现扩容，即体积裂纹应变 ε_v^c 由 0 开始增加，表明 σ_{ci} 同时为岩石扩容的起始应力。

在第Ⅳ阶段，即裂纹失稳扩展阶段，损伤强度 σ_{cd} 被定义为裂纹非稳定扩展的起始点，应力超过 σ_{cd} 意味着岩石内部的损伤加剧，裂纹开始连接、交汇、贯通，岩石出现不可逆变形，岩石中裂缝的活动呈现出破裂现象逐渐减小而裂缝滑移现象扩展逐渐增加，并逐渐趋向潜在的破裂面。此时轴向变形为非线性，应变呈现硬化，侧向变形加速增长，岩石呈现显著扩容，σ_{cd} 即是体积应变弯折的起始点，故被称为临界扩容应力，表示岩石的体积应变开始由压缩作主导变为膨胀主导，同时体积裂纹应变 ε_v^c 呈加速增加。当岩石承受任一个大于 σ_{cd} 的应力时，即使该力不再增加而是保持为常数，裂纹都将持续非稳定地扩展直至岩石破坏，因此 σ_{cd} 也被称为岩石的长期强度。

在第 V 阶段，即峰后破坏（或承载力降低）阶段，此时应力到达峰值破坏强度 σ_f 并开始降低，轴向变形向下弯曲并呈非线性发展，侧向变形同轴向变形一样，也向下弯曲并呈非线性发展，岩石依旧处于扩容状态，即呈应变软化形态，宏观裂缝导致岩石断裂破坏或者承载力降低。峰值强度 σ_f 标志着岩石断裂破坏或承载力降低的开始，作为岩石强度的直观评价指标，广泛用于各种强度准则中，当应力达到 σ_f 之后，由于宏观断裂面的形成，岩石承载能力迅速降低。

表 3.4.1 给出了基于室内三轴试验得到的白鹤滩隐晶质玄武岩在不同应力路径下的起裂强度和损伤强度。

表 3.4.1　白鹤滩隐晶质玄武岩应力门槛值统计

加卸载方式	围压/MPa	起裂强度		损伤强度	
		量值/MPa	与峰值强度的比值	量值/MPa	与峰值强度的比值
加轴压	10	101.78	0.35	291.42	1.00
	20	101.25	0.34	269.60	0.89
	30	102.11	0.25	393.11	0.98
	40	153.86	0.34	444.13	0.99
加轴压卸荷	20	93.11	0.34	247.22	0.91
	30	112.59	0.36	299.56	0.97
	40	129.38	0.42	300.72	0.97
	50	111.99	0.27	409.66	0.99
恒轴压卸荷	20	84.47	0.31	274.47	1.00
	30	108.74	0.36	303.42	1.00
	40	103.16	0.33	305.08	0.98
	50	93.71	0.27	340.27	0.99

由表 3.4.1 可知，白鹤滩隐晶质玄武岩的起裂强度和损伤强度随围压、加卸载路径无明显变化趋势，起裂强度基本占峰值强度的 0.34 左右，损伤强度约为峰值强度的 0.89 ~ 1.00。室内试验结果显示，白鹤滩隐晶质玄武岩的平均单轴抗压强度约为 100MPa，故可以确定起裂应力约为 34MPa，裂纹失稳扩展应力约为 89 ~ 100MPa。因此当地下洞室浅表层围岩内最大压应力达到 34MPa 时，围岩将会出现开裂，进而诱发片帮、破裂破坏等应力主导型破坏；而当最大压应力达到 89MPa 时，围岩将会出现急剧的扩容、鼓胀、开裂，从而出现显著的大变形以及破裂崩解。另外值得注意的是，地下洞室围岩的原位起裂强度和损伤强度低于该试验确定值，原因为现场围岩存在原生节理裂隙，与试验采用的较为均质的岩块不同，而且试验岩样尺度、试验方法等存在一定影响，另外，洞室爆破开挖导致的损伤也会降低围岩强度，从而降低损伤区内围岩的应力门槛值。

3.4.2　岩石宏观破坏特征

岩石的宏观破坏特征在一定程度上可以反映岩石的破坏机制，可为研究工程现场围岩破坏问题提供依据。

　　由三轴加卸载试验结果可知，隐晶质玄武岩在不同应力路径下展现出了共性，即破坏时均出现了岩石爆裂的清脆声响，这体现了玄武岩显著的脆性破坏特征。而在破坏形态方面，不同应力路径显示出了一定差异。图3.4.2给出了隐晶质玄武岩岩样在不同应力路径下的破坏形态。由图可知，岩样的宏观破坏模式以压剪破坏为主，单一的宏观破裂面从上端面到下端面贯穿整个岩样，且当围压增大时，主破裂面与轴线的夹角有变大的趋势。在卸荷试验中，由于卸围压使侧向压力降低，岩样的变形倾向于朝卸荷方向膨胀，从而促进了岩样的侧向扩容，因此在卸荷条件下岩石的破坏形态更加复杂，且破裂程度更高。在恒轴压试验中，岩样在卸围压产生的侧向拉力作用下，张性破裂面发育较好，可以看到在该试样破坏时除了主破裂面之外同时在其周边还伴随着较多张拉裂纹的产生，具有轴向张性破裂的特征。而在加轴压试验中，岩样在轴向加载与环向卸围压的共同作用下出现了具有剪性特征的张拉破裂面，且破坏后表面次生裂纹较多，表明岩样破坏较为剧烈。

(a)常规三轴围压20MPa　　　(b)常规三轴围压20MPa　　　(c)加轴压围压20MPa卸载

(d)加轴压围压40MPa卸载　　　(e)恒轴压围压20MPa卸载　　　(f)恒轴压围压40MPa卸载

图3.4.2　典型隐晶质玄武岩试样破坏形态

　　可见，玄武岩在卸围压状态下破裂面更为发育，破坏程度更高。卸围压状态下由于侧向压力的降低，促使玄武岩内部裂纹张开、张性破裂面进一步发育，因而使岩样破坏更为显著，主破裂面更宽，而且侧向扩容也更为明显。

　　在高地应力地下洞室的开挖过程中，由于岩体挖除，开挖临空面上围岩快速卸荷，与临空面近似平行的切向应力随之增加。这种径向卸荷、切向加载的应力状态与本试验中加轴压卸围压的应力路径较为吻合，因此玄武岩岩样在本试验中呈现出的破坏模式与地下洞室群施工现场发生的围岩破坏现象比较相似。在地下洞室群中，围岩的片帮及破裂破坏较为显著，广泛发生在厂房等洞室的顶拱以及边墙部位。片帮表现为围岩的片状或薄板状剥落，主要发生在洞室的顶拱部位，破裂破坏表现为围岩的开裂、劈裂甚至塌落，在洞室的顶拱及边墙部位均有出现（图 1.2.2）。由于开挖引起的强烈卸荷，加剧了围岩内部的裂纹扩展和损伤，因此促进了顶拱围岩受挤压应力发生劈裂，边墙部位围岩发生张拉、劈拉破坏，这类破坏模式与本试验中的加轴压卸荷组相对应。由于玄武岩在卸荷状态下的强烈扩容特性，洞室围岩的卸荷大变形也十分显著，这类破坏模式对应于本试验中的加轴压及恒轴压卸荷组。在距离临空面较远、围压较高的深部，破坏模式由劈拉向剪切破坏转变，围岩内的裂隙可能出现剪切、滑移、扩展，导致围岩出现开裂或变形。而在常规三轴压缩状态下的岩样，由于具备一定围压并且无卸荷，反映了地下洞室支护后围岩的状态。随着轴向加压，其破裂及扩容相对不显著，而且其强度高于卸荷状态下的岩样，表明经系统支护后围岩裂纹扩展得到抑制，强度及承载能力提高，失稳破坏风险降低。

3.4.3　岩石声发射特征

　　声发射（AE）是指材料或结构在外部载荷作用下发生变形或破坏时，其局部能量源被快速释放产生瞬态弹性波的现象。在岩石的变形破坏过程中，声发射现象也会同时出现。利用仪器对声发射事件进行监测记录，并对结果进行处理分析，能够通过声发射这一角度间接地反映出岩石在外荷载作用下内部损伤破裂特征及时空演化规律。

　　图 3.4.3 ～图 3.4.5 为白鹤滩隐晶质玄武岩在 3 种加卸载试验工况下典型声发射测试

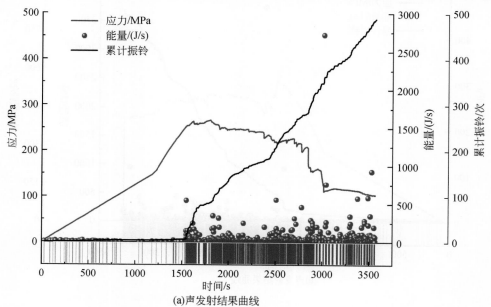

(a)声发射结果曲线

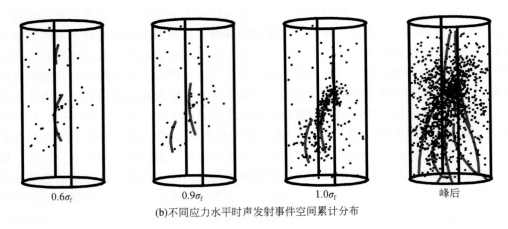

(b)不同应力水平时声发射事件空间累计分布

图 3.4.3　常规三轴声发射测试结果（$\sigma_3 = 10\text{MPa}$）

结果。其中，图（a）为偏应力、声发射能量和累计振铃计数与时间的关系曲线，底部直线段为频数，代表出现相应数据点，可表征数据分布及疏密情况；图（b）为不同应力水平下累计声发射事件在岩样内部的分布。

岩石加卸载过程的声发射试验结果表明，3 种应力路径下玄武岩在试验过程中都伴随着声发射事件的产生。由于岩样内部存在原生裂隙，在前期荷载阶段内部裂隙之间相互摩擦、挤压，因此在这一阶段中有少量且能量较低的声发射事件产生。当岩样进入弹性阶段后，声发射事件数量仍属于较低水平。这是由于岩样在该阶段中处于弹性变形状态，内部没有裂纹的产生，因此这一阶段的声发射事件处于平静期，声发射事件少，能量低。当荷载接近岩石的承载能力极限时，声发射活动显著增加，累计振铃曲线出现拐点，并且声发

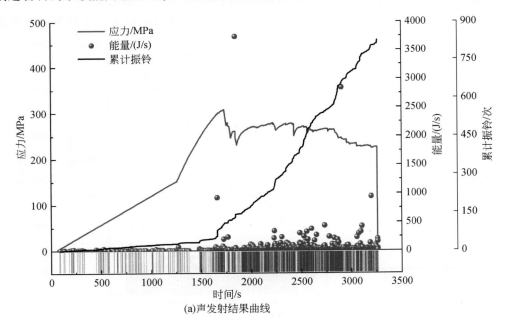

(a)声发射结果曲线

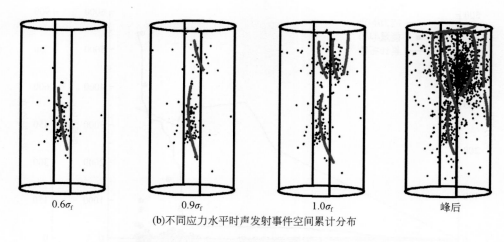

(b)不同应力水平时声发射事件空间累计分布

图 3.4.4　加轴压卸荷声发射测试结果（$\sigma_3 = 20\text{MPa}$）

射事件能量也明显提高。这表明该阶段岩石内部的原生裂纹已经扩展，而且次生裂纹也在萌生。在达到岩石峰值强度后，裂纹贯通形成宏观破裂面，累计振铃曲线持续陡增，声发射能量增大，岩样内部声发射事件密集分布。

　　同时也可以看到，不同的应力路径下声发射演化特性有所差异。由于触发机制的不同，声发射事件可以分为摩擦型和破裂型两种。前者由原生裂隙的闭合、摩擦引起，后者由新破裂的产生引起。在常规三轴状态下，如图 3.4.3（a）所示，在前期裂隙压密阶段出现少量声发射事件，而在弹性阶段声发射事件明显减少，累计振铃曲线几乎停止增长。此时岩样内部声发射事件零散分布，如图 3.4.3（b）所示。这表明在前期的这两个阶段内，摩擦型声发射占据了主导，声发射活动主要由岩样内原生裂隙的摩擦导致。与之相比在卸荷状态下，如图 3.4.4（a）、图 3.4.5（a）所示，声发射活动在这两个阶段内是有所增加的，累计振铃曲线缓慢增长。而且从图 3.4.4（b）、图 3.4.5（b）可以看到声发射事件集中分布于裂隙周围。这表明在卸荷状态下虽然也有摩擦型声发射活动出现，但占据主导的是破裂型声发射。可见，在卸荷状态下裂纹的萌生和扩展是更为显著的，因此声发射事件的数量和能量也明显高于常规三轴状态。

　　为进一步研究玄武岩声发射事件的时空演化规律，按不同的应力增量将声发射事件进行分段处理，如图 3.4.6 所示。其中"（0.0~0.6）σ_f"是指从开始加载至峰值荷载的 60% 这一阶段，其余同理。由图 3.4.6 可知，在前期阶段，常规三轴状态下岩样内声发射事件呈随机分布，卸荷状态下声发射事件沿原始裂隙分布。原生裂隙压密闭合后，在后续阶段（60%~90%）σ_f 中声发射事件缓慢增加，卸荷状态下的声发射事件数多于三轴状态。当荷载增至（90%~100%）σ_f 阶段，声发射事件数增长较快，并基本沿着裂隙面分布。当达到峰值荷载后，声发射事件急剧增加，并在岩样内部形成了较为完整的上下声发射集聚带，并且与岩样的宏观破坏迹线基本一致。由声发射事件的空间演化过程可知，在试验中声发射事件是从岩样中部初始裂隙开始发展，在达到峰值荷载后急剧增加，最终扩展至上下两端面。

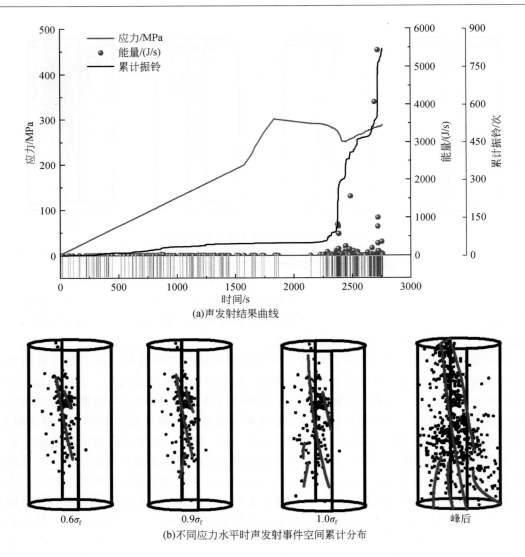

(a)声发射结果曲线

(b)不同应力水平时声发射事件空间累计分布

图 3.4.5　恒轴压卸荷声发射测试结果（$\sigma_3 = 10$MPa）

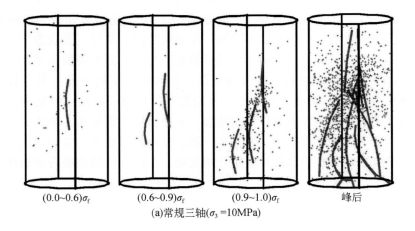

(a)常规三轴($\sigma_3 = 10$MPa)

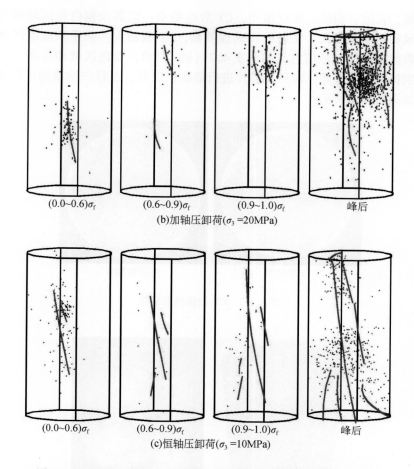

图 3.4.6　不同应力路径应力增量区间的声发射事件空间演化规律

可见，加轴压卸荷试验较为符合地下洞室开挖过程中围岩应力的演化路径，岩样内裂隙的扩展规律更符合实际情况，而且结合声发射技术能够更为直观地呈现岩石在不同阶段的破裂状态及演化机制。在加载及卸荷过程中，原生裂隙开裂扩展并出现声发射事件，随着裂纹扩展贯通，声发射事件及能量急剧增加，岩石发生宏观破坏。

3.4.4　岩石细观破裂演化

3.4.4.1　CT 扫描试验方法

由于岩石内部裂隙众多、结构复杂，常规手段难以准确地测量、描述其内部裂隙结构及分布形态。CT 检测是一种无损检测技术，它根据岩体的不同组成部分产生不同的 X 射线吸收系数的灰度值从而区分裂隙和岩石。根据 CT 扫描结果，运用 Avizo 处理软件，能够直观呈现岩样内部的裂纹形态与分布特征。

图 3.4.7（a）为玄武岩 CT 扫描某一切片图像结果，由图可以看到存在明显黑色区

域，这一区域为孔隙、裂缝，密度最小，CT 数也最小；而其余偏白色区域则为玄武岩部分，这一区域颗粒密度最大，X 射线衰减程度高，CT 数最大。采用灰度值区分的方法提取识别扫描数据当中的裂隙信息，如图 3.4.7（b）所示，蓝色区域即是某一切片根据灰度值差异识别提取出的裂隙。对所有切片进行提取识别后，进行三维重构可以生成三维的裂隙图像，如图 3.4.8 所示。

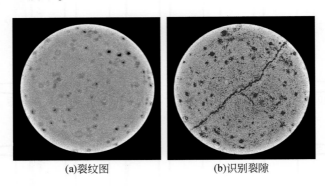

(a)裂纹图　　　　　　　　　　(b)识别裂隙

图 3.4.7　CT 扫描提取裂隙

图 3.4.8　提取、重构三维裂隙

对 CT 切片进行二值化处理后，即可得到包含完整裂纹几何形态的二维图像，如图 3.4.9（a）所示。但由于玄武岩内部分布有一定孔隙，二值化后图像仍然存有少量黑点，因此需进一步对图像进行优化处理，如图 3.4.9（b）所示。本试验中采用上述方法获取了隐晶质玄武岩岩样内部裂纹图像，分析加轴压卸围压试验中岩样裂纹的形态、分布及演化特征，探究不同围压水平对玄武岩细观破裂纹演化的影响。

3.4.4.2　试验结果及分析

按照上述方法，将同种应力路径 20MPa、30MPa、40MPa 围压下试样的 CT 切片进行预处理后，提取试样裂纹信息进行三维重构，如图 3.4.10 所示。表 3.4.2 给出了 3 组不同围压玄武岩破坏后的裂纹形态切片图，每个围压下选取了岩样上、中下各两层（第600、900、1200、1500、1800 和 2000 层）作为代表层。

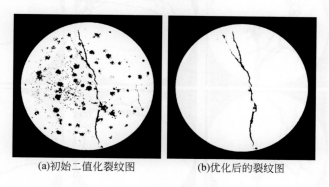

(a)初始二值化裂纹图　　　　　　(b)优化后的裂纹图

图 3.4.9　裂纹二值化

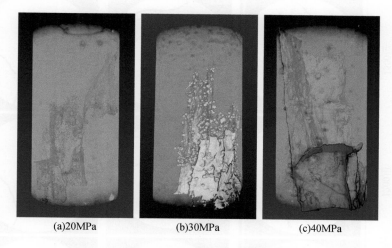

(a)20MPa　　　　　(b)30MPa　　　　　(c)40MPa

图 3.4.10　不同围压下玄武岩试样三维重构图

细观 CT 扫描结果可以较为直观地看到围压大小对于玄武岩的裂纹数量、形状和分布有很明显的影响。当围压为 20MPa 时，在靠近岩样下端的横截面上有主裂纹和次生裂纹交叉分布，形态较为复杂，中上部截面裂纹数量相对较少，而主裂纹沿高度基本贯穿了整个岩样。在三维空间中，两条贯通岩样中部的主裂纹与轴向荷载方向大致平行，与周围的次生裂纹共同形成复杂的裂纹网络。当围压为 30MPa 时，裂纹分布特性与 20MPa 围压时相似，以近似平行轴向并贯通岩样的主裂纹为主，在三维空间内形成裂纹网络。但通过切片图可以发现，岩样内部次生裂纹数量已经明显减少。当围压为 40MPa 时，切片显示主裂纹基本呈"Y"形贯穿整个试样，基本没有次生裂纹，并未形成裂纹网络。而且沿着试样高度方向，主裂纹与轴向加载方向的夹角相比 20MPa、30MPa 围压时更为平缓，主裂纹面弯曲程度有所降低，裂纹面近似为平面。

表3.4.2 二值化后的破坏裂

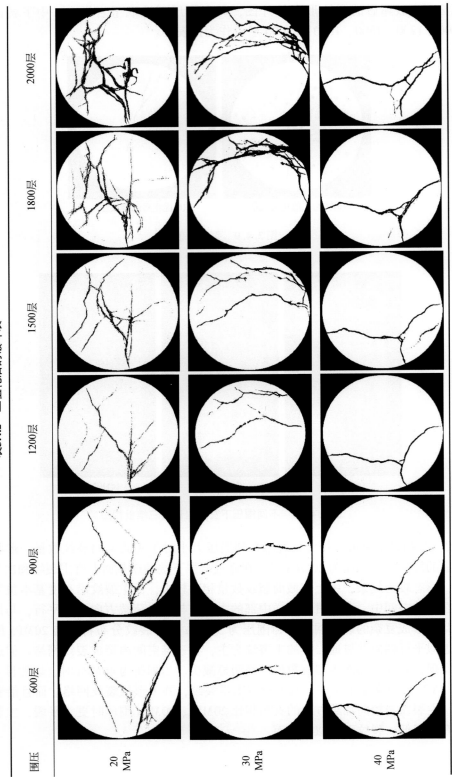

　　细观 CT 扫描结果表明，当围压较低（20MPa）时，试样的破坏机制为劈裂和剪切破坏共同作用，围压越低，劈裂破坏越明显。由于围压对试样的约束作用较小，在加载过程中，试件中存在微缺陷的多个区域同时出现微裂纹，随着荷载的增大，这些微裂纹发展成细小宏观裂纹，并且相互贯通，形成多条主裂纹和次生裂纹。同时伴随着剪切裂纹的出现，裂纹形态极其不规则，且相互交叉分布，最终形成了形态复杂的裂纹网络。随着围压增大至 40MPa，试样的破坏机制向剪切破坏转变，围压对试件的约束作用增大。当试样中出现微裂纹时，围压的约束作用限制了微裂纹的进一步扩展和发育，大部分微裂纹不能继续发展和延伸，而只有小部分的微裂纹得以继续扩展贯通形成宏观裂纹。最终形成的次生裂纹数量明显减少，弯曲、交叉分布的裂纹逐渐被近似直线的裂纹取代，形成了几条贯通试样的剪切裂纹带，没有了复杂的裂纹网络结构。因此，低围压下裂纹形态复杂、数量众多，围压较高（40MPa）时裂纹数量减少，形态更为规则、平直，裂纹网络变成了单一剪切破坏面。

　　上述不同围压下玄武岩岩样的裂纹扩展演化规律可对地下洞室群围岩片帮、板裂等破坏机制进行解释。在 40MPa 的较高围压下，其约束作用限制了微裂纹的扩展和发育，使低围压下弯曲、交叉分布的裂纹转变为数量更少、更为规则、平直的主裂纹。在高地应力地下洞室中，由于围压水平相对较高，因此围岩的破坏模式更为接近 40MPa 围压下的试验结果，围岩出现近似平行于临空面的破裂面，进而被劈裂成薄片、板状并发生剥落，从而出现片帮、劈裂、板裂等破坏现象，如图 3.4.11 所示。

图 3.4.11　厂房下游边墙围岩板裂破坏

　　三轴压缩加卸载试验能够较为真实地反映高地应力地下洞室施工过程中围岩的应力演化过程，直观呈现了开挖强卸荷导致的围岩损伤及破坏问题，而作为对照的常规三轴试验则展现了系统支护后围岩的力学响应特征。这些结论有助于加深对地下洞室群围岩变形破坏模式机制的认识，并为围岩灾变研判及安全控制提供依据。

3.5　岩体力学特性

3.5.1　变形特性

3.5.1.1　试验方法

1. 刚性承压板法

试验布置于坝区两岸勘探平洞，试验岩体主要包括柱状节理玄武岩和隐晶质玄武岩、杏仁状玄武岩、角砾熔岩等非柱状节理玄武岩。柱状节理玄武岩试验点共 67 点，其中 10 点布置于手工开挖试验平洞，以分析平洞开挖爆破影响，3 点加载方向平行柱体、3 点加载方向垂直柱体，以分析变形各向异性特征，其余试验点加载方向水平或铅直；非柱状节理玄武岩试验点共 89 点，加载方向水平或铅直。水平向加载的试验点位于平洞下游洞壁或山体内洞壁，铅直向加载的试验点位于平洞底板。

2. 柔性枕中心孔法

柔性枕中心孔法变形试验主要针对柱状节理玄武岩进行。在常规的现场岩体变形试验中，一般将承压板下的岩体视为均质体，通过测得的岩体表面变形，依据相关公式计算该均质体的综合变形模量和综合弹性模量。由于开挖扰动和卸荷等因素影响，试验点表层松弛岩体的变形性能比深部未松弛岩体差，按常规试验所获取的综合变形参数不能很好地反映深部未松弛岩体的变形性质。为获取更准确的深部未松弛岩体的变形参数，较合理的做法是将岩体视为表层松弛岩体和深部未松弛岩体双层介质，采用现场岩体中心孔变形试验以及分层反演的方法，确定表层松弛岩体及深部未松弛岩体的变形参数。

柔性枕中心孔法变形试验布置于勘探平洞内，针对柱状节理玄武岩共进行了 5 组 15 点试验。

3. 钻孔弹模法

试验采用仪器 BJ-76A 钻孔弹模计及 PROBEX-1 钻孔弹模仪进行。共测试了 11 个钻孔，其中测试单位 1 完成垂直孔 3 个，水平孔 4 个，测试单位 2 完成铅直孔 4 个。试验岩体大部分为 III_1 类柱状节理玄武岩，少量为角砾熔岩。

3.5.1.2　变形参数估算经验方法

1. 基于勘察规范坝基岩体分类

基于坝基岩体分类估算岩体变形模量见表 3.5.1［引自《水力发电工程地质勘察规范》（GB 50287-2006）］。

2. 基于工程岩体分级标准

《工程岩体分级标准》（GB 50218-94）规定，根据岩体完整性系数 K_v、岩石抗压强度

R_c 计算岩体基本质量指标 BQ，划分岩体对应的基本质量级别，并据以估算各类岩体变形模量，见表 3.5.2。

表 3.5.1　坝基岩体分类与岩体变形模量经验值表

岩体分类	变形模量/GPa
II	10.0 ~ 20.0
III	5.0 ~ 10.0
IV	2.0 ~ 5.0
V	0.2 ~ 2.0

表 3.5.2　玄武岩基本质量级别与变形参数经验值表

岩体类别		岩性	完整性系数 K_v	岩石抗压强度 /MPa	岩体基本质量指标 BQ	岩体基本质量级别	按工程岩体分级估算变形模量/GPa
II	II₁	非柱状节理玄武岩	0.55 ~ 0.75	90 ~ 95	466 ~ 570	II ~ I	22 ~ 36
	II₂	柱状节理玄武岩		90	466 ~ 551	II	22 ~ 33
III	III₁	非柱状节理玄武岩	0.53 ~ 0.71	55 ~ 110	391 ~ 549	III ~ II	12 ~ 33
		柱状节理玄武岩		70 ~ 90	441 ~ 541	III ~ II	19 ~ 32
	III₂	非柱状节理玄武岩	0.41 ~ 0.55	55 ~ 110	361 ~ 466	III ~ II	8 ~ 22
		柱状节理玄武岩		70 ~ 90	393 ~ 466	III ~ II	12 ~ 22

注：K_v 值引用白鹤滩坝基岩体分类标准。

3. 基于 RMR 值

依据不同洞段处岩体的 RMR 值，根据下式估算岩体变形模量 E_m。

当 RMR>55 时，$E_m = 2\text{RMR} - 100$　　　　　　　　　　(3.5.1)

当 RMR≤55 时，$E_m = 10^{\frac{\text{RMR}-10}{40}}$　　　　　　　　(3.5.2)

基于 RMR 值估算的岩体变形模量见表 3.5.3。

表 3.5.3　基于 RMR 值估算岩体变形模量成果表

岩体类别		岩性	RMR 值		变形模量 E_m/GPa	
			范围值	平均值	范围值	平均值
II	II₁	非柱状节理玄武岩	57 ~ 77	69.03	14 ~ 54	38
	II₂	柱状节理玄武岩	57 ~ 66	61	14 ~ 32	22
III	III₁	非柱状节理玄武岩	52 ~ 59	56.62	11 ~ 18	13
		柱状节理玄武岩	43 ~ 70	55	7 ~ 40	13
	III₂	非柱状节理玄武岩	43 ~ 57	47.71	7 ~ 14	9
		柱状节理玄武岩	38 ~ 57	50	5 ~ 14	10
IV₁		非柱状节理玄武岩	33 ~ 63	47.00	4 ~ 26	8

3.5.1.3　变形参数取值

将玄武岩变形参数试验标准值与经验值统计于表 3.5.4，对试验成果综合分析如下。

1. 岩体变形模量各类方法可靠性评估

中心孔法深部未松弛岩体变形模量明显大于表面综合变形模量，也大于承压板法变形模量；测试单位 1 钻孔弹模仪测试成果水平变形模量与刚性承压板法较接近，铅直向变形模量要略大于承压板法，而测试单位 2 钻孔弹模仪测试成果水平向变形模量明显小于承压板法。由于测试仪器、试验技术不同，测试单位 1 测试成果与测试单位 2 测试成果缺乏可比性；基于岩体基本质量分级评估的变形模量值明显高于其他方法，主要是由于基本质量分级以声波为主要划分因素，柱状节理玄武岩声波值均较高，说明基本质量分级方法不适用于柱状节理玄武岩；基于 RMR 分类经验公式计算的弹性模量为水平向与铅直向的综合模量，与承压板法试验成果比较接近。

承压板法变形试验理论完备、条件明确、技术成熟，试验成果可作为取值基本依据；钻孔弹模变形试验因加载面积小、刚性加载法更是由于加载片与孔壁接触不良等因素影响，试验成果可靠性较差，但大量试验点的统计规律可反映岩体变形模量的分布趋势。基于坝基岩体分类、工程岩体分级、RMR 值评估的岩体变形模量均为经验值，可作为取值参考。

2. 松弛带影响

平洞松弛圈现场测试、平洞开挖卸荷数值模拟成果表明，岩体表面存在卸荷松弛层，且平洞底板岩体松弛层较洞壁厚，柱状节理玄武岩中心孔法变形试验成果表明，未松弛岩体变形模量是岩体综合变形模量的 1.29 倍（解析法计算值）。因此，常规承压板法变形试验，特别是铅直向加载的变形试验受表面松弛层影响，变形模量试验值偏低。

3. 岩体变形各向异性特征

柱状节理玄武岩各类岩体水平向变形模量均高于铅直向；非柱状节理玄武岩 II_1 类岩体各向异性特征不明显，III_1 类、III_2 类岩体水平向变形模量高于铅直向。

岩体变形各向异性表现为水平向变形模量高于铅直向，其原因主要有两点：一是岩体内层内错动带及缓倾角顺层裂隙的影响，水平向试验点选点一般避开了错动带及缓倾角裂隙，而铅直向试验点大多避开了层内错动带，缓倾角裂隙则很难避开，由于缓倾角裂隙的存在，平洞底板也更容易松弛；二是坝址区的水平向地应力大于铅直向地应力，因而导致平洞底板岩体较容易产生应力松弛，形成松弛带，声波测试成果也反映了这点，洞壁松弛带厚度相对较小，对变形模量影响也较小。

基于试验及参数估算成果，提出柱状节理玄武岩、非柱状节理玄武岩变形参数地质建议值见表 3.5.5。

表 3.5.4　玄武岩不同试验方法获取的变形模量标准值与经验方法估值一览表

岩体类别	岩性类别	岩性	方向	变形模量标准值/GPa				按频基岩体分类估算变形模量/GPa	按工程岩体分级估算变形模量/GPa	基于 RMR 值估算变形模量/GPa
				承压板法（试验点数）	中心孔法（试验点数）	钻孔弹模法（试验点数）				
						单位 1	单位 2			
II	II₁	非柱状节理玄武岩	水平向	22.62				10~20	20~36	38
			铅直向							
	II₂	柱状节理玄武岩	水平向	26.18					22~33	22
			铅直向	11.95			12.30			
III	III₁	柱状节理玄武岩	水平向	16.11	27.39	11.41	7.66	5~10	19~32	13
			铅直向	9.69	18.38	12.16				
	III₂	非柱状节理玄武岩	水平向	16.69					12~33	13
			铅直向	12.98						
		柱状节理玄武岩	水平向	13.23	17.06	10.31	6.02		12~22	10
			铅直向	7.52	10.29	8.28				
IV	IV₁	非柱状节理玄武岩	水平向	12.48				2~5	8~22	9
			铅直向	10.69						
	IV₂	柱状节理玄武岩	水平向	3.28						6
			铅直向	3.70						

表 3.5.5　玄武岩变形参数地质建议值表

岩体类别		岩性	变形模量/GPa	弹性模量/GPa
Ⅱ	Ⅱ₁	非柱状节理玄武岩	17~20	25~30
	Ⅱ₂	柱状节理玄武岩	$\frac{14\sim18}{10\sim12}$	$\frac{20\sim23}{15\sim18}$
Ⅲ	Ⅲ₁	柱状节理玄武岩	$\frac{9\sim11}{7\sim9}$	$\frac{13\sim16}{11\sim13}$
		非柱状节理玄武岩	$\frac{10\sim12}{8\sim10}$	$\frac{15\sim18}{12\sim15}$
	Ⅲ₂	柱状节理玄武岩	$\frac{7\sim9}{5\sim7}$	$\frac{10\sim13}{8\sim10}$
		非柱状节理玄武岩	$\frac{8\sim10}{6\sim8}$	$\frac{12\sim15}{9\sim12}$
Ⅳ	Ⅳ₁	非柱状节理玄武岩	3~4	5~6
	Ⅳ₂	柱状节理玄武岩	2~3	3~4

注：横线上方为水平向模量，下方为铅直向模量。

3.5.2　抗剪强度特性

3.5.2.1　试验方法

白鹤滩水电站坝区前期勘察阶段开展了岩体抗剪试验。其中柱状节理玄武岩 21 组，包括常规尺寸的 19 组，大尺寸的 2 组；非柱状节理玄武岩 37 组。玄武岩按岩体类别分，Ⅱ₁ 类 13 组，Ⅲ₁ 类 16 组，Ⅲ₂ 类 8 组。

1. 常规尺寸抗剪试验

常规尺寸是指剪切面尺寸为 50cm×50cm，其中布置于洞室底板剪切面水平的试验点 54 组，布置于洞室侧壁剪切面铅直的试验点 6 组，洞室侧壁试验点是为了研究柱状节理玄武岩柱体侧面抗剪强度。

2. 大尺寸抗剪试验

岩体的强度与试件的尺寸有关，这种现象称为尺寸效应。岩体力学参数存在尺寸效应的根本原因在于岩体内部的结构面的存在，当岩性相同时，结构面的组数、数量、长短、间距、张开宽度决定了岩体变形及强度特性，不同的岩体尺寸所包含的结构面不同，导致变形及强度特性的差异。为探究柱状节理玄武岩抗剪强度尺寸效应，在坝区布置了 2 组大尺寸岩体抗剪试验，剪切面为水平面，剪切面尺寸为 100cm×100cm，是常规的抗剪试验点尺寸 50cm×50cm 的 2 倍。

岩体抗剪试验采用直接剪切法，在确保每级法向应力不变的条件下，不断增大剪切向应力，直至岩体剪切破坏。在此过程中，记录试验点的垂直向及水平向变形，绘制剪切向应力与垂直向及水平向变形关系曲线，据此判断岩体试验中的比例极限、屈服极限、峰值强度、残余强度特征值。根据试验获得的法向应力及相应强度特征值，应用库仑强度准则绘制二者之间的关系曲线，曲线在纵轴的截距为黏聚力，曲线的斜率为摩擦系数。岩体抗剪断试验完成后，保持法向应力，调整仪表设备进行摩擦试验，其试验过程和资料整理方法与抗剪断试验类同。现场试验采用平推法，推力方向为上游推向下游或拱推力方向。试验设备包括加压设备及位移观测设备，主要有千斤顶、油压表、传力柱、百（千）分表及其他辅助设备。

3.5.2.2　抗剪强度参数估算经验方法

1. 基于勘察规范坝基岩体分类

《水力发电工程地质勘察规范》（GB 50287−2006）坝基岩体工程地质分类中，考虑了岩块的抗压强度，将其分为 3 种类型，即坚硬岩、中硬岩和软质岩，在岩石坚硬程度划分的基础上，考虑岩体结构及软弱结构面的影响，将坝基岩体分为 5 大类 7 个亚类。规范中根据以往工程试验数据，提出了各类岩体力学参数经验值，见表 3.5.6，在参数取值表格里，将岩体划分为 5 大类，提出各岩体类别的岩体抗剪及抗剪断强度参数，并附加若干条说明。

表 3.5.6　坝基岩体抗剪强度参数经验值

岩体类别	I	II	III	IV	V
f'	$1.60 \geqslant f' > 1.40$	$1.40 \geqslant f' > 1.20$	$1.20 \geqslant f' > 0.80$	$0.80 \geqslant f' > 0.55$	$0.55 \geqslant f' > 0.40$
c'/MPa	$2.50 \geqslant C > 2.00$	$2.00 \geqslant C > 1.50$	$1.50 \geqslant C > 0.70$	$0.70 \geqslant C > 0.30$	$0.30 \geqslant C > 0.050$
f	$0.95 \geqslant f > 0.80$	$0.80 \geqslant f > 0.70$	$0.70 \geqslant f > 0.60$	$0.60 \geqslant f > 0.45$	$0.45 \geqslant f > 0.35$
c/MPa	0	0	0	0	0

2. 基于工程岩体分级标准

《工程岩体分级标准》（GB50218-94）采用定性与定量综合评价岩体质量级别的方法。岩体基本质量由岩石坚硬程度和岩体完整性程度两个因素共同确定，规范中对这两个指标进行了详尽的定性描述，岩石坚硬程度又包括风化程度的定性划分，而完整性程度的划分主要跟结构面发育程度、结构面咬合度、结构面类型等因素相关；定量指标中岩石坚硬程度采用岩石单轴饱和抗压强度确定，在无条件取得该数据时，可采用实测的岩石点荷载强度指数（$I_{s(50)}$）的换算值，岩体完整性程度的定量指标则采用岩体完整性指数（K_v），当无条件取得实测值时，可用岩体体积节理数（J_v）。

岩体基本质量指标 BQ 由岩石单轴饱和抗压强度 R_c 和岩体完整性指数 K_v 两者共同确定，其计算公式为

$$\text{BQ} = 90 + 3R_c + 250K_v \tag{3.5.3}$$

使用上式时，应遵循下列限制条件：

当 $R_c > 90K_v + 30$ 时，应以 $R_c = 90K_v + 30$ 和 K_v 值代入计算 BQ 值；

当 $K_v > 0.04R_c + 0.4$ 时，应以 $K_v = 0.04R_c + 0.4$ 和 R_c 代入计算 BQ 值。

在计算得到的 BQ 值基础上，结合基本质量定性特征确定岩体基本质量分级，分级标准见表 3.5.7。在进行工程岩体分级时应对 BQ 值进行修正，修正项包括地下水影响修正、软弱结构面产状影响修正及初始应力状态影响修正。

表 3.5.7　岩体基本质量分级

基本质量级别	岩体基本质量的定性特征	岩体基本质量指标（BQ）
I	坚硬岩，岩体完整	>550
II	坚硬岩，岩体较完整； 较坚硬岩或较软岩，岩体完整	550～451
III	坚硬岩，岩体较破碎； 较坚硬岩或软硬岩互层，岩体较完整； 较软岩，岩体完整	450～351
IV	坚硬岩，岩体破碎； 较坚硬岩，岩体较破碎～破碎； 较软岩或软硬岩互层，且以软岩为主，岩体较完整～较破碎； 软岩，岩体完整～较完整	350～251
V	较软岩，岩体破碎； 软岩，岩体较破碎～破碎； 全部极软岩及全部极破碎岩	≤250

在岩体基本质量分级的基础上，提出了岩体物理力学参数经验值，见表 3.5.8。

表 3.5.8　岩体物理力学参数经验值表

岩体基本质量级别	重力密度/(kN/m³)	抗剪断峰值强度		变形模量 E/GPa	泊松比 v
		内摩擦角 φ/(°)	黏聚力 c/MPa		
I	>26.5	>60	>2.1	>33	<0.2
II		60～50	2.1～1.5	33～20	0.2～0.25
III	26.5～24.5	50～39	1.5～0.7	20～6	0.25～0.3
IV	24.5～22.5	39～27	0.7～0.2	6～1.3	0.3～0.35
V	<22.5	<27	<0.2	<1.3	>0.35

3. 基于 Hoek-Brown 经验强度准则

基于国标《工程岩体分级标准》、RMR 指标及 Q 系统分级结果，可以估算裂隙岩体（包括风化岩体）的变形参数与强度参数，包括岩体变形模量、岩体单轴抗拉强度 σ_{mt}、单轴抗压强度 σ_{mc}，以及抗剪强度参数 c_m 和 $tg\varphi_m$。

Hoek 和 Brown 在大量岩体试验成果统计分析的基础上，得出了岩体破坏时极限主应力之间的关系式，即 Hoek-Brown 经验强度准则：

$$\sigma_1 = \sigma_3 + \sigma_c \sqrt{m \frac{\sigma_3}{\sigma_c} + s}$$

(3.5.4)

式中：σ_1、σ_3 为破坏时的最大、最小主应力；σ_c 为岩块的单轴抗压强度，由单轴抗压试验确定；m、s 为表征岩石软硬程度和完整性的参数，其取值范围在 0.001～25 和 0～1 之间，可根据 Bieniawski 分类指标 RMR 由以下关系式确定：

对扰动岩体，

$$\frac{m}{m_i} = \exp\left(\frac{RMR - 100}{14}\right)$$

$$s = \exp\left(\frac{RMR - 100}{6}\right) \qquad (3.5.5)$$

对未扰动岩体，

$$\frac{m}{m_i} = \exp\left(\frac{RMR - 100}{28}\right)$$

$$s = \exp\left(\frac{RMR - 100}{9}\right) \qquad (3.5.6)$$

式中：m_i 为完整岩块的 m 值。

确定岩体特性参数 m、s 后，根据 Hoek-Brown 强度包络线，由以下诸式确定岩体的变形模量 E、抗拉强度 σ_t 和抗剪强度参数 c、φ。

$$\sigma_t = \frac{\sigma_c}{2}(m - \sqrt{m^2 + 4s}) \qquad (3.5.7)$$

$$\tau = (\cot\varphi - \cos\varphi)m\sigma_c/8 \qquad (3.5.8)$$

$$\varphi = \arctan\left(\frac{1}{4h\cos^2\theta - 1}\right)^{\frac{1}{2}} \qquad (3.5.9)$$

$$h = 1 + \frac{16(m\sigma_n + s\sigma_c)}{3m^2\sigma_c} \qquad (3.5.10)$$

$$\theta = \frac{1}{3}\left[90 + \arctan\left(\frac{1}{\sqrt{h^3 - 1}}\right)\right] \qquad (3.5.11)$$

$$c = \tau - \sigma_n\tan\varphi \qquad (3.5.12)$$

根据上式确定的不同法向应力水平 σ_n 的剪应力 τ，然后通过线性回归的方法确定在此应力水平邻近线性化后的 c、φ 值。经过取值计算，可得到基于 Hoek-Brwon 强度准则的岩体强度参数。

3.5.2.3　强度参数取值

各类方法所得岩体抗剪强度参数成果汇总于表 3.5.9，由表可知玄武岩岩体抗剪强度参数标准值基本在规范经验值范围之内。

以现场试验成果及岩体类别划分为基础，在标准值的基础上，参考勘察规范、同类工程经验、Hoek-Brown 准则估算成果，综合考虑坝区地质条件，以标准值作为上限值，标准值做适当折减作为下限值，提出岩体抗剪强度参数地质建议值，见表 3.5.10。

表 3.5.9　各方法所得岩体抗剪试验强度参数值汇总表

岩体质量类别	岩性	试验成果标准值				《水力发电工程地质勘察规范》(GB50287-2006)				《工程岩体分级标准》(GB50218-94)		基于 Hoek-Brown 经验强度准则估算	
		抗剪断		抗剪		抗剪断		抗剪		抗剪断		抗剪断	
		f'	c'/MPa	f	c/MPa	f'	c'/MPa	f	c/MPa	f'	c'/MPa	f'	c'/MPa
II₁	非柱状节理玄武岩	1.36	1.80	0.76	0	1.40 ~ 1.20	2.00 ~ 1.50	0.80 ~ 0.70	0	1.73 ~ 1.19	2.10 ~ 1.50	1.38	4.19
III₁	柱状节理玄武岩	1.26	1.20	0.64	0	1.20 ~ 0.80	1.50 ~ 0.70	0.70 ~ 0.60	0	1.19 ~ 0.81	1.50 ~ 0.70	1.14	2.59
III₁	非柱状节理玄武岩	1.29	1.30	0.67	0							1.07	2.35
III₂	柱状节理玄武岩	1.00	0.90	0.54	0							1.04	2.25
III₂	非柱状节理玄武岩	1.07	1.15	0.61	0							—	—

表 3.5.10　玄武岩岩体抗剪强度参数地质建议值表

岩体质量类别		II₁	III₁		III₂	
岩性		非柱状节理玄武岩	柱状节理玄武岩	非柱状节理玄武岩	柱状节理玄武岩	非柱状节理玄武岩
抗剪断	f'	1.3 ~ 1.4	1.0 ~ 1.25	1.0 ~ 1.25	0.90 ~ 1.00	0.95 ~ 1.05
	c'/MPa	1.4 ~ 1.7	1.0 ~ 1.20	1.0 ~ 1.20	0.75 ~ 0.80	0.95 ~ 1.15
抗剪	f	0.75 ~ 0.80	0.6 ~ 0.7	0.6 ~ 0.7	0.55 ~ 0.58	0.55 ~ 0.63

3.6　本 章 小 结

　　本章对白鹤滩地下洞室群玄武岩基本力学特性进行了研究，通过一系列室内试验获取了玄武岩的常规力学参数，探究了隐晶质玄武岩在开挖卸荷作用下的力学行为及破坏机制，通过现场试验得到了地下洞室群围岩的强度及变形特性，这为围岩变形破坏机理的研究提供了基本依据。

　　白鹤滩隐晶质玄武岩、杏仁状玄武岩、角砾熔岩、柱状节理玄武岩、斜斑玄武岩等 5 种玄武岩在烘干状态下，微风化岩石的单轴抗压强度平均值为 108 ~ 147MPa，饱和试样的单轴抗压强度平均值为 74 ~ 112MPa，属于坚硬岩。5 种玄武岩在自然风干状态下抗拉强度平均值为 5.42 ~ 6.92MPa，饱和抗拉强度平均值为 4.29 ~ 5.55MPa。5 种玄武岩在干燥状态下弹性模量平均值为 34 ~ 59.3GPa，饱和弹性模量平均值为 26.2 ~ 54.7GPa；隐晶质玄武岩与柱状节理玄武岩弹性模量较高，弹性模量平均值大于 50GPa；杏仁状玄武岩与斜斑玄武岩居中，平均值为 40 ~ 50GPa；角砾熔岩较低，平均值低于 40GPa。角砾熔岩与柱状节理玄武岩的摩擦系数较低，平均值为 1.31 ~ 1.49MPa，其余玄武岩为 1.77 ~ 2.00MPa；含斑玄武岩与杏仁状玄武岩的内聚力较低，平均值为 8.56 ~ 9.87MPa，其余为 11.0 ~ 13.0MPa。

　　室内三轴加卸载试验的应力路径设定反映了地下洞室开挖卸荷、应力集中以及系统支护下围岩所处的应力状态。试验结果表明，隐晶质玄武岩脆性特征显著，承载能力在卸围压状态下有所降低，更容易发生环向扩容与脆性破坏。破坏机制方面，在围压较低时玄武岩以劈拉破裂为主，围压较高时以剪切破裂为主。但卸围压条件会促进玄武岩内部张性破裂面的发育，表现为周边出现大量轴向张拉裂纹，破坏形态更为复杂，破坏程度更高。

　　隐晶质玄武岩的起裂应力约为 34MPa，裂纹失稳扩展应力为 89 ~ 100MPa。因此当地下洞室浅表层围岩内最大压应力达到 34MPa 时，围岩将会出现片帮、破裂等应力主导型破坏；最大压应力达到 89MPa 时，围岩将会发生急剧的扩容及大变形。声发射测试结果表明，玄武岩在 3 种应力路径下的声发射演化规律总体一致，但在卸围压状态下声发射事件数量及能量明显更大，这表明地下洞室开挖卸荷会加剧围岩内部裂纹扩展及损伤破坏。CT试验结果表明，围压相对较低时，岩样裂纹形态复杂且分布不均；围压升高至 40MPa 时，次生裂纹逐渐减少，主裂纹更为规则、平直。这表明高地应力环境中相对较高的围压会促使围岩被劈裂成薄片、板状，更容易发生片帮、板裂等破坏现象。

　　现场岩体试验及参数估算结果显示，Ⅱ、Ⅲ₁、Ⅲ₂、Ⅳ类非柱状节理玄武岩的水平向变形模量分别为 17 ~ 20GPa、10 ~ 12GPa、8 ~ 10GPa 和 3 ~ 4GPa，水平向弹性模量分别为 25 ~ 30GPa、15 ~ 18GPa、12 ~ 15GPa 和 5 ~ 6GPa；Ⅱ、Ⅲ₁、Ⅲ₂类非柱状节理玄武岩摩擦系数（抗剪）分别为 0.75 ~ 0.80、0.6 ~ 0.7 和 0.55 ~ 0.63，摩擦系数（抗剪断）分别为 1.3 ~ 1.4、1.0 ~ 1.25 和 0.95 ~ 1.05，内聚力（抗剪断）分别为 1.4 ~ 1.7MPa、1.0 ~ 1.20MPa 和 0.95 ~ 1.15MPa。

第4章　地应力场研究

4.1　区域地质背景及构造应力场

4.1.1　地质背景

白鹤滩水电站坝址区位于青藏高原东南缘，属川西南、滇东北高山与高原地貌单元，横断山系。区域范围内的地势总体上西北高、东南低。在坝址周边150km主要分属两大地貌单元：大致以小金河断裂带为界，西北部属于青藏高原，主要为海拔4000m以上的高山和高原；其余大部分地区属于云贵高原，由海拔1500～4000m的高原和中高山组成；只有东北角一小部分属于四川盆地，海拔一般为500～1000m。

工程区大地构造单元，位于扬子准地台（I_1）—上扬子台坳（II_4）—凉山-滇东北陷褶束（III_{11}），其西侧紧邻康滇地轴（II_1），见图2.1.1。各级构造单元基本特征简述如下。

扬子准地台（I_1）：区域一级构造单元，以西部的九顶山断裂、茂汶断裂、盐井—五龙断裂、小金河断裂为界与松潘—甘孜地槽褶皱系相邻。扬子准地台基底于晋宁运动期褶皱回返，基底具双层结构，下部为结晶基底，上部为褶皱基底；地台盖层内，下古生界具稳定型建造组合特征。加里东运动使大部分地区抬升，这些地区缺失泥盆系和石炭系；中、晚三叠世间的印支运动，结束了海相沉积的历史，从此进入陆相沉积阶段。晚印支运动，使扬子准地台与松潘—甘孜地槽发生陆内汇聚，形成了盐源及龙门山两个台缘褶带。

上扬子台坳（II_4）：工程区二级构造单元。西以小江断裂与康滇地轴为界，东至七曜山断裂，毗邻四川台坳。台坳基底由环绕川中结晶地块增生的中元古界组成，台坳内震旦系-中三叠统盖层发育齐全，线形褶皱发育。由西向东，台坳内构造线从SN-EW-NE向。

凉山-滇东北陷褶束（III_{11}）：工程区三级构造单元。是一个受南北向断裂控制的构造带，西界为普雄河断裂，东界为马颈山断裂。陷褶束内地层发育较齐全。南部边缘出露中元古宇褶皱基底及下震旦统火山复陆屑建造，古生界主要沿周边及断裂带分布，中生界在中部出露，全区缺失白垩系以上地层。

康滇地轴（II_1）：工程区西侧二级构造单元。西以金河-箐河断裂、东以小江断裂为界；由早元古代的康定杂岩、河口群、大红山群及中、上元古界昆阳群、会理群等基底岩系组成，元古宇-中三叠世长期隆起。印支运动以后，由隆起带转化为断陷盆地，喜马拉雅运动再次褶皱隆起。

4.1.2　构造应力场

工程区出露地层主要为上二叠统峨眉山组玄武岩。自 259～257Ma 玄武岩喷发以来，该区域所经历的构造运动大致划分为 6 个阶段：①海西（东吴）运动阶段；②印支运动阶段；③燕山运动阶段；④四川运动阶段；⑤喜马拉雅运动阶段；⑥新构造运动阶段。印支运动在坝区及其周缘地区主要表现为上升运动，没有造成地层褶皱，构造运动相对较弱。侏罗纪末期的燕山运动和新近纪的喜马拉雅运动较强，这 2 期构造运动直接控制和影响了坝区的构造活动，其中喜马拉雅期包括四川运动、喜马拉雅运动和新构造运动。

1. 燕山期运动

伊佐奈歧板块以 NNW 向向我国东部大陆之下俯冲，使巧家–宁南所在的扬子西缘处于挤压状态。本区应力场 σ_1 呈近 EW 向，σ_2 近直立，σ_3 近 SN 向。在这个应力场的作用下，玄武岩喷发形成的 11 个层间旋回，由于层间岩石的易滑性而发育了反向滑动，也有一些较大的层内滑动带在这一时期发育。

坝区的断层构造也在这一时期形成了它的基本格架。白鹤滩坝址区主要发育的 4 组断层（N60°W、N20°W、N40°E 和近 NS）即是在这一时期定型的。在近 EW 向挤压应力场下，NW 向断层主要表现为左行滑移，而 NE 向断层主要表现为右行滑移（图 4.1.1），近NS 向断层则主要表现为逆断层。

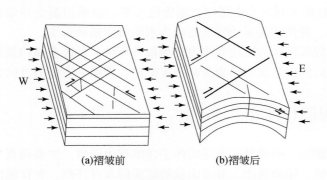

(a)褶皱前　　　　　　(b)褶皱后

图 4.1.1　燕山期断层发育及运动方向示意图

2. 喜马拉雅期前的四川运动

四川期构造作用从早白垩世中期开始，延续到古新世末期。在四川期，中国大陆西南侧印度板块快速朝 NE 向运移，此形成的中国西部构造应力场的主要特征是，NNE–SSW近水平的缩短作用和 NWW–SEE 向的水平伸展作用。此应力场下，坝区断层的运动性质已开始发生变化。这一时期最重要的构造现象是层间、层内错动带已开始大规模的正向滑动。坝区峨眉山玄武岩在燕山期区域性褶皱作用下已形成向 SE 缓倾、倾角 18°～25° 的倾斜岩层。在四川期 NWW–SEE 向的水平伸展作用及在重力作用下，层间、层内错动带开始发生正向滑动。

3. 喜马拉雅期构造运动

喜马拉雅期印度板块沿 NNE 向挤压中国大陆板块，这一时期的构造应力场，是以 SN 向近水平的缩短作用和近 EW 向的水平伸展作用为主要特征的。坝区的应力场为 σ_1 近 SN 向、σ_2 近直立、σ_3 近 EW 向。这一构造应力场并没有形成新的断裂系统，主要使现存的 N60°W、N20°W、N40°E 和近 SN 向四组断层再次发生活动。这一时期 NE 向断层的活动比 NW 向断层强烈，并且，N20°W 也比 N60°W 的断层活动强烈。此阶段，NW 向断层主要表现右行滑移，而 NE 向断层主要表现左行滑移，NS 向断层主要表现为正断层性质。

4. 新构造运动

指川滇菱形地块形成（约 5Ma）后发生的构造运动，因为自此后，本区的应力场没有发生明显的改变，并且本区的地貌也是在青藏高原隆升最快的 5～3Ma 以来形成的。新近纪以来，青藏高原物质进一步向东挤出。逐渐加强的向东挤出作用受到其东部不同性质地体的阻挡。5Ma 前后，中甸–大具断裂的出现使主要沿金沙江–红河断裂的左行位移向东转移到鲜水河–小江断裂，持续的向东挤出作用导致川滇地体最终从扬子陆块分离，并发生向南的运动和刚体转动。从晚第四纪开始，川滇地块向 SSE 方向挤出的同时，伴着地块顺时针的旋转。

川滇地区的震源机制解资料表明，川滇地区的应力场大致存在 3 个分区：30°N 以北的区域应力场方向为近 EW 向；30°N 以南、100°E 以西的区域应力场方向为 NE–SW 向；30°N 以南、100°E 以东的区域应力场方向为 NW–SE 向。巧家–宁南地区的应力场因此为 NW–NWW 向，并且最大和最小主压应力轴皆近水平。表明川滇交界地区，现代构造应力场以水平作用为主。现代断裂运动特征表现为水平剪切错动为主。

第四纪以来，坝区所在的断块整体表现为抬升环境，坝区在新构造运动时期的活动并不剧烈。因此，坝区的构造应力场为 NW–NWW 向，即第一主应力方向为 NW–NWW。

4.1.3　坝区构造特征

对坝址区内的断层、错动带、节理均作了详细现场调研，主要调查了断层及错动带的展布形态、交切特征、错动规律，节理面及裂隙面的发育特征、发育规律。

新构造时期的构造运动相对中生代时期和新生代时期而言，要微弱得多，如表 4.1.1 所示，新构造运动时期，中国大陆地区实测构造应力最大、最小主应力差值平均为 20.9MPa，远小于历史上其他构造运动时期的平均差值应力。

表 4.1.1　中国大陆不同构造时期平均差值应力

构造期	平均差值应力/MPa	构造期	平均差值应力/MPa
印支期	105.5	华北期	81.9
燕山期	99.4	喜马拉雅期	92.6
四川期	107.4	新构造期	20.9

由于最新一次构造运动规模不大，作用力度相对较小，不足以导致断层的大规模错

动，更不足以产生新的节理组系。但是层间、层内错动带因为分布相对平缓，而且力学特性差，在较小的构造应力作用下即可能产生明显相对滑移。所以通过错动带最新的相对滑移方向，可以较为准确地确定最新一次构造应力的方向。

表 4.1.2 中列出了主要层间、层内错动带上擦痕观测结果，从中可以看出，各错动带上最新的擦痕方向几乎都为 120°～150°方向，而且大部分都是上盘向下、下盘向上的正向错动。由此可推断坝区最近一次的构造应力方向为 NWW 向。

表 4.1.2　错动带擦痕观测结果

错动带编号	观测点位置	擦痕描述	擦痕照片
C_2	左岸 PD41-1	擦痕及阶步显示至少两次错动，早期反向（上盘向上），晚期正向；最新一次主滑方向为 120°	
C_3	右岸 PD54 洞深 0～10m 处	下盘为角砾熔岩，上盘为隐晶玄武岩，影响带内见走向约 150°擦痕	
C_{3-1}	右岸 PD53 洞深 0～40m 处	在洞口岩壁见明显擦痕，走向 130°，正向错动	
C_4	右岸 PD74	擦痕走向 120°	

4.2　坝区地应力场演变过程分析

4.2.1　构造运动对地应力场影响

白鹤滩水电站坝址区位于大寨乡向斜西翼，地层主要出露上二叠统峨眉山组玄武岩。玄武岩以岩浆喷溢和火山爆发交替为特征，根据喷溢间断和爆发次数共分为 11 个岩流层，总厚度约 1489m。每一个岩流层的下部为熔岩，中间为角砾熔岩，上部为凝灰岩，显示了溢流与喷发的交替形成过程。

坝区岩层总体呈单斜构造，产状为 N30°~60°E，SE∠17°~26°。玄武岩下伏地层为下二叠统茅口组灰岩，上覆地层为下三叠统飞仙关组砂页岩，向上为上三叠统须家河组砂岩、泥岩、白云岩。上、下地层与玄武岩呈假整合接触。第四系松散堆积物主要分布于河床、阶地及缓坡台地上。

坝区主要构造类型为断层、层间错动带、层内错动带、裂隙和节理。坝区内未见区域性断层，坝区规模相应较大的为 NE 向、NW 向、NNW 向和近 NS 向 4 组断层，其中，以 N60°W 向最为发育，包括 F_{13}、F_{14}、F_{16} 和 F_{18} 等。断层均成组共轭展布，其平面延伸长度多小于 1km，仅有 F_3 和 F_{17} 出露长度在 1~3km。断层全部发育在浅层环境，深度小于 3km，以脆性错动为特点，断层面一般倾角陡，以平移错动和正向滑动为主，错距一般小于 2m，逆冲运动较少。断层带内以发育多种脆性构造岩为特点，如面理化构造岩、断层角砾岩、断层泥以及复式构造岩等，显示了断层多期活动的特点。

构造运动对于坝区初始地应力场的影响主要体现为①燕山运动的 E-W 向挤压；②四川运动及喜马拉雅运动的 N-S 向挤压；③新构造运动的 NW 向挤压作用；④断块地应力分布。

4.2.2　地形对地应力场影响

地质和地表演化过程决定了坝区地应力的分布。河流下切过程中，谷底一带存在应力集中区，岸坡上部接近自重应力场，岸坡中部最大主应力可以与岸坡走向大致平行，从岸坡到山体内部逐渐过渡到正常应力带，低高程部位一般经历一个应力集中区。喜马拉雅运动以来自 NW 向 SE 的掀斜式的整体抬升过程中，坝区左岸整体遭受到比右岸更强的地表侵蚀，左右岸岩体由于上部侵蚀量的差异，相同高程的左岸岩体的整体主应力量级小于右岸，左右岸厂房区最大主应力值差值约 5~10MPa。

由近代地质历史分析可知，坝区周缘的地貌是在青藏高原隆升最快的 5~3Ma 以来形成的，在此背景下坝区所在的断块整体表现为抬升环境，巧家-宁南地区新构造运动主要特点是以上升为主，伴随着强烈的河流下切作用，形成了 V 形谷。而金沙江水系的贯通、发育应是中更新世以来。

坝区除受现代构造挤压作用外，同时受到强烈的地表地质作用，显然，坝区地应力场

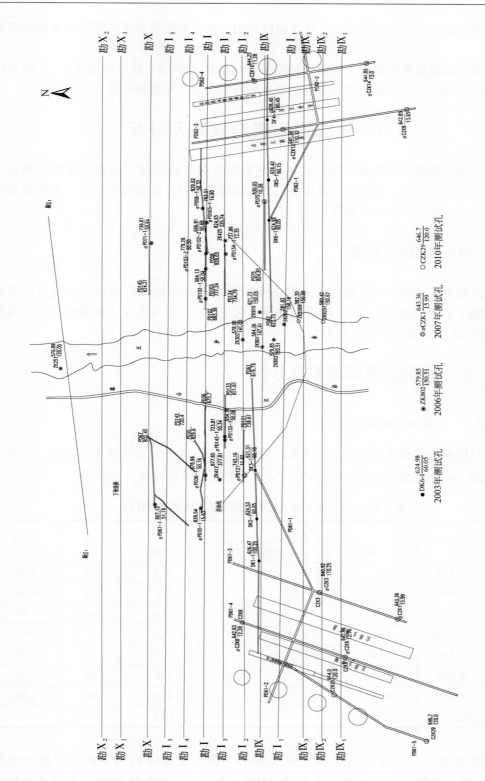

图4.3.1　白鹤滩水电站地应力测试点平面位置图(单位：m)

分布特征是包括地质构造演化历史、地表侵蚀作用、内在地质条件等诸多因素共同作用的结果。

除构造运动及地形因素外，坝区分布的大型结构面（断层、层间错动带）、软弱夹层也会对地应力场的分布及演化产生影响，造成局部地应力方向的偏转等。

4.3　地应力场实测成果及分析

在地下洞室群施工前勘察阶段，在左右两岸洞室群区域开展了大量的地应力测试工作，获取了丰富的成果。本小节对现场地应力实测成果进行介绍及简要分析，相关成果可为后续地应力场反演提供基础数据。

4.3.1　地应力测点布置

在施工前勘察阶段，坝区地应力测试主要布置在左右岸地下厂房区、边坡区以及河床，共完成了地应力测试孔44组82孔，水压致裂法890段，深孔应力解除法8点，浅孔应力解除法25点，测点布置见图4.3.1。

4.3.2　水压致裂法测试成果及分析

4.3.2.1　二维水压致裂法

此处只展示测试成果的统计分析结果，见表4.3.1，其中S_H为大水平主应力，S_h为小水平主应力，γ为岩体的容量，取$28kN/m^3$，H为测点的埋深（m），以下同。

表4.3.1　地下洞室群二维水压致裂法测试成果统计表

岸别	统计项	S_H			S_h/MPa	S_H/S_h	$S_H/\gamma H$
		大小/MPa	方位角/(°)	优势方位角/(°)			
左岸	最大值	33.4	158	128~137	19.8	1.96	2.77
	最小值	3.9	80		3.1	1.01	0.43
	平均值	15.4	125		10.6	1.42	1.43
	大值平均	22.0	—		14.4	—	—
右岸	最大值	31.0	36	12~22	18.2	1.97	2.06
	最小值	4.7	8		3.6	1.23	0.32
	平均值	15.1	21		9.1	1.60	1.05
	大值平均	23.8	—		13.7	—	—

由上表可知，左岸地下洞室群区域大水平主应力优势方向为NW向，最大值为33.4MPa，最小值为3.9MPa，平均值为15.4MPa，大值平均值为22.0MPa；小水平主应力

最大值为 19.8MPa，最小值为 3.1MPa，平均值为 10.6MPa，大值平均值为 14.4MPa。右岸地下洞室群区域大水平主应力优势方向为 NNE 向，最大值为 31.0MPa，最小值为 4.7MPa，平均值为 15.1MPa，大值平均值为 23.8MPa；小水平主应力最大值为 18.2MPa，最小值为 3.6MPa，平均值为 9.1MPa，大值平均值为 13.7MPa。

4.3.2.2 三维水压致裂法

表 4.3.2 展示了左右两岸地下洞室群三维水压致裂法的测试成果。

表 4.3.2 地下洞室群三维水压致裂法测试成果表

岸别	孔号	第一主应力			第二主应力			第三主应力			S_H	S_h	S_H方位
		σ_1	θ_1	α_1	σ_2	θ_2	α_2	σ_3	θ_3	α_3			
左岸	DK1	16.5	44	−27	10.1	153	−32	5.9	103	45	14.7	8.4	35
	DK2	13.1	122	−13	11.6	17	−48	6.7	43	39	13.0	8.6	129
	σCZK3	13.0	108	−5	7.9	17	−18	7.0	35	−72	13.0	7.8	109
右岸	DK4	21.1	32	2	8.6	122	13	5.2	116	−77	21.1	8.4	32
	DK5	21.3	4	8	14.8	90	−29	11.5	108	60	21.1	14.0	6
	DK6	22.9	31	11	16.1	129	37	6.9	107	−51	22.5	12.5	26

注：σ_x 为正东方向的水平应力；σ_y 为正北方向的水平应力；σ_z 为垂直向上的应力。θ、α 分别为主应力的方位角与倾角，方位角以正北顺时针向右为正，倾角以水平向上为正。大小与角度的单位分别为 MPa 和（°），以下同。

三维水压致裂法在地下洞室群区域共进行了 6 组测试。DK1 测点受附近局部地质构造等影响，水平主应力方位角的计算值与实测值差别较大，说明该测点三孔交汇法的计算成果误差较大，因而不能真实反映该区域的地应力。剔除 DK1 测点的结果后，三维水压致裂法测试成果统计见表 4.3.3。

表 4.3.3 地下洞室群三维水压致裂法测试成果统计表

岸别	统计项	第一主应力			第二主应力			第三主应力			S_H	S_h	S_H方位
		σ_1	θ_1	α_1	σ_2	θ_2	α_2	σ_3	θ_3	α_3			
左岸	最大值	13.1	122	13	11.6	17	48	7.0	45	72	13.0	8.6	129
	最小值	13.0	108	5	7.9	17	18	5.9	35	39	13.0	7.8	109
	平均值	13.1	115	9	9.8	17	33	6.9	39	56	13.0	8.2	119
右岸	最大值	22.9	32	11	16.1	129	37	11.5	116	77	22.5	14.0	32
	最小值	21.1	4	2	8.6	90	13	5.2	107	57	21.1	8.4	6
	平均值	21.8	22	7	13.2	114	27	7.9	110	63	21.6	12	21

由上表可知，左岸地下洞室群区域第一主应力量值为 13.0 ~ 13.1MPa，平均值为 13.1MPa，方位为 108° ~ 122°，倾角为 5° ~ 13°；第二主应力量值为 7.9 ~ 11.6MPa，平均值为 9.8MPa，方位约 17°，倾角为 18° ~ 48°；第三主应力量值为 5.9 ~ 7.0MPa，平均值为 6.9MPa，方位为 35° ~ 45°，倾角为 39° ~ 72°。右岸地下洞室群区域第一主应力量值为

21.1～22.9MPa，平均值为21.8MPa，方位为4°～32°，倾角为2°～11°；第二主应力量值为8.6～16.1MPa，平均值为13.2MPa，方位为90°～129°，倾角为13°～37°；第三主应力量值为5.2～11.5MPa，平均值为7.9MPa，方位为107°～116°，倾角为57°～77°。

4.3.3 应力解除法测试成果及分析

表4.3.4展示了左右两岸地下洞室群应力解除法的测试成果。

表4.3.4 地下洞室群应力解除法测试成果表

岸别	孔号	孔深/m	第一主应力			第二主应力			第三主应力			S_H	S_h	S_H方位
			σ_1	θ_1	α_1	σ_2	θ_2	α_2	σ_3	θ_3	α_3			
左岸	σCZK1	8.3	15.23	80.9	8.7	7.71	138.2	-74.2	5.55	172.9	13.1	15.05	5.67	81.3
		15.5	14.74	90.7	-3.9	7.80	2.2	21.0	6.41	170.7	68.6	14.70	7.62	90.5
	σCZK6	8.7	18.91	65.1	-10.6	8.18	119.4	72.2	6.03	157.8	-14.1	18.54	6.16	65.6
		12.0	13.98	75.0	-18.5	7.17	131.5	58.8	4.51	173.7	-24.2	13.26	4.99	77.3
	σCZK8	8.9	16.66	105.4	-26.1	8.40	2.7	-24.1	6.08	56.1	53.1	14.73	7.90	108.8
		11.8	17.89	82.0	-34.4	11.95	178.0	-8.8	3.72	100.4	54.2	13.80	11.34	60.4
右岸	σCZK9	8.0	21.25	4.4	8.0	14.83	89.9	-29.2	11.50	108.2	59.5	21.08	14.01	6.0
		12.5	22.88	30.9	11.0	16.07	129.4	37.2	6.86	107.2	-50.6	22.50	12.50	26.0
	σCZK14	8.3	21.31	55.1	24.2	10.52	120.2	-43.1	8.77	165.0	37.2	19.38	9.52	57.2
		10.8	22.29	56.5	16.2	13.11	126.0	-50.3	8.84	158.2	35.1	21.49	10.34	59.4
	σCZK16	8.9	19.21	79.5	-8.6	11.42	160.9	44.8	8.67	177.9	-43.9	19.01	10.02	80.8
		9.5	21.72	49.5	16.6	13.03	119.3	-49.3	9.43	151.9	35.9	20.92	10.76	52.3
	CZK12	30.2	13.76	141.6	73.2	8.69	25.9	7.5	3.75	113.9	-15.0	8.79	4.41	21.6
		33.0	14.53	37.2	66.8	7.98	27.6	-22.9	4.89	119.1	-3.5	8.99	4.91	31.1
		45.9	14.31	141.5	-83.6	7.95	29.8	-2.4	3.00	119.6	5.9	7.97	5.13	29.0
		109.6	17.68	104.0	-65.5	14.63	37.7	10.4	8.49	131.9	21.9	14.75	9.75	44.4

对不合理数据进行剔除后，由测试成果可知，左岸地下洞室群区域第一主应力量值为14.0～18.9MPa，平均值16.5MPa，方位为65°～105°，倾角为-11°～-26°；第二主应力量值为7.2～8.4MPa，平均值为7.9MPa，方位为3°～132°，倾角为-24°～72°；第三主应力量值为4.5～6.1MPa，平均值5.5MPa，方位为56°～174°，倾角为-24°～53°。右岸地下洞室群区域第一主应力量值为19.2～22.0MPa，平均值为21.0MPa，方位为50°～80°，倾角为-9°～17°；第二主应力量值为11.4～15.9MPa，平均值13.4MPa，方位为119°～161°，倾角为-49°～45°；第三主应力量值为8.7～9.4MPa，平均值9.1MPa，方位为152°～178°，倾角为-44°～61°。

左岸的应力解除测孔包括CZK1、CZK6和CZK8，揭示的最大水平主应力方向分别为N91°E、N70°E和N90°E。而CZK6和CZK8孔进行的水压致裂测量结果可靠地指示最大水平主应力为 NW 方向，二者之间的差异悬殊。考虑到水压致裂测试获得的最大水平主应力方位可靠，特别是与其他可靠测试资料及区域地质分析结果的一致性，可以认为，左岸应力解除测试结果没有正确反映岩体地应力状况。

右岸共进行了 CZK12、CZK9、CZK14 和 CZK16 等 4 个测孔的应力解除法地应力测量，其中 CZK12 测孔揭露的最大主应力近垂直，中间和最小主应力近水平，地应力状态与厂房区水压致裂测试成果不符，也不同于片帮破坏揭示的最大和中间主应力近水平、最小主应力近垂直的状态。可以判断，CZK12 测试成果没有可靠地指示 3 个主应力状态。右岸其余应力解除法孔 CZK9、CZK14 和 CZK16 测试结果获得的最大水平主应力方向为 N60°W 左右，而右岸厂房区所有水压致裂测试结果都显示最大水平应力方向为 NNE，两者不一致。此外，应力解除法获得的其余两个主应力呈倾斜状，明显不同于平洞片帮指示的应力状态。由此可见，右岸应力解除法测试成果可靠性差。

很多钻孔中玄武岩岩心反映岩体破碎、较破碎、完整性差，也可能是钻进扰动的结果，都会对应力解除地应力测试成果造成影响。

综上所述，应力解除法地应力测试成果可靠性差，仅作为参考。

4.4　地应力场反演

地下洞室群区域地质构造背景复杂，地应力受构造运动以及河流剥蚀、岸坡卸荷等多重因素影响，有限点的测量往往难以反映工程区域整体地应力分布格局。基于现场实测成果进行地应力反演分析，是获取初始地应力场分布规律的有效途径。本节在 4.3 小节白鹤滩地下洞室群地应力实测成果分析的基础上，结合该区域工程地质资料，采用基于主应力正交三维地质模型的地应力反演新方法，对初始地应力场进行反演分析，获得工程区域天然地应力场分布规律，为后续洞室群开挖围岩变形破坏分析提供基础条件。

4.4.1　反演方法

目前常见的地应力反演方法是将构造作用分解为 x 轴向、y 轴向、xy 平面剪切、xz 平面剪切和 yz 平面剪切共计 5 个方向的构造运动，并结合自重应力场，采用最小二乘法进行回归反演，见图 4.4.1。但该方法本质是假设模型计算域中各主应力方向是平行于模型边

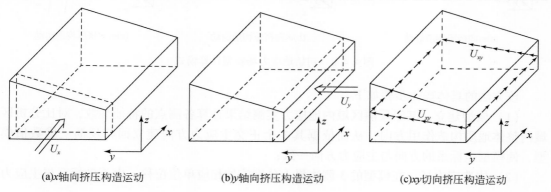

(a)x 轴向挤压构造运动　　　　　(b)y 轴向挤压构造运动　　　　　(c)xy 切向挤压构造运动

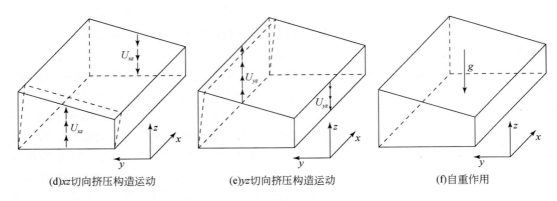

(d)xz切向挤压构造运动　　　(e)yz切向挤压构造运动　　　(f)自重作用

图 4.4.1　初始地应力场传统计算模式

界的法向方向的，这种设定在实际工程中往往是不合理的。同时，实际工程中主应力与水平面往往存在一定夹角，这导致剪应力在高程方向上一般为非均匀分布，而传统方法的剪应力施加往往是以常量均值，这与实际不符，即使局部测点上数值较为接近，但整体回归应力场与实际分布规律也会相差较大。尤其是对于白鹤滩地下洞室群这种主应力方向存在明显倾角的工程，该传统方法无法准确获得较为真实的地应力场。

　　本节基于主应力正交三维地质模型，在传统方法的基础上提出了一种地应力反演新方法：将初始地应力试验结果引入建模过程中，使回归模型坐标系与厂区整体地应力方向保持一致，将复杂的初始应力场分解为 3 个正交主应力方向的地质构造作用，能够体现主应力的倾角效应，计算原理见图 4.4.2。通过该方法反演计算得到的地应力场分布将与实际更为吻合，具有一定优势。

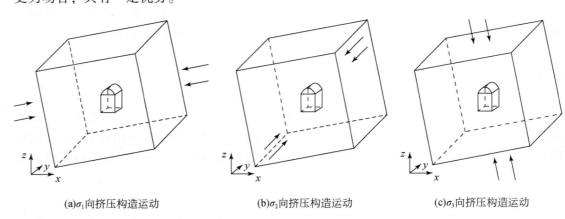

(a)σ_1向挤压构造运动　　　(b)σ_2向挤压构造运动　　　(c)σ_3向挤压构造运动

图 4.4.2　初始地应力场新型计算模式

　　该方法的具体操作步骤如下：

　　（1）模型建立：基于反演区域内地应力实测结果计算各测点的特征参数，对比分析区域内整体地质构造作用方向，从而依据其 3 个正交主应力方向建立回归反演三维数值模型，使模型坐标系的方向与主应力方向一致；

　　（2）构造应力场：在模型的 3 侧边界上分别施加相应单位位移，由于坐标系与主应力方向一致，因此 x、y、z 向即分别代表了 σ_1、σ_2、σ_3 三个主方向的构造作用，由此通过施加相应 3 个主方向的单位位移即可模拟构造应力场；

（3）求解回归系数：根据地应力实测点对应的应力分量建立反演区域初始地应力场与正交主应力之间的回归方程，然后按照残差平方和最小的原则进行优化求解，并对回归效果进行评价检验。

4.4.2　数值建模及方法验证

4.4.2.1　应力转轴

前述地应力实测结果是相对于大地坐标系而言的，如果要进行地应力反演分析，还需要将其进行应力转轴至数值模型的坐标系中。对于地下洞室群的三维数值模型，可通过式（4.4.1）将主应力转轴至水流方向（x 轴）、厂房轴线方向（y 轴）以及竖直方向（z 轴）：

$$\left.\begin{aligned}
\sigma_x &= L_1^2\sigma_1 + L_2^2\sigma_2 + L_3^2\sigma_3 \\
\sigma_y &= M_1^2\sigma_1 + M_2^2\sigma_2 + M_3^2\sigma_3 \\
\sigma_z &= N_1^2\sigma_1 + N_2^2\sigma_2 + N_3^2\sigma_3 \\
\tau_{xy} &= L_1 M_1 \sigma_1 + L_2 M_2 \sigma_2 + L_3 M_3 \sigma_3 \\
\tau_{yz} &= N_1 M_1 \sigma_1 + N_2 M_2 \sigma_2 + N_3 M_3 \sigma_3 \\
\tau_{xz} &= L_1 N_1 \sigma_1 + L_2 N_2 \sigma_2 + L_3 N_3 \sigma_3
\end{aligned}\right\} \qquad (4.4.1)$$

式中：L_i、M_i、N_i 分别为 σ_i 对 x、y、z 轴的方向余弦。

1. 左岸地下洞室群

通过式（4.4.1）变换得到左岸地下洞室群实测地应力的各应力分量及特征参数见表 4.4.1、表 4.4.2。其中 γ 为容重，取值 28.0kN/m³，泊松比 u 取值 0.25，λ 为岩石的静止侧压力系数，$\lambda = u/(1-u)$，h 为埋深，n_1、n_2 为地应力分析过程中的特征参数。

表 4.4.1　左岸地下洞室群实测地应力转轴后应力分量　　　　（单位：MPa）

孔号	σ_x	σ_y	σ_z	τ_{xy}	τ_{yz}	τ_{xz}	σ_1	σ_2	σ_3
DK1	9.67	13.64	9.19	2.43	-2.06	-3.52	16.5	10.1	5.9
DK2	11.97	9.71	9.72	-1.84	-1.90	-1.58	13.1	11.6	6.7
σCZK3	12.88	7.84	7.18	-0.66	-4.01	-2.27	13.0	7.9	7.0

表 4.4.2　左岸地下洞室群实测地应力转轴后特征参数换算表

孔号	h/m	γh	λ	$n_1 = \sigma_x/\sigma_y$	$n_2 = \sigma_y/\sigma_z$	n_1/n_2	n_1/λ	n_2/λ	$(\sigma_x+\sigma_y)/2\sigma_z$	$\sigma_z/\gamma h$
DK1	506	14.17	0.33	0.71	1.49	0.48	2.15	2.10	1.27	0.65
DK2	512	14.34	0.33	1.23	1.00	1.23	3.74	0.81	1.11	0.68
σCZK3	455	12.74	0.33	1.64	1.09	1.51	4.98	0.66	1.44	0.56

经应力转轴后，对左岸地下洞室群区域实测地应力分析结果如下：

（1）第一主应力量值在 13.0~16.5MPa，3 个测点的测量值比较接近，最大差距为 3.5MPa。其中 DK2 及 σCZK3 第一主应力量值基本一致，而 DK1 测点则相对较大；同时测点 DK2 和测点 σCZK3 第一主应力方位接近，约为 S60°E，而测点 DK1 第一主应力方位为 N44°E。

（2）第三主应力值在 5.9~7.0MPa，各实测点中 DK2、σCZK3 的第三主应力值相对一致，在 6.7~7.0MPa，而 DK1 的第三主应力量值较小。厂区实测第三主应力与第一主应力的比值约为 1.86~2.80。

（3）表 4.4.2 中 n_1/λ 的均值为 3.62，n_2/λ 的均值为 1.19，两个数值均大于 1.0，这说明水平向应力分量大于铅直向的应力分量，由此可得该区域地应力场是由岩体自身重力应力及近水平向构造产生的应力相互叠加形成的；由各测点铅直向应力可知，测点 DK2 和测点 σCZK3 较为接近且结果较好，但 DK1 测点误差较大。

综上，左岸地下洞室群区域以 EES 方向为地质构造作用主要方向，该方向与实测的大主应力方位基本接近，即 N60°~80°W 方位。结合现场平洞片帮调查成果，可选取 σCZK3 测点主应力方向作为本次地应力反演数值模型的坐标系方向。

2. 右岸地下洞室群

通过式（4.4.1）将水压致裂法实测成果变换得到各应力分量及特征参数见表 4.4.3、表 4.4.4。表中各参数含义与左岸相同，容重 γ 取值 28.0kN/m³，泊松比 u 取值 0.25。

表 4.4.3　右岸地下洞室群实测地应力转轴后应力分量（单位：MPa）

孔号	σ_x	σ_y	σ_z	τ_{xy}	τ_{yz}	τ_{xz}	σ_1	σ_2	σ_3
DK4	15.707	14.347	5.237	−6.861	0.034	−0.515	21.1	8.6	5.2
DK5	20.737	14.174	12.683	−0.830	1.558	−1.852	21.3	14.8	11.5
DK6	17.043	16.021	8.2148	−3.820	0.714	1.865	22.9	16.1	6.9

表 4.4.4　右岸地下洞室群实测地应力转轴后特征参数换算表

孔号	h/m	γh	λ	$n_1=\sigma_x/\sigma_y$	$n_2=\sigma_y/\sigma_z$	n_1/n_2	n_1/λ	n_2/λ	$(\sigma_x+\sigma_y)/2\sigma_z$	$\sigma_z/\gamma h$
DK4	506	14.17	0.33	2.25	3.32	0.68	1.69	2.50	2.78	0.37
DK5	512	14.34	0.33	1.13	1.68	0.67	0.85	1.26	1.40	0.87
DK6	455	12.74	0.33	1.33	1.91	0.70	1.00	1.43	1.62	0.85

经应力转轴后，对右岸地下洞室群区域实测地应力分析结果如下：

（1）第一主应力量值在 21.1~22.9MPa，3 个测点的测量值都十分接近，最大差距仅 1.8MPa。其中 DK4 及 DK5 第一主应力量值基本一致，而 DK6 测点则相对较大；同时测点 DK4 和测点 DK6 第一主应力方位接近，约为 N30°E，而测点 DK5 第一主应力方位为 N4°E。

（2）第三主应力值在 5.2~11.5MPa，而各实测点中 DK4、DK6 的第三主应力值相对一致，在 5.2～6.9MPa，而 DK6 的第三主应力量值较大。厂区实测第一主应力与第三主应力的比值约为 1:1.85～1:4.06。

（3）表 4.4.4 中 n_1/λ 的均值为 1.18，n_2/λ 的均值为 1.73，两个数值均大于 1.0，这说明水平向应力分量大于铅直向的应力分量，由此可得该区域地应力场是由岩体自身重力应力及近水平向构造产生的应力相互叠加形成的；由各测点 n_1/n_2 参数值小于 1.0，可以得到厂区内 SN 向的地质构造作用影响更大；同时由各测点 $\sigma_z/\gamma h$ 值可知，DK5、DK6 测点较为接近 1，结果较好，但 DK4 测点误差较大。

综上，右岸地下洞室群区域内以 NNE 方向为地质构造作用主要方向，该方向与实测第一主应力方位基本接近，即 N0°～20°E 方位。结合现场平洞片帮调查成果，可选取 DK6 测点主应力方向作为本次地应力反演数值模型的坐标系方向。

4.4.2.2 数值建模

本次初始地应力场回归反演采用三维有限单元法软件 ANSYS 进行计算分析。由于白鹤滩地下洞室群区域整体规模较大，采用单一模型难以满足计算效率及精度要求，因而对左右两岸分别进行建模计算。

1. 左岸地下洞室群

根据华东院工程地质资料，计算区域内主要考虑层间错动带 C_2、LS_{3152}，以及对地下洞室群影响较大的断层 f_{717}、f_{720}、f_{721}。数值计算模型为立方体形，范围为沿厂房轴线 1000m，横轴线方向上 800m，铅直向取 800m（高程 80～880m），模型共含 1495190 个节点、2546815 个单元。一般来说，地应力场反演主要关注该区域整体的地应力分布规律以及洞室群拟开挖区域的地应力分布，同时要考虑到计算精度及效率要求，以及该区域包含的主要地质构造。范围过大计算效率降低，范围较小计算准确性可能会打折扣。故综合考虑，采用以上模型尺寸设定。模型边界均为固定边界，模型单元采用六面体 SOLID185 单元类型进行模拟。根据第 4.4.2.1 小节分析确定的坐标系方向，将数值模型旋转至与之方向相同从而建立新方法模型，见图 4.4.3。

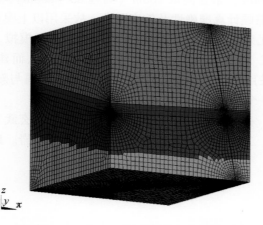

图 4.4.3 左岸地下洞室群地应力反演数值模型

依据工程地质资料，左岸地下洞室群围岩主要包括隐晶质玄武岩、斜斑玄武岩、杏仁状玄武岩、角砾熔岩和凝灰岩等，为Ⅱ~Ⅳ类围岩，计算所用的围岩物理力学参数见表4.4.5。

表 4.4.5　地下洞室群围岩物理力学参数采用值

地质特征	围岩类别	容重/(kN/m³)	变形模量/GPa	弹性模量/GPa	泊松比	弹性抗力系数/(MPa/cm)	抗剪断强度	
							f'	C'/MPa
微新、无卸荷状态，整体状结构或块状结构玄武岩	Ⅱ	28	16	25	0.23	80	1.3	1.4
微新、次块状结构；弱风化下断，块状或次块状结构；第一类柱状节理玄武岩，微新无卸荷状态	Ⅲ₁	27	10	15	0.25	60	1.1	1.1
块裂结构；弱风化上段块状或次块状结构	Ⅲ₂	26	8	15	0.27	40	0.9	0.8
弱风化上段，强卸荷，块裂、碎裂结构；构造影响带	Ⅳ	25	3	4	0.31	20	0.7	0.5

2. 右岸地下洞室群

为探究新方法合理性，设置了3种初始应力场回归方案，并从中筛选出最优方案。

方案一：使用传统方法，采用DK4、DK5、DK6测点实测应力。

方案二：使用新方法，采用DK4、DK5、DK6测点实测应力。

方案三：使用新方法，剔除DK5，采用DK4、DK6测点实测应力。

根据工程地质资料，计算区域内主要考虑了层间错动带C_3上、下段，C_{3-1}、C_4，以及对地下洞室群影响较大的断层F_{16}、F_{20}。数值计算模型为立方体形，范围为沿厂房轴线1000m，横轴线方向上800m，铅直向取800m（高程80~880m），模型共含509541个节点、962343个单元。为兼顾计算准确性及效率要求，故采用以上模型尺寸设定。模型边界均为固定边界，模型单元采用六面体SOLID185单元类型进行模拟。根据第4.4.2.1小节分析确定的坐标系方向，将数值模型旋转至与之方向相同从而建立新方法模型，见图4.4.4（b）。传统方法采用的模型上部延伸至地表，其余范围与新方法模型一致，共含797406个节点、1017130个单元，见图4.4.4（a）。

依据工程地质资料，右岸地下洞室群围岩主要包括隐晶质玄武岩、角砾熔岩、杏仁状玄武岩、凝灰岩及第一、二类柱状节理玄武岩，为Ⅱ~Ⅳ类围岩。计算所用的围岩物理力学参数见表4.4.5。

4.4.2.3　方法验证

1. 左岸地下洞室群

采用上述新方法，对左岸地下洞室群区域初始地应力进行回归计算，实测值与计算值的对比见表 4.4.6。

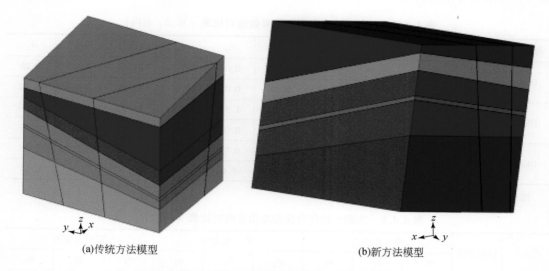

(a)传统方法模型　　　　　　　　　　(b)新方法模型

图 4.4.4　右岸地下洞室群地应力反演数值模型

表 4.4.6　地应力实测值与回归值对比表（单位：MPa）

测点	数值来源	σ_1			σ_3		
		σ_1	θ_1	α_1	σ_3	θ_3	α_3
CZK29	实测	26.12	148	−8	14.62	103	80
	计算	21.11	140.15	−0.31	10.53	151.37	77.95
CZK6	实测	23.24	149	−13	14.24	127	78
	计算	21.95	140.09	−0.55	9.39	155.25	84.15
CZK25	实测	20.62	128	−5	15.62	35	83
	计算	21.78	140.02	−0.24	8.18	36.39	87.97
均值	实测	23.33	142	−9	14.83	88	80
	计算	21.61	140	0	9.37	114	83

拟合优度：$R^2 = 0.953$

由回归计算得到地下洞室群初始地应力场回归方程如下：

$$\sigma(i) = 0.7807\sigma_{u1}(i) + 0.3253\sigma_{u2}(i) + 0.1938\sigma_{u3}(i) \tag{4.4.2}$$

式中：$\sigma_{u1}(i)$、$\sigma_{u2}(i)$、$\sigma_{u3}(i)$ 分别为 3 个主应力方向上单位位移作用下的应力值。

可以看到，该方案的拟合优度为 0.953，表明回归效果较好。虽然部分测点地应力计算值小于实测值，但反演结果同时兼顾了地应力的量值与方向，通过该方案计算所得左岸地下洞室群区域初始应力场分布规律、应力水平及方位相对合理，反演结果与实测资料整体相似度高。

2. 右岸地下洞室群

采用前述方法，对右岸地下洞室群区域初始地应力进行回归计算，各方案得到的计算值与实测值的对比见表 4.4.7~表 4.4.12。

表 4.4.7 方案一地应力回归成果数值对比表（单位：MPa）

测点号	数值来源	σ_x	σ_y	σ_z	τ_{xy}	τ_{yz}	τ_{xz}	σ_1	σ_2	σ_3
DK4	实测	15.70	14.34	5.23	−6.86	0.03	−0.51	21.10	8.60	5.20
	计算	22.63	17.06	11.52	0.81	0.02	0.11	22.63	17.06	11.52
DK5	实测	20.73	14.17	12.68	−0.83	1.55	−1.85	21.30	14.80	11.50
	计算	22.63	17.06	11.52	0.31	0.02	0.13	11.95	9.58	3.96
DK6	实测	17.04	16.02	8.21	−3.82	0.71	1.86	22.90	16.10	6.90
	计算	16.26	12.05	6.34	0.64	−0.08	0.13	16.26	12.05	6.33

拟合优度：$R^2 = 0.876$

表 4.4.8 方案一地应力回归成果方向对比表（单位：°）

测点号	数值来源	第一主应力			第二主应力			第三主应力		
		σ_1	θ_1	α_1	σ_2	θ_2	α_2	σ_3	θ_3	α_3
DK4	实测	21.10	32	2	8.60	122	13	5.20	116	−77
	计算	22.63	2	1	17.06	90	1	11.52	91	−90
DK5	实测	21.30	4	8	14.80	90	−29	11.50	108	60
	计算	11.95	1	1	9.58	90	−1	3.96	143	88
DK6	实测	22.90	31	11	16.10	129	37	6.90	107	−51
	计算	16.26	1	1	12.05	90	−1	6.33	103	−89

表 4.4.9 方案二地应力回归成果数值对比表（单位：MPa）

测点号	数值来源	σ_x	σ_y	σ_z	τ_{xy}	τ_{yz}	τ_{xz}	σ_1	σ_2	σ_3
DK4	实测	15.70	14.34	5.23	−6.86	0.03	−0.51	21.10	8.60	5.20
	计算	20.42	19.84	15.59	−2.60	−0.39	0.95	22.88	17.57	15.41
DK5	实测	20.73	14.17	12.68	−0.83	1.55	−1.85	21.30	14.80	11.50
	计算	20.35	19.78	15.55	−2.55	−0.37	0.93	22.75	17.56	15.37
DK6	实测	17.04	16.02	8.21	−3.82	0.71	1.86	22.90	16.10	6.90
	计算	20.80	20.25	15.44	−2.89	−0.38	1.14	23.57	17.72	15.20

拟合优度：$R^2 = 0.931$

表 4.4.10 方案二地应力回归成果方向对比表（单位：°）

测点号	数值来源	第一主应力			第二主应力			第三主应力		
		σ_1	θ_1	α_1	σ_2	θ_2	α_2	σ_3	θ_3	α_3
DK4	实测	21.10	32	2	8.60	122	13	5.20	116	−77
	计算	21.50	42	8	17.60	50	11	14.30	166	−77
DK5	实测	21.30	4	8	14.80	90	−29	11.50	108	60
	计算	22.90	41	8	17.57	50	9	15.41	171	78

测点号	数值来源	第一主应力			第二主应力			第三主应力		
		σ_1	θ_1	α_1	σ_2	θ_2	α_2	σ_3	θ_3	α_3
DK6	实测	22.90	31	11	16.10	129	37	6.90	107	−51
	计算	22.75	41	7	17.56	50	9	15.37	170	−78

表 4.4.11　方案三地应力回归成果数值对比表（单位：MPa）

测点号	数值来源	σ_x	σ_y	σ_z	τ_{xy}	τ_{yz}	τ_{xz}	σ_1	σ_2	σ_3
DK4	实测	15.70	14.34	5.23	−6.86	0.03	−0.51	21.10	8.60	5.20
	计算	16.47	15.43	7.23	−4.62	−0.83	1.60	22.88	17.50	15.40
DK6	实测	17.04	16.02	8.21	−3.82	0.71	1.86	22.90	16.10	6.90
	计算	16.95	16.15	7.38	−5.02	−1.13	1.84	23.57	17.70	15.20

拟合优度：$R^2 = 0.976$

表 4.4.12　方案三地应力回归成果方向对比表（单位：度）

测点号	数值来源	第一主应力			第二主应力			第三主应力		
		σ_1	θ_1	α_1	σ_2	θ_2	α_2	σ_3	θ_3	α_3
DK4	实测	21.10	42	2	8.60	132	13	5.20	126	−77
	计算	22.88	41	7	17.50	49	8	15.40	171	−78
DK6	实测	22.90	41	11	16.10	139	37	6.90	117	−51
	计算	23.57	41	7	17.70	49	10	15.20	166	−76

由回归计算得到各方案的地下洞室群初始地应力场回归方程如下：

方案一：$\sigma(i) = 1.1944\,\sigma_g(i) + 0.5662\sigma_{u1}(i) + 0.4356\sigma_{u2}(i)$　　　　(4.4.3)

方案二：$\sigma(i) = 1.0531\sigma_{u1}(i) + 0.6364\sigma_{u2}(i) + 0.3153\sigma_{u3}(i)$　　　(4.4.4)

方案三：$\sigma(i) = 0.9876\sigma_{u1}(i) + 0.7261\sigma_{u2}(i) + 0.4032\sigma_{u3}(i)$　　　(4.4.5)

式中：$\sigma_g(i)$ 为仅有自重应力作用下的应力场，$\sigma_{u1}(i)$、$\sigma_{u2}(i)$、$\sigma_{u3}(i)$ 分别为 3 个主应力方向上仅有单位位移作用下的应力场。

可以看到，在 3 种反演方案中，使用新方法计算的方案二与方案三所获得的拟合优度均大于方案一使用传统方法计算的结果，分别为 0.876、0.931、0.976。这表明新方法较传统方法的整体反演效果更好。而对比各方案具体数值可以看到方案一计算所得主应力及各方向应力虽然数值上与实测地应力较为接近，但是在方向及倾角上相差较大，而方案二、三使用新方法计算结果则有所改善，主应力方向上与实际更为吻合。同时可以看到，无论是使用哪种方法进行反演，所得计算结果在测点 DK5 处均与实测值相差较大，而另外两个测点 DK4、DK6 在数值及方向上较为一致，这表明 DK5 测点处可能受破碎带或结构面等影响导致其并不能较好地代表厂区整体初始地应力场。

综上，剔除 DK5 测点后即方案三计算所得地下洞室群初始地应力场分布规律、应力水平及方位相对更为合理，反演结果与实测资料整体相似度最佳，拟合优度达到最大。因此选择方案三反演结果作为右岸地下洞室群初始地应力场。

4.4.3　初始地应力场分布特征

4.4.3.1　左岸地下洞室群

图 4.4.5、图 4.4.6 给出了地下洞室群初始地应力场反演结果云图，并标出了主要洞室的拟开挖轮廓线（压应力为正，拉应力为负）。

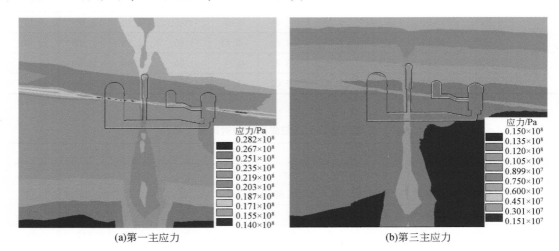

(a)第一主应力　　　　　　　　　　　(b)第三主应力

图 4.4.5　左岸地下洞室群水流向剖面主应力云图

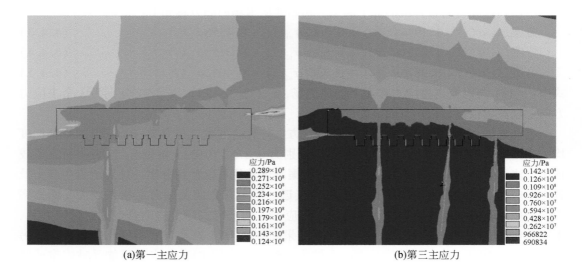

(a)第一主应力　　　　　　　　　　　(b)第三主应力

图 4.4.6　左岸地下洞室群厂房轴向剖面主应力云图

基于上述反演分析结果，可对左岸地下洞室群初始地应力场分布特性总结如下：

（1）随着埋深的增大，各主应力量值呈现逐渐增大的趋势，主应力等值线总体呈缓倾角均匀分布，方向与玄武岩岩层产状较为相似。同时断层及错动带出露对地应力分布有显著影响，致使局部应力突降，原因在于大型结构面发育部位岩体结构软弱松散，变形模量较低，导致出现局部应力松弛现象。

（2）沿高程方向来看，四大洞室的边墙（拟开挖）部位主应力量值略高于顶拱，表明边墙开挖期间卸荷效应更为显著；沿厂房轴线方向来看，厂房南段第一主应力量值略高于北段，其开挖期间的围岩应力型问题应予以重视。

（3）总的来看，在地下洞室群拟开挖区域，第一主应力量值约为 20～23MPa，第三主应力量值约为 9～13MPa，考虑到岩石平均饱和抗压强度 R_b 为 74～112MPa，岩石强度应力比（R_b/σ_1）为 3.22～5.6，故地下洞室群总体处于高地应力环境。

4.4.3.2　右岸地下洞室群

图 4.4.7、图 4.4.8 给出了地下洞室群初始地应力场反演结果云图，并标出了主要洞室的拟开挖轮廓线（压应力为正，拉应力为负）。

基于上述反演分析结果，可对右岸地下洞室群初始地应力场分布特性总结如下：

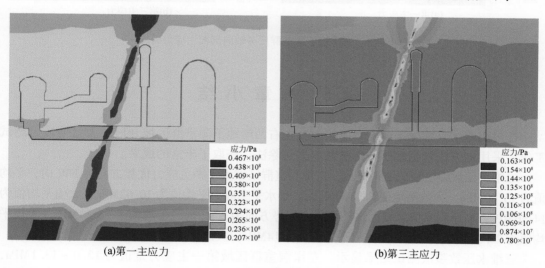

(a)第一主应力　　　　　　　　　　　　　　　　　(b)第三主应力

图 4.4.7　右岸地下洞室群水流向剖面主应力云图

（1）随着埋深的增大，各主应力量值呈现逐渐增大的趋势，主应力等值线总体呈缓倾角均匀分布，方向与玄武岩岩层产状较为相似。同时断层及错动带出露对地应力分布有显著影响，致使局部应力突降，原因在于大型结构面发育部位岩体结构软弱松散，变形模量较低，导致出现局部应力松弛现象。

（2）沿高程方向来看，四大洞室的边墙（拟开挖）部位主应力量值略高于顶拱，表明边墙开挖期间卸荷效应更为显著；沿厂房轴线方向来看，主应力量值分布总体较为均匀，从南到北量值差异不明显。

（3）总的来看，在地下洞室群拟开挖区域，第一主应力量值约为 23～26.5MPa，第三主应力量值约为 13~16MPa，考虑到岩石平均饱和抗压强度 R_b 为 74~112MPa，岩石强度应力比（R_b/σ_1）为 2.79~4.87，故地下洞室群总体处于高地应力环境。

通过反演分析可知，左右两岸地下洞室群区域的地应力大小有所不同，分布规律总体较为相似。两岸洞室群均处于高地应力区，右岸地应力量值高于左岸；主应力等值线均呈缓倾角均匀分布，量值随埋深增大而增大，在断层及错动带出露部位应力较低。

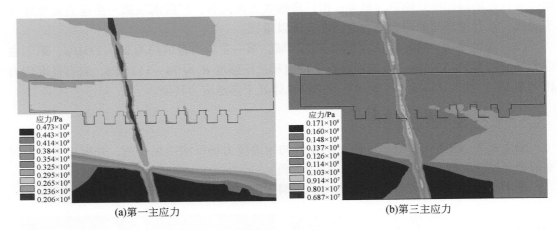

(a)第一主应力　　　　　　　　　　　　　　　(b)第三主应力

图 4.4.8　右岸地下洞室群厂房轴向剖面主应力云图

4.5　本 章 小 结

在白鹤滩水电站施工前勘察阶段，在左右两岸地下洞室群区域开展了大量地应力测试工作，采用的方法包括水压致裂法和应力解除法，获取了丰富的成果。

二维水压致裂法测试结果显示，左岸洞室群区域大水平主应力优势方向为 NW 向，平均值为 15.40MPa，大值平均值为 21.96MPa，小水平主应力平均值为 10.62MPa，大值平均值为 14.36MPa；右岸洞室群区域大水平主应力优势方向为 NNE 向，平均值为 15.14MPa，大值平均值为 23.84MPa；小水平主应力平均值为 9.14MPa，大值平均值为 13.66MPa。

三维水压致裂法测试结果显示，左岸洞室群区域第一主应力量值为 13.0~13.1MPa，方位为 108°~122°；第二主应力量值为 7.9~11.6MPa，方位约 17°；第三主应力量值为 5.9~7.0MPa，方位为 35°~43°。右岸洞室群区域第一主应力量值为 21.1~22.9MPa，方位为 4°~32°；第二主应力量值为 8.6~16.1MPa，方位为 90°~129°；第三主应力量值为 5.2~11.5MPa，方位为 107°~116°。

应力解除法地应力测试成果可靠性差，仅作为参考。

地下洞室群初始地应力场反演回归结果表明，主应力等值线总体呈缓倾角均匀分布，方向与玄武岩岩层产状较为相似；主应力量值随埋深增大而增大，断层及错动带出露部位应力量值较低，左岸洞室群区域第一主应力为 20~23MPa，第三主应力为 9~13MPa，右岸洞室群区域第一主应力为 23~26.5MPa，第三主应力为 13~16MPa，两岸洞室群总体均处于高地应力环境。

第5章 围岩变形破坏类型及特征

5.1 概 述

在白鹤滩水电站地下洞室群的施工过程中，围岩变形破坏现象频繁出现，对洞室群的施工安全及围岩稳定影响较大。现场工程技术人员对这些变形破坏问题进行了长期的观测，包括现场巡视、勘察以及原位监测等，取得了大量富有意义的成果。经归纳梳理，地下洞室群主要的围岩变形破坏类型包括片帮、破裂破坏、松弛垮塌、沿结构面塌落、块体破坏以及喷护（初砌）混凝土开裂。本章基于现场调查结果，对上述变形破坏问题的主要特征进行总结介绍，分析其表现形式、空间分布及演化发展规律。同时，对于左右两岸洞室群变形破坏所表现出的共性及差异也进行对比分析。

5.2 片 帮

片帮是一种常见于高地应力硬脆性岩体的宏观破坏，主要表现为岩体的片状或板状剥落。在白鹤滩地下洞室群的开挖过程中常发生片帮现象，并偶有岩石爆裂声。片帮在洞室群各洞室几乎都有出现，一般发生在洞室的顶拱部位。

5.2.1 左岸地下洞室群

片帮破坏在左岸洞室群各洞室开挖过程中均有出现，在不同洞室表现程度与特征有所不同，在主副厂房表现最为强烈。

主副厂房由于跨度大，采用分层开挖方式，其中第一层开挖采用中导洞先挖，再向两侧扩挖，如图5.2.1所示。

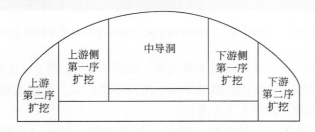

图 5.2.1 左岸主副厂房第一层开挖分序图

左岸地下厂房围岩片帮首先在中导洞开挖时在上游侧拱肩部位出现，并可听到岩石爆裂声。图5.2.2为中导洞开挖开始时的片帮。片帮随时间逐渐发展，深度不断加深，如

图 5.2.3 所示，在上游侧拱肩处形成凹槽。

图 5.2.2　左岸厂房中导洞上游顶拱片帮

图 5.2.3　左岸主副厂房中导洞上游侧拱肩片帮剥落发展形成凹槽

随着中导洞扩挖，上游侧片帮也不断发展，如图 5.2.4、图 5.2.5 所示。

随着顶拱扩挖完成，片帮仍然继续发展，范围不断扩大，深度不断加深，且在整个顶拱上游侧拱肩形成凹槽，如图 5.2.6 所示。

刚开挖时片帮发育深度一般为 10~30cm，局部达 50~70cm，后期深度增加，最大深度可达 2m。在垂直厂房轴线方向上，片帮区域的宽度一般为 3~5m，最宽达 8m，片帮在厂房轴向分布较为连续。顶拱片帮面积为 1158m^2，面积占比为 21%，上游拱肩片帮面积为 2426m^2，面积占比为 36%，顶拱片帮段累计长度近 350m，约占厂房总长的 80%。厂房

图 5.2.4　左岸主副厂房第一序扩挖上游侧拱肩片帮

图 5.2.5　左岸主副厂房第二序扩挖上游侧拱肩片帮

顶拱片帮分布见图 5.2.7。破坏程度方面，顶拱左厂 0+337～0+348m、上游拱肩左厂 0-008～0+079m、0+302～0+361m 段为中等程度片帮，其余均为轻微片帮。岩性方面，片帮普遍发育于厂房各岩性层内：隐晶质玄武岩最为发育，其次为斜斑玄武岩，再次为角砾熔岩。杏仁状玄武岩在厂房顶拱出露很少，因此片帮发育较少。

　　左岸主变洞在开挖过程中也出现了片帮，分布在顶拱及拱肩的上游侧，顶拱下游侧无分布。片帮程度较轻微，深度为 10～50cm。典型特征见图 5.2.8。

图 5.2.6　左岸主副厂房上游侧拱肩片帮发展形成凹槽

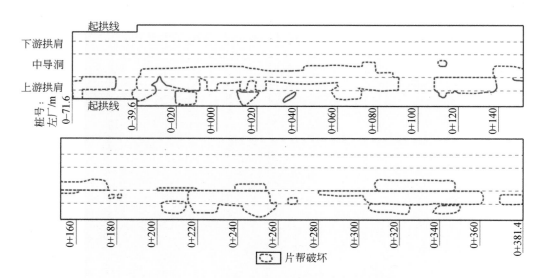

图 5.2.7　左岸主副厂房顶拱开挖完成时片帮分布图

　　尾水管检修闸门室片帮分布在顶拱及拱肩的上游侧，顶拱片帮主要分布在南侧洞段。片帮程度较轻微，深度为 10~60cm。典型片帮特征见图 5.2.9。

　　尾水调压室片帮主要分布在井身段层间错动带 C_2 下部，方位上以 NW 侧和 SE 侧为主，其余方位零星分布。穹顶片帮在 $1^{\#}$、$2^{\#}$ 尾水调压室零星分布，$3^{\#}$ 面积占比约 9%，$4^{\#}$ 无分布。片帮程度以轻微为主，深度一般为 10~30cm，局部深 30~80cm。岩性上多发育在隐晶质玄武岩内。片帮典型特征见图 5.2.10、图 5.2.11。在轴线垂直剖面及平切面上的分布位置见图 5.2.12。

图 5.2.8　左岸主变洞上游顶拱片帮

图 5.2.9　左岸尾水管检修闸门室中导洞上游侧顶拱片帮

5.2.2　右岸地下洞室群

片帮破坏在右岸洞室群各洞室开挖过程中均有出现，在不同洞室表现程度与特征有所不同，在主副厂房表现最为强烈。

主副厂房由于跨度大，采用分层开挖方式，其中第一层开挖采用中导洞先挖，再向两侧扩挖。厂房围岩片帮首先在中导洞开挖时在上游侧拱肩部位出现，并可听到岩石爆裂声。图 5.2.13 为中导洞开挖开始时产生的片帮破坏。

图 5.2.10　3#尾水调压室穹顶片帮

图 5.2.11　4#尾水调压室井身片帮

随着中导洞扩挖，顶拱上游侧片帮也不断发展，如图 5.2.14、图 5.2.15 所示。

片帮发育一般深度约 10~30cm，局部达 50~70cm，垂直厂房轴线方向宽度一般为 3~8m，最宽为 12m。顶拱片帮面积为 317.5m²，面积占比为 6%，上游拱肩片帮面积为 493m²，面积占比为 7%，下游拱肩片帮面积占比 1%。顶拱片帮段累计长度约 90m，约占厂房总长的 20%。岩性方面，片帮在右岸厂房各岩性层内均有发育，但仍存在一定的关系：斜斑玄武岩最为发育，其次为隐晶质玄武岩、杏仁状玄武岩，再次为角砾熔岩。厂房顶拱片帮分布见图 5.2.16。

右岸主变洞在开挖过程中也出现了片帮，主要分布在顶拱及拱肩的上游侧，顶拱下游侧无分布。下游拱肩 C₄ 上盘少量发育，边墙在开挖过程中未见片帮现象。片帮程度较轻微，深度为 10~50cm。典型特征见图 5.2.17、图 5.2.18。

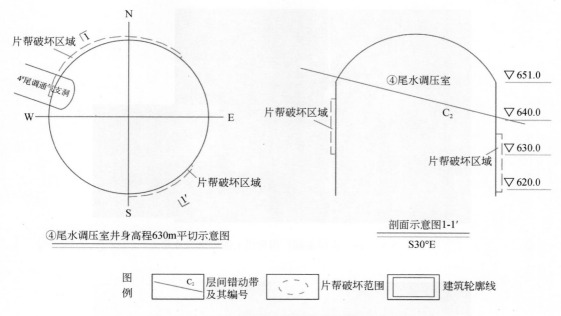

④尾水调压室井身高程630m平切示意图

剖面示意图1-1′
S30°E

| 图例 | ／ C_2 层间错动带及其编号 | 〇 片帮破坏范围 | □ 建筑轮廓线 |

图 5.2.12　4#尾水调压室井身主要片帮位置示意图

图 5.2.13　右岸厂房中导洞顶拱上游侧片帮

尾水管检修闸门室片帮在顶拱上游侧、下游侧均可见，顶拱上游侧片帮面积占比13%，下游侧占比8%。片帮深度一般 10 ~ 30cm，局部可达 50 ~ 80cm。典型特征见图 5.2.19。

图 5.2.14　右岸主副厂房顶拱上游侧拱肩片帮

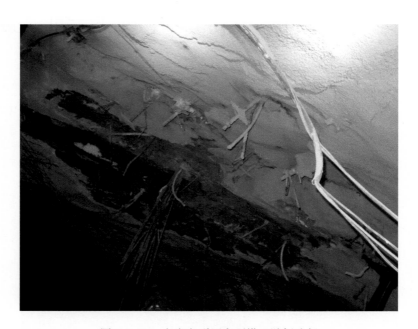

图 5.2.15　右岸主副厂房顶拱上游侧片帮

　　右岸尾水调压室片帮在穹顶和井身均有发育,主要分布于方位 E~S 及 S70°W~N20°W。片帮程度以轻微为主,深度一般为 10~50cm,个别部位深度达 100~130cm,为中等岩爆,如 6#尾水调压室穹顶高程 639~626m、方位 S67°W~N18°W 片帮深度一般为 30~50cm,后局部持续剥落至 130cm。典型面貌见图 5.2.20。

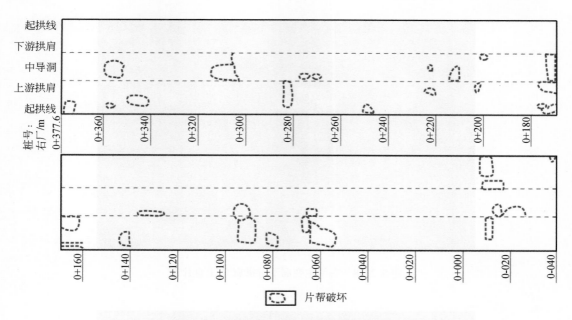

图 5.2.16　右岸主副厂房顶拱开挖完成时片帮分布图

图 5.2.17　右岸主变洞（中导洞）上游顶拱片帮

5.2.3　左右两岸总结与对比

总的来看，左右两岸地下洞室群围岩片帮具有以下特点：

（1）长廊形洞室的片帮主要发生在顶拱及拱肩部位，沿洞室轴线方向大多分布较为连续，发育区域一般长 3～20m，最长达 125m，位于左岸厂房南侧左厂 0-038～0+087m 段顶

图 5.2.18　右岸主变洞下游拱肩 C₄ 上盘片帮

图 5.2.19　右岸尾水管检修闸门室顶拱片帮

拱，垂直洞轴宽度一般为 2~6m。

（2）片帮发育深度一般为 10~50cm，局部 60~100cm，个别洞室达 3m（7#尾水隧洞顶拱）。

（3）从片帮程度分级来看，洞室群片帮破坏程度以轻微为主，局部为中等，主副厂房、右岸尾水调压室、左岸尾水连接管、尾水隧洞的程度高于主变洞、尾水管检修闸门室等洞室。这些洞室不仅片帮深度较大，局部深度超过 1m 甚至达 2~3m，而且尾水调压室和尾水隧洞开挖过程中还有中等岩爆发生，出现岩块弹射、塌落及岩体破裂声响。

同时，两岸洞室群围岩片帮还存在以下差异：

（1）从总的破坏面积来看，左岸洞室群整体的片帮面积更大，多个洞室的片帮面积占

图 5.2.20　右岸 6# 尾水调压室穹顶高程 632 ~ 639m、方位 S67°W ~ N30°W 段片帮

比超过了 20%，右岸破坏面积略小一些，而且左岸厂房片帮相比右岸也更为显著。

（2）从分布方位来看，左右两岸存在一定差异。左岸厂房及与之平行的主变洞、尾水管检修闸门室的片帮仅分布在顶拱的上游一侧，下游侧无片帮现象，在而右岸的这些洞室中，顶拱的上、下游两侧均有片帮发育，上游侧分布更多。左岸尾水调压室片帮发育于 N ~ W 侧及 S ~ E 侧井身，右岸发育于方位 E ~ S、S70°W ~ N20°W 穹顶及井身。

（3）左岸各洞室中厂房的片帮面积最大，沿厂房轴向大范围分布，顶拱片帮段累计长度占厂房总长的 80%。而右岸厂房片帮分布较少，沿轴向零散分布，延展特性不明显，片帮范围小于主变洞。

（4）左岸主变洞片帮主要发育在左厂 0+085 ~ 0+200m 和 0+270 ~ 0+320m 段，小桩号洞段几乎无分布。尾水管检修闸门室片帮以南侧小桩号洞段分布较多，其余洞段零星分布。右岸主变洞和尾水管检修闸门室片帮相比左岸分布更为均匀。

5.3　破裂破坏

破裂破坏指开挖引起局部应力集中，二次应力超过岩体强度导致岩体开裂，或围岩中微裂纹（缺陷）在二次应力作用下扩展贯通，最终致使宏观开裂的破坏现象。与片帮破坏类似，围岩破裂在各洞室均有出现，破坏范围较大。

5.3.1　左岸地下洞室群

左岸主副厂房围岩破裂破坏主要发生在上游拱肩分部开挖交界部位，如图 5.3.1。其次发生在每层开挖后两侧边墙墙脚处，下游侧较上游侧更为明显，破裂面与临空面近平行，中等倾角倾向临空面，深度一般为 10 ~ 30cm，最深达 50 ~ 150cm，如图 5.3.2。边墙层间错动带 C$_2$ 下盘破裂破坏较上盘岩体更为显著。底板及机坑边墙、底板破裂破坏较为普遍，且下游侧破坏程度大于上游侧，破裂面平行断续发育，间距为 5 ~ 40cm，表层微张—

张开状，导致底板呈台坎状，如图5.3.3、图5.3.4。破裂破坏以隐晶质玄武岩最为发育，其次为斜斑玄武岩、角砾熔岩，其他岩性层内发育较少。

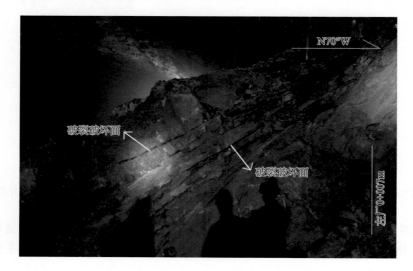

图5.3.1 左岸主副厂房上游侧拱肩破裂破坏

图5.3.2 左岸主副厂房下游侧边墙墙脚处破裂破坏

主变洞围岩破裂破坏分布在顶拱上游侧、下游边墙及底板，围岩破裂面走向与临空面近似平行。典型部位破裂破坏见图5.3.5、图5.3.6。

尾水管检修闸门室围岩破裂破坏分布在岩梁（高程659~651.5m）、边墙（高程651.5~610m）及闸门井段边墙（高程610~560m），下游边墙多于上游边墙，洞室南侧多于北侧。典型部位破裂破坏特征见图5.3.7。

尾水调压室穹顶围岩破裂破坏不发育，井身破裂破坏发育明显，主要分布在井身层间错动带 C_2 下部，方位以 NW 侧和 SE 侧为主，其余方位零星发育，深度以 10~30cm 为主，

图 5.3.3　左岸主副厂房 1# 机坑边墙破裂破坏

图 5.3.4　左岸主副厂房底板靠近墙脚处破裂破坏

局部为 30~80cm。典型部位破裂破坏见图 5.3.8。

5.3.2　右岸地下洞室群

右岸主副厂房围岩破裂破坏主要发生在上游拱肩、下游边墙各层墙脚等部位，如图 5.3.9、图 5.3.10。其中岩梁保护层开挖后，破裂破坏导致岩梁部位岩体产生一组近平行的微破裂面，清除破裂岩体后导致岩梁缺失，如图 5.3.11、图 5.3.12。下游岩梁缺失未成形段长度达 242m，占岩梁总长约 60%。同时各高程底板均有破裂发育。破裂破坏以隐

图 5.3.5　左岸主变洞顶拱破裂破坏

图 5.3.6　主变洞第 V 层下游侧边墙破裂破坏

晶质玄武岩、杏仁状玄武岩最为发育，其次为斜斑玄武岩，再次为角砾熔岩，其他岩性层内发育较少。

主变洞、尾水管检修闸门室围岩破裂破坏主要分布在下游边墙分层墙脚部位，以边墙中上部较多，破裂深度一般为 30 ~ 50cm，局部为 80 ~ 100cm，典型部位破裂破坏见图 5.3.13。

尾水调压室破裂破坏主要发育在方位 N80°E ~ S10°E 和 S60°W ~ N30°W，主要位于井身以及 8# 尾水调压室的穹顶下部，影响深度一般为 10 ~ 40cm，局部为 50cm，如图 5.3.14。

图 5.3.7　左岸尾水管检修闸门室下游侧边墙破裂破坏

图 5.3.8　3#尾水调压室井身破裂破坏

5.3.3　左右两岸总结与对比

总的来看，左右两岸地下洞室群围岩破裂破坏具有以下特点：

（1）主副厂房及主变洞破裂破坏主要发生在上游拱肩及下游边墙的各层墙脚部位，其中以下游边墙最为显著，破裂面积最大；尾水管检修闸门室破裂破坏发生在上、下游边墙，下游边墙更为显著；尾水调压室破裂破坏主要发生在井身。

（2）围岩普遍出现近似平行于临空面的破裂面，局部有塌落、掉块发生。破裂破坏发育深度一般为 10～50cm，局部 50～100cm，个别洞室达 2m（左岸主变洞、尾水连接管、右岸尾水管检修闸门室）。

同时，两岸洞室群围岩破裂破坏还存在以下差异：

图 5.3.9　右岸主副厂房下游侧边墙墙脚破裂破坏

图 5.3.10　右岸主副厂房下游侧边墙破裂破坏

（1）左岸厂房上游拱肩围岩破裂相比右岸厂房更为显著，右岸厂房下游边墙围岩破裂相比左岸更为显著，右岸厂房及尾水管检修闸门室下游岩梁破裂缺失的现象较为普遍，而左岸未出现此现象。左岸厂房下游边墙以中下部破裂更为明显，右岸以中上部更为明显。

（2）右岸主变洞及尾水管检修闸门室下游边墙围岩破裂程度显著高于左岸，左岸主变洞下游侧底板出现大面积破裂，而右岸未见。

（3）左岸尾水调压室井身破裂破坏主要发生在 NW 和 SE 方位，右岸主要发生在 N80°E ~ S10°E 和 S60°W ~ N30°W 方位。除井身外，左岸还在底板部位出现破裂破坏，右岸还在 8# 尾水调压室的穹顶部位出现破裂破坏。

图 5.3.11　右岸主副厂房下游侧岩梁缺失

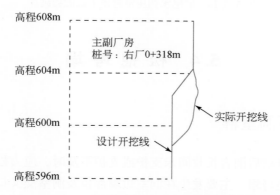

图 5.3.12　右岸主副厂房下游侧岩梁缺失示意图

图 5.3.13　右岸尾水管检修闸门室下游侧边墙破裂破坏

图 5.3.14　8#尾水调压室穹顶下部破裂破坏

5.4　松 弛 垮 塌

5.4.1　左岸地下洞室群

松弛垮塌是由于开挖后围岩长时间未支护或支护不及时，应力松弛造成岩体中原生裂隙不断张开，发生松弛垮塌，主要发生在洞室边墙部位及洞室交叉口边墙部位。左岸厂房典型部位松弛如图 5.4.1，尾水连接管典型部位松弛如图 5.4.2。

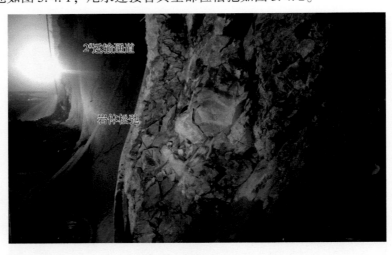

图 5.4.1　左岸主副厂房上游侧边墙围岩松弛

图 5.4.2　5#尾水连接管第二层松弛垮塌

5.4.2　右岸地下洞室群

右岸厂房围岩松弛垮塌主要发生在岩体完整性差、裂隙较发育部位，松弛垮塌是逐渐发展的。如上游拱肩右厂 0+155 ~ 0+159m，高程 614.6m 以上 1.5 ~ 5m 处，裂隙间距 20 ~ 40cm，松弛垮塌深度一般 30 ~ 50cm，如图 5.4.3 所示。右厂 0+70m 处边墙垮塌如图 5.4.4 所示。

图 5.4.3　右岸厂房上游侧拱肩松弛垮塌

右岸尾水管检修闸门室围岩松弛垮塌主要发生在边墙部位的第一、第二类柱状节理玄武岩，以及层间错动带 C_4、C_5 下盘，如图 5.4.5 所示。

图 5.4.4　右岸厂房 0+70m 下游侧边墙松弛垮塌

图 5.4.5　右岸尾水管检修闸门室上游侧边墙第一类柱状节理松弛垮塌

　　总的来看，左右两岸地下洞室群围岩松弛垮塌主要包含两种类型：一种是岩体内节理裂隙较为发育，尤其是柱状节理玄武岩，在开挖卸荷后不断松弛，最终发生垮塌；另一种是在洞室交叉口处，相邻洞室开挖后，围岩松弛不断发展，最终出现垮塌。

5.5　沿结构面塌落

5.5.1　左岸地下洞室群

左岸主副厂房沿缓倾角结构面塌落主要发生在顶拱，其次是受层间错动带 C_2 等缓倾结构面影响的边墙部位。沿 C_2 塌落典型部位如图 5.5.1 所示。

图 5.5.1　左岸主副厂房围岩沿结构面塌落

主变洞顶拱、尾水管检修闸门室、尾水调压室顶拱均见沿缓倾角结构面塌落现象，典型部位塌落如图 5.5.2 所示。

图 5.5.2　尾水调压室穹顶沿缓倾结构面塌落

5.5.2　右岸地下洞室群

右岸地下厂房顶拱、边墙均出现了沿缓倾角结构面塌落破坏。如下游拱肩右厂 0+280 ~ 0+304m 段，沿 RS_{411} 发生大面积塌落，范围长约24m，宽 5 ~ 7m，一般深 2m，最大深度达 3.1m，方量约 120 ~ 150m^3 ［图 5.5.3 （a）］；陡倾角结构面与边墙小角度相交时，在边墙上形成薄片状楔形岩体，顶部缓倾角切割，其下部岩体发生塌落和掉块，如下游边墙右厂 0+17 ~ 0+29m 段 ［图 5.5.3 （b）］。

(a)上游侧拱肩沿RS_{411}塌落　　　　　　　　　　(b)下游侧边墙沿陡倾裂隙塌落

图 5.5.3　右岸主副厂房围岩沿结构面塌落

主变洞上游拱肩沿 C_4 塌落，深 30 ~ 50cm，局部达 80 ~ 100cm（图 5.5.4）。

图 5.5.4　右岸主变洞上游侧拱肩围岩沿 C_4 塌落

尾水管检修闸门室顶拱、尾水调压室穹顶及边墙部位均出现沿缓倾角结构面塌落，塌落深度一般为 20 ~ 40cm，局部达 80 ~ 100cm。

　　总的来看，左右两岸地下洞室群围岩塌落破坏与断层、错动带等大型结构面以及小尺度的节理裂隙等密切相关，塌落主要有以下 4 种形式：①层间、层内错动带、裂隙密集带等在洞室顶拱出露时，导致下盘岩体发生塌落；②层间错动带、断层在洞室边墙出露时，与缓倾及陡倾角裂隙组合切割围岩，导致岩块塌落；③陡倾裂隙与洞室边墙呈小角度相交时，在边墙上切割形成薄片状岩体，导致表层岩体发生塌落；④柱状节理玄武岩在边墙开挖揭露时，柱状节理与缓倾裂隙组合，导致岩块沿柱面塌落。

5.6　块　体　破　坏

　　地下洞室群缓倾角结构面主要为层间、层内错动带，陡倾角结构面主要为 NW 向，其他方向结构面较少，不具有形成较大规模块体的条件，块体稳定问题不突出。

5.6.1　左岸地下洞室群

　　左岸主副厂房开挖后，边墙揭露 13 个小块体，方量为 2 ~ 80m³，主要分布在边墙 $P_2\beta_3^1$ 层第三类柱状节理玄武岩中或洞室交叉口部位，由柱面与陡、缓倾裂隙相互组合或临空面与陡、缓倾裂隙相互组合形成，如第 $Ⅵ_2$ 层上游边墙左厂 $0+198 ~ 0+186m$ 段的块体（图 5.6.1）。

图 5.6.1　主副厂房上游侧边墙块体破坏

　　主变洞、尾水管检修闸门室、尾水调压室在边墙部位见少量的小块体破坏，如 1# 尾水调压室井身高程 616 ~ 619m，方位角 N65°E ~ N75°E 处，块体长度约 4m，高约 3m，深约 0.5m，方量约 6m³。典型块体破坏如图 5.6.2。

图 5.6.2　1#尾水调压室井身局部受柱面控制的块体破坏

5.6.2　右岸地下洞室群

右岸主副厂房开挖后，边墙揭露 3 个小块体，方量为 2～20m³，发生在 $P_2\beta_4^1$ 层第三类柱状节理玄武岩中或洞室交叉口部位，由柱面或开挖面与陡、缓倾裂隙相互组合形成。如第 I 层下游边墙右厂 0+290～0+295m 段发生块体破坏，垮塌长度、高度约 4m，深约 0.5m（图 5.6.3）。

图 5.6.3　右岸主副厂房下游侧边墙块体破坏

主变洞边墙出露 $P_2\beta_4^1$ 层第三类柱状节理玄武岩，柱体大，缓倾裂隙与柱面组合形成块体（图 5.6.4）。

图 5.6.4　右岸主变洞下游侧边墙块体破坏

总的来看，左右两岸地下洞室群块体破坏问题不突出，块体主要在边墙部位出现，其分布多与柱状节理以及陡、缓倾裂隙相关。

5.7　喷护（衬砌）混凝土破裂

左右两岸地下洞室群在系统支护后，局部均出现了不同程度的喷护（衬砌）混凝土破裂现象。在主副厂房的顶拱部位较为典型，两岸厂房均存在这一问题。另外在其他洞室，以及辅助洞室中也有发生。喷护（衬砌）混凝土破裂形式主要有开裂、错台、鼓胀、掉块等。

5.7.1　左岸地下洞室群

左岸地下洞室群各洞室在系统支护后，局部均出现了不同程度的喷护（衬砌）混凝土破裂现象。

1. 主副厂房顶拱喷护混凝土开裂、掉块

左岸主副厂房喷护混凝土破裂主要分布在顶拱上游侧和上游拱肩，部位主要分布在桩号左厂 0−71.6～0+350m 段，沿厂房轴向展布。破坏主要表现为喷护混凝土开裂、掉块（图 5.7.1、图 5.7.2），裂缝宽度一般为 3～6cm，局部最大达 16cm。顶拱上游侧开裂长度约 390m，占厂房总长的 86.3%。喷层开裂主要发生于厂房第Ⅲ层至第Ⅵ2 层开挖期间，之后随着厂房下挖，开裂零星增长。厂房开挖完成后，裂缝未见继续发展。厂房顶拱喷护混凝土开裂、掉块分布见图 5.7.3。

图 5.7.1　左岸主副厂房顶拱喷护混凝土开裂

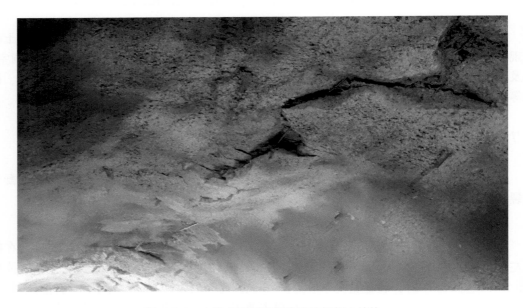

图 5.7.2　左岸主副厂房顶拱喷护混凝土掉块

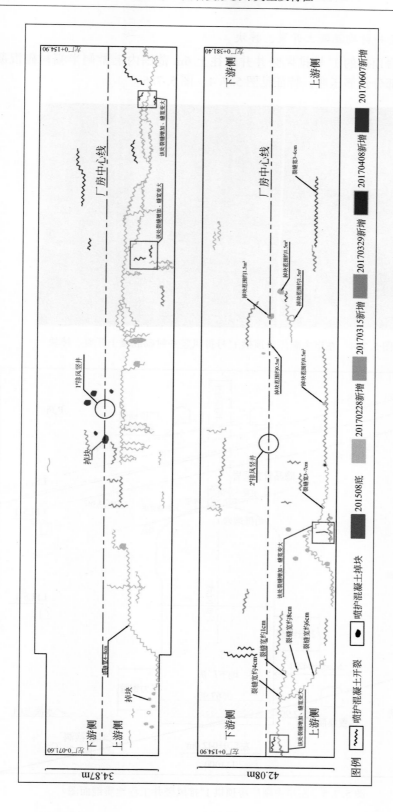

图5.7.3　左岸主副厂房顶拱喷护混凝土开裂分布展开图

2. 1#号排风竖井衬砌混凝土开裂、掉块

左岸主副厂房顶拱的 1#号排风竖井井底往上 6m 范围内上游侧半幅衬砌混凝土有开裂、掉块现象，部分钢筋压弯，特征见图 5.7.4、图 5.7.5。

图 5.7.4　左岸主副厂房顶拱 1#号排风竖井衬砌混凝土开裂、掉块

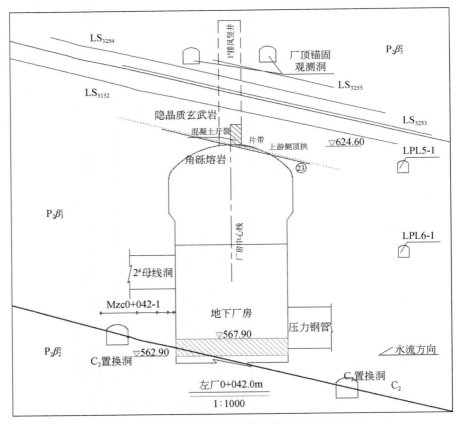

图 5.7.5　左岸主副厂房顶拱 1#排风竖井工程地质剖面图

3. 主副厂房边墙混凝土开裂、鼓胀

左岸主副厂房在上下游边墙与南北两侧端墙转角部位等均出现了喷护混凝土开裂，如下游边墙沿层间错动带 C_2 出露部位出现开裂，如图5.7.6。

图 5.7.6　左岸地下厂房下游边墙沿 C_2 喷护混凝土层开裂

4. 尾水调压室井身喷护混凝土开裂、掉块

$1^\#$～$4^\#$尾水调压室井身开挖期间均出现了不同程度的喷护混凝土开裂现象，主要发生于2017年4月至2018年4月，$1^\#$、$4^\#$尾水调压室较 $2^\#$、$3^\#$尾水调压室破裂范围更广、破坏程度更严重。破坏形式以喷层开裂、掉块为主，局部有鼓胀，典型部位如图5.7.7所示。

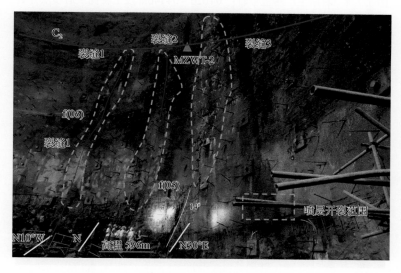

图 5.7.7　$1^\#$尾水调压室井身喷护混凝土破裂

5.7.2　右岸地下洞室群

右岸地下洞室群各洞室在系统支护后，局部均出现了不同程度的喷护（衬砌）混凝土破裂现象。

1. 地下厂房顶拱喷护混凝土开裂、掉块

右岸地下厂房顶拱混凝土破裂主要集中在顶拱上游侧和上游拱肩部位，刚开始是表层掉块（图 5.7.8），然后破裂程度逐渐加深（图 5.7.9、图 5.7.10）。主要分布在右厂 0−075 ~ 0+161m 段，沿厂房轴向展布，裂缝宽度一般为 1 ~ 3cm，局部最大达 6 ~ 10cm。顶拱上游侧开裂长度约 207m，占厂房总长的 46%。厂房开挖完成后，裂缝未见继续发展。厂房顶拱喷护混凝土开裂、掉块分布见图 5.7.11。

图 5.7.8　右岸主厂房桩号右厂 0+020 ~ 0+140m 段上游侧拱肩喷层开裂

图 5.7.9　右岸主厂房桩号右厂 0+100 ~ 0+125m 段上游侧拱肩喷层开裂

图 5.7.10　右岸主厂房顶拱右厂 0-050 ~ 0-043m 喷层掉块

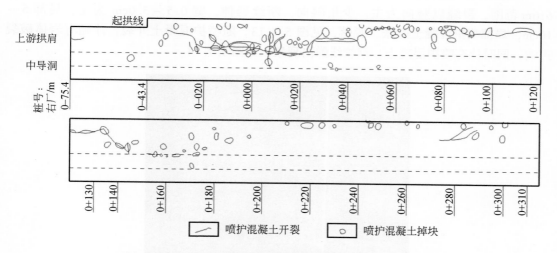

图 5.7.11　右岸主副厂房顶拱喷护混凝土开裂分布展示图

2. 地下厂房边墙混凝土开裂

2017 年 10 ~ 12 月厂房第Ⅶ层开挖期间，副厂房南侧端墙靠近下游边墙部位高程 610m 到 580m 范围出现喷混凝土开裂、外鼓脱开，喷混凝土开裂沿两边墙交界位置自下而上延伸，在高程 580m 转向水平，延伸至厂顶南侧交通洞底脚，之后裂缝向下游边墙扩展，在高程 590m 出现一条水平裂缝，延伸至电缆廊道下部（图 5.7.12）。

3. 尾水调压室喷护混凝土开裂、鼓胀、掉块

穹顶喷护混凝土开裂、脱落现象数量多，规模小，裂缝延伸长度一般 0.5 ~ 3m，脱落面积较小。

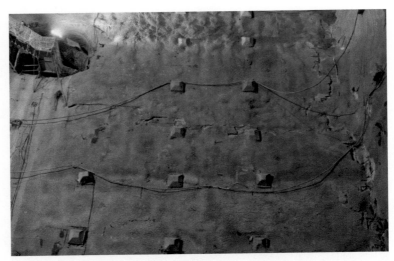

图 5.7.12　副厂房下游边墙喷混凝土开裂向电缆廊道扩展

8#尾水调压室井身喷护混凝土共发育 8 条裂缝：分布在方位 S50°W ~ N 高程 568 ~ 616m 范围，裂缝以竖向为主，少量斜向，断续延伸，宽 0.5 ~ 3.0cm 为主，局部 5 ~ 10cm，局部喷护混凝土鼓胀、脱落，见图 5.7.13。随喷护混凝土开裂，伴随有岩体破裂声响，同时伴有喷护混凝土、钢绞线弹出现象，如图 5.7.14。

图 5.7.13　8#尾调井身方位 W ~ N 高程 590m 以下喷护混凝土开裂、鼓胀、掉块

图 5.7.14　8#尾水调压室井壁锚索钢绞线断裂弹出

5.7.3　左右两岸总结与对比

总的来看，左右两岸地下洞室群喷护混凝土开裂具有以下特点：

（1）发生在主副厂房顶拱的喷层开裂均始于厂房第Ⅲ层开挖期间，而后随开挖不断发展，表现为喷层的开裂和脱落，以及钢筋弯曲外露、锚杆垫板内陷等。裂缝主要分布于顶拱上游侧，以上游拱肩最为密集。

（2）发生在主变洞、尾水管检修闸门室及尾水调压室的喷层开裂现象多与错动带等大型结构面分布有关，裂缝多沿错动带轨迹线分布。母线洞喷层环向开裂在两岸均有出现，裂缝主要分布于距厂房边墙约 20m 范围内。

（3）从发展时长来看，既有开裂随开挖持续不断发展的，如两岸厂房顶拱的喷层开裂，也有开裂之后未见明显变化的，如左岸主变洞、尾闸室顶拱的喷层开裂。

同时，两岸厂房喷护混凝土开裂还存在以下差异：

（1）从开裂长度来看，左岸厂房比右岸更长，左右两岸厂房顶拱喷层开裂长度分别占厂房总长的 86.3%、46%。

（2）两岸厂房顶拱喷层开裂的部位也有所差异，左岸厂房除上游拱肩及顶拱外，在下游拱肩也有少量裂缝分布，而右岸厂房顶拱裂缝较少，下游拱肩几乎无裂缝。

第6章　围岩监测成果及分析

6.1　监　测　布　置

6.1.1　左岸地下洞室群

1. 主副厂房

左岸主副厂房共布置 8 个监测断面，分别位于桩号左厂 0－052m、0－012m、0+018m、0+076m、0+152m、0+229m、0+267m、0+328m，每个监测断面在洞室不同部位布置有多点变位计、锚杆应力计、锚索测力计。施工过程中，为加强监测变形异常及重点关注部位，又增加（或调整）多套多点变位计及锚索测力计。

顶拱处多点变位计为预埋，固定端置于厂顶锚固观测洞内，距厂房顶拱约 27m。每套多点变位计各监测点分别位于厂房顶拱以上 1.5m、3.5m、6.5m、11.0m、17.0m 处，分别监测顶拱顶面以上 1.5 ~ 27.0m、3.5 ~ 27.0m、6.5 ~ 27.0m、11.0 ~ 27.0m、17.0 ~ 27.0m 深度范围内的岩体变形量（此处 27.0m 为多点变位计固定端到顶拱顶面的距离）；岩梁处多点变位计也为预埋（除个别新增外），固定端置于第 5 层排水廊道内，距厂房边墙约 31m；其他各点大部分为即埋，少量为预埋，固定端在各层的排水廊道或施工支洞内。典型监测断面见图 6.1.1。

2. 主变洞

左岸主变洞布置 6 个变形监测断面，每个断面安装 1 ~ 5 套多点变位计，分别监测拱顶、上下游拱脚、上下游边墙围岩变形情况。

3. 尾水管检修闸门室

左岸尾水管检修闸门室布置 5 个变形监测断面，位于桩号 0+081m、0+119m、0+150m、0+246m、0+329m，每个断面安装 1 ~ 3 套多点变位计，共 12 套，分别监测拱顶、上下游拱脚、上下游边墙围岩变形情况。

4. 尾水调压室

左岸尾水调压室布置 4 个监测断面，共布置多点变位计 53 套，其中穹顶布置 16 套多点变位计，井身布置 37 套多点变位计，监测点断面布置见图 6.1.2。

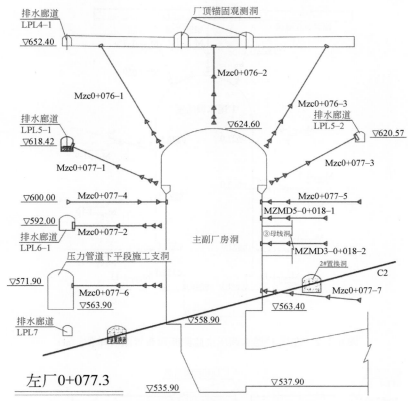

图 6.1.1　左岸主副厂房典型监测断面布置图（单位：m）

6.1.2　右岸地下洞室群

1. 主副厂房

右岸主副厂房共布置 9 个监测断面，分别位于桩号右厂 0-055m、0-020m、0+020m、0+076m、0+133m、0+185m、0+228m、0+281m、0+331m，每个监测断面在洞室不同部位布置有多点变位计、锚杆应力计、锚索测力计。为加强监测 C_4 变形在桩号右厂 0-040m、右厂 0+104m 拱顶处各增设一套多点变位计；厂房小桩号洞段变形突增后，在小桩号段下游边墙增加了多套多点变位计及锚索应力计，其他部位根据需要增加了个别多点变位计。

顶拱处多点变位计为预埋，固定端置于厂顶锚固观测洞内，距厂房顶拱约 27m。每套多点变位计各监测点分别位于厂房顶拱以上 1.5m、3.5m、6.5m、11.0m、17.0m 处，分别监测顶拱顶面以上 1.5~27.0m、3.5~27.0m、6.5~27.0m、11.0~27.0m、17.0~27.0m 深度范围内的岩体变形量（此处 27.0m 为多点变位计固定端到顶拱顶面的距离）；岩梁处多点变位计也为预埋，固定端置于第 5 层排水廊道内，距厂房边墙约 31m；其他各点大部分为即埋，少量为预埋，固定端在各层的排水廊道或施工支洞内。典型监测断面见图 6.1.3。

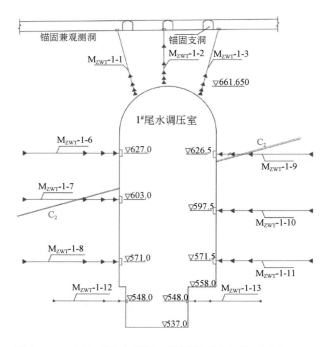

图 6.1.2　左岸 1#尾水调压室监测断面布置图（单位：m）

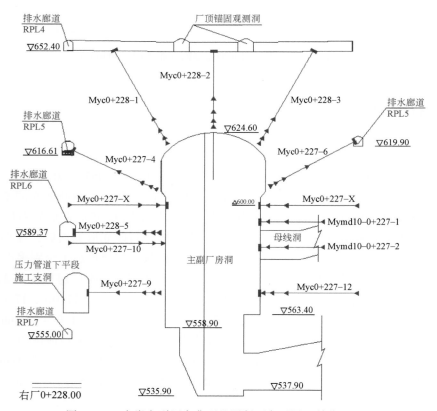

图 6.1.3　右岸主副厂房典型监测断面布置图（单位：m）

2.　主变洞

右岸主变洞布置 7 个监测断面,位于右厂 0-018m、0+018m、0+077m、0+134m、0+229m、0+295m、0+318m(北侧端墙),每个断面安装 2 ~ 5 套多点变位计,分别监测拱顶、上下游拱肩、上下游边墙围岩变形情况。

3.　尾水管检修闸门室

尾水管检修闸门室共布置 10 个变形监测断面,位于桩号 0+016.5m、0+050.97m、0+058m、0+079.45m、0+141m、0+156m、0+185m、0+206m、0+257m、0+313m,每个断面布置 1 ~ 3 套多点变位计,共安装 16 套,分别监测拱顶、上下游拱肩、上下游边墙围岩变形情况。

4.　尾水调压室

左岸尾水调压室布置 4 个监测断面,共布置多点变位计 66 套,其中穹顶布置 15 套多点变位计,井身布置 51 套多点变位计。

6.2　左岸地下洞室群围岩监测成果及分析

本节及第 6.3 小节分别对左右两岸地下洞室群多点变位计监测成果进行分析,总结围岩变形特征及时空演化规律。

6.2.1　主副厂房

6.2.1.1　变形量值

截至 2020 年 1 月,左岸主副厂房顶拱孔深 1.5m 处围岩变形为-2.9 ~ 59.11mm,平均值为 18.02mm,最大变形位于左厂 0+018.4m 上游拱肩处;边墙孔深 1.5m 处围岩变形为 14.71 ~ 107.27mm,平均值为 45.07mm,最大变形位于左厂 0+042.0m 下游边墙处。

厂房顶拱及边墙围岩变形量级统计见图 6.2.1。由图可知,顶拱围岩变形以低于 30mm 的量值为主,其比例为 79%,大于 50mm 的变形仅占 4%,这说明顶拱围岩整体变形量不大。量值为 10 ~ 30mm 的变形占比最多,为 46%。顶拱部位多点变位计的起始监测时间基本都为 2014 年 4 月或 5 月初,较顶拱开挖时间滞后很小,因此可认为顶拱测得的围岩变形值较为准确。相比顶拱,边墙部位的变形值明显更大。30mm 以上的变形占 75%,50mm 以上的变形量占 32%,可见边墙的变形较为明显。

6.2.1.2　变形空间分布

由于地下厂房尺寸规模较大,不同部位、高程以及沿厂房轴线方向变形分布均存在一定差异,并且在沿多点变位计深度方向上,不同部位的变形分布规律也不尽相同。因此对于厂房围岩变形空间分布的分析,可以从厂房不同部位、厂房轴向以及不同围岩深度等方面开展。

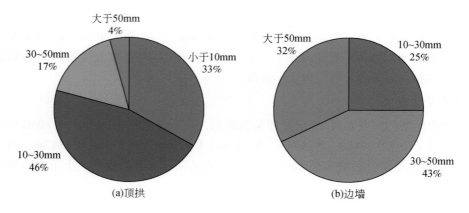

图 6.2.1　左岸主副厂房围岩变形量级分布图

1. 顶拱

厂房顶拱、上游拱肩和下游拱肩在 1.5m 深度测点的变形平均值分别为 18.73mm、21.49mm 和 18.70mm，上游拱肩变形值略大。图 6.2.2 为厂房顶拱、上游拱肩和下游拱肩不同深度测点围岩变形值沿厂房轴线方向的分布曲线。由图 6.2.2（a）可知，厂房顶拱围岩变形整体量级不大，基本不超过 40mm，且随着深度增加，变形呈减小趋势。左厂 0+

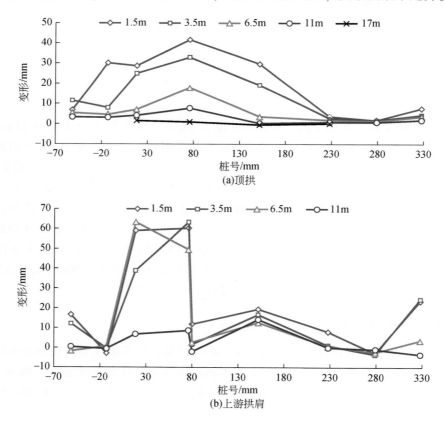

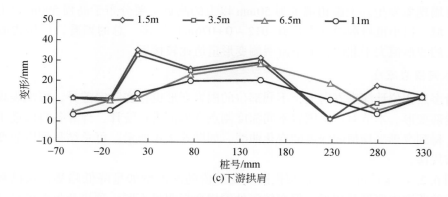

图 6.2.2　左岸厂房顶拱各部位及深度围岩变形分布曲线

200m 以南洞段顶拱变形较大，1.5m 深度测点的平均变形量在 30mm 左右，明显大于北侧的大桩号洞段。在上游拱肩部位，南北两侧洞段变形值的差异更为显著。如图 6.2.2（b）所示，左厂 0+018.4m 和 0+076.0m 上游拱肩高程 616.8m 处围岩变形达到 60mm，而其余洞段基本处于 20mm 以下。相比上游侧，下游拱肩的变形值略小，且沿厂房轴线方向无显著变化趋势，如图 6.2.2（c）所示。沿深度方向来看，顶拱围岩变形基本符合沿深度增加而减小的规律。

2. 边墙

由于边墙高度较大且变形分布不均，因此有必要对边墙不同高程处围岩变形进行分析。图 6.2.3 展示了左岸主副厂房边墙各监测点 1.5m 深度处的围岩变形值。

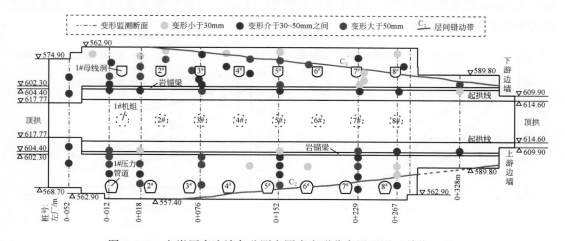

图 6.2.3　左岸厂房边墙各监测点围岩变形分布展开图（单位：m）

由图 6.2.3 可知，厂房上游边墙变形较大处主要在南侧洞段的中上部，下游边墙变形较大处主要位于层间错动带 C_2 附近以及母线洞与边墙交叉口附近。可以看到 C_2 对下游边墙围岩变形影响显著，C_2 揭露部位的测点有不少产生了大变形现象，而上游边墙 C_2 揭露处这一现象并不明显。下游边墙母线洞口处局部变形较大，在开挖过程中这些部位还有围岩破裂、垮塌现象发生。上游边墙变形 50mm 以上的测点主要分布于高程 590m 以上至岩锚梁这一区域，以小桩号洞段（左厂 0-012 ~ 0+076m）居多。总的来看，厂房边墙围岩在南侧洞段的变形值大于北侧，上下游两侧变形量值比较接近。

3. 不同围岩深度

在沿多点变位计深度方向上，不同部位的围岩变形也存在一定差异，可能表现为深部变形或浅部变形。本节对厂房围岩不同深度测点变形值进行统计，计算各自深度下的变形平均值，得到变形平均值随深度的变化曲线，如图 6.2.4 所示，可总结得到围岩变形沿深度的分布规律。

由图 6.2.4（a）可知，厂房顶拱围岩变形值随深度增加呈降低趋势，顶拱与拱肩围岩在较浅的范围内变形量相近，但在较深处围岩变形明显不同。顶拱变形深度较浅，显著变形区域仅限于深度不超过 3.5m 的范围内，当深度超过 6.5m 时，围岩变形值已经很小。相比之下，拱肩围岩变形则更深一些。在孔深 6.5m 处，上游拱肩和下游拱肩的变形值均在 15mm 左右，显著大于顶拱的 5.70mm，而在孔深 11m 处，下游拱肩的变形值为 11.02mm，顶拱仅为 2.80mm。同时可以发现，上、下游两侧拱肩围岩变形沿深度分布规律也有差异。在孔深 6.5m 范围内，二者较为接近，当孔深大于 6.5m 时，下游拱肩的变形值大于上游侧，表明下游拱肩围岩变形深度更大。

如图 6.2.4（b）所示，除上游侧岩锚梁以及下游边墙高程 560 ~ 570mm 两处之外，其余部位围岩变形沿深度变化较为一致。围岩变形值随深度增加不断减少，在深度 5m 范围内，上游岩锚梁围岩变形量与边墙其他部位相近，而在深度 15m 处，其变形值明显更大，达到了 37.32mm，这显著高于边墙其余部位 20mm 左右的变形量值。而下游边墙高程 560 ~ 570mm 处浅部变形较小，孔口变形测值 23.74mm，且愈往深处变形越小，整体的变形水平低于边墙其他部位。

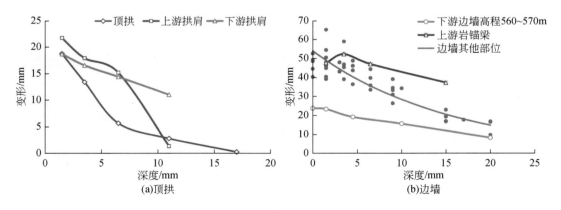

图 6.2.4　左岸主副厂房围岩变形沿深度分布曲线图

6.2.1.3　变形时间演化

地下洞室群开挖时间跨度达 4 年之久。在这个过程中，围岩变形破坏随洞室群分层开挖以及支护不断变化，虽然大多数部位的变形随时间趋于稳定，但也有局部变形持续增长不收敛的现象。本小节基于多点变位计监测结果，对厂房围岩变形时间演化特征进行分析。

由于厂房监测点数量较多、监测时间较长，故可关注顶拱和边墙两大主要部位，并选取关键时间节点，通过沿厂房轴线方向取不同部位在关键时间节点下的变形平均值，得到变形平均值随时间变化曲线，即可分析厂房不同部位变形随时间的演化特性。

依据厂房分层开挖的时间安排，可对顶拱选取 4 个时间节点，分别表征顶拱开挖结束、岩锚梁施工结束、厂房开挖结束和监测截止，对边墙选取 3 个时间节点，分别表征边墙开挖结束、厂房开挖结束和监测截止。各时间节点及其代表意义见表 6.2.1。由于顶拱整体变形量值较小且各部位的量值差异不大，我们的分析更多地关注变形演化情况而非变形量值，故顶拱变形时间演化曲线的纵坐标取某时刻下变形占监测截止时最终变形的百分比，如图 6.2.5 所示。而边墙不同部位变形量值存在差异且不可忽视，因此曲线的纵坐标取变形平均值，如图 6.2.6 所示。

表 6.2.1　左岸主副厂房选取时间节点具体信息

选取时间	2015.3.20	2016.8.16	2017.9.20	2018.6.20	2020.1.1
代表意义	顶拱开挖结束，厂房第 Ⅱ 层开始开挖	岩锚梁施工结束，厂房第 Ⅳ 层开始开挖	厂房第 Ⅶ 层开挖结束，高边墙形成	厂房开挖结束	监测截止日期

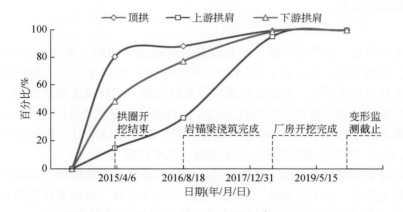

图 6.2.5　左岸厂房顶拱变形占最终变形比例随时间演化图

1. 顶拱

由图 6.2.5 可知，厂房顶拱不同部位围岩变形均随时间增长最终趋于收敛，但变化趋势不尽相同。在开挖后，顶拱变形最为迅速，顶拱开挖结束时，顶拱变形已达到累计变形的 80.43%，而后增长缓慢，逐渐收敛。拱肩变形增长要比顶拱渐进一些。顶拱开挖结束时，下游拱肩变形达到 48.33%，上游拱肩仅为 14.64%，岩锚梁浇筑完成时，下游拱肩已达到 77.14%，上游拱肩为 36.34%。在边墙开挖过程中，上游拱肩围岩变形迅速增长，至厂房开挖完成时与顶拱和下游拱肩几乎达到同一量级，此时顶拱和拱肩变形均已达到累计变形的 95% 以上。在后续监测时段内，顶拱围岩变形基本停止增长。

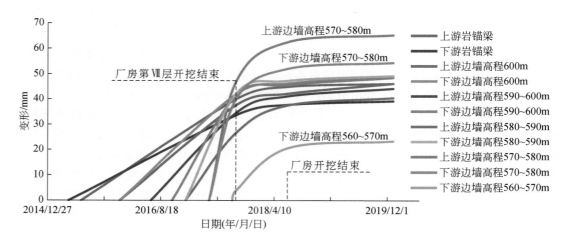

图 6.2.6　左岸厂房边墙不同高程变形随时间演化图

可见，随着厂房分层开挖的持续进行，顶拱各部位呈现出了不同的变形响应特性。顶拱对开挖施工的响应最为迅速，但边墙开挖对其影响较小，围岩变形较早收敛。拱肩部位对整个厂房开挖过程均有明显响应，表现为变形不断增长。下游拱肩变形响应相对迅速，而上游拱肩变形增长相对滞后，在边墙开挖期间才显著增长。当厂房开挖结束之后，顶拱变形也基本达到稳定状态。

2. 边墙

由图 6.2.6 可知，虽边墙各部位的监测起始时间各不相同，像岩锚梁部位自 2015 年已开始监测，边墙上部监测起始于 2016 年，下部开始于 2017 年，但变形时间演化曲线基本都在厂房第Ⅶ层开挖结束、高边墙形成时迎来转折点，变形增速明显放缓，此时边墙所有测点的变形平均值达到累计平均值的 74.2%。自边墙开挖完成至厂房开挖结束这段时间内，边墙各部位的变形−时间曲线均逐渐收敛。当厂房开挖结束时，边墙变形平均值达到累计值的 94.1%，而后边墙变形增长极度缓慢、几乎停滞。

同时，边墙个别部位表现出了略微不同的变形响应特性。边墙中下部高程 570～580m 处变形响应最为迅速，变形速率快，边墙开挖完后仍未收敛，最终累计变形值较大，上游侧累计变形平均值为 65.26mm，下游侧为 54.42mm。下游边墙高程 560～570m 处变形响应不明显，最终累计变形平均值 23.34mm，为边墙所有测点平均值（46.35mm）的一半左右。

6.2.2　其他洞室

1. 主变洞

截至地下洞室群开挖完成（下同），主变洞顶拱围岩变形为 −0.25～14.20mm；上游边墙变形一般为 −2.51～33.25mm，其中左厂 0+018m 高程 612.5m 处 3.0m 深度测点变形为 38.92mm，左厂 0+248m 高程 600.2m 处孔口变形为 56.38mm，为主变洞实测最大变形值；

下游边墙变形为 0.87～33.19mm。主变洞围岩浅层变形大于深部变形，由表及里逐渐减小，整体变形值较小，变形变化平稳，目前已经收敛。

2. 尾水管检修闸门室

尾水管检修闸门室围岩变形为 -0.41～31.18mm，最大变形位于下游边墙 0+081m 高程 648.50m 处孔口，为 31.18mm。尾闸室围岩整体变形值较小，目前均已趋于收敛。

3. 尾水调压室

$1^{\#}$ ～ $4^{\#}$ 尾水调压室穹顶围岩变形大部分小于 7.8mm，有 4 个测点变形大于 13.5mm，最大变形值为 21.6mm，均为 1.5m 深处测点。井身围岩变形大部分小于 19.5mm，有 6 个测点变形大于 20mm，最大值为 53.92mm，均为孔口处测点。目前穹顶及井身围岩变形均已收敛。

6.3　右岸地下洞室群围岩监测成果及分析

6.3.1　主副厂房

6.3.1.1　变形量值

截至 2020 年 1 月，右岸主副厂房顶拱孔深 1.5m 处围岩变形为 -0.68～127.83mm，平均值为 40.07mm，最大变形位于桩号右厂 0+020.4m 顶拱。顶拱所有孔深测点中，右厂 0-040m 顶拱孔深 2.5m 处测值最大，测得变形值为 161.51mm。边墙孔深 1.5m 处围岩变形为 -0.03～178.67mm，平均值为 56.76mm，最大变形位于右厂 0-056.6m 副厂房边墙，同时该仪器 3.5m 孔深处测值为边墙所有孔深测点最大值，达 184.42mm。

厂房顶拱及边墙围岩变形量级统计见图 6.3.1。如图所示，顶拱部位 60% 测点的变形值均在 30mm 以上，这一比例明显高于左岸的 21%。而且相比左岸另一个不同点是，右岸顶拱变形分布更为均匀，各量值范围的变形占比较为接近。边墙方面，右岸与左岸的区别主要体现在 30～50mm 和大于 50mm 这两个量值范围。右岸大于 50mm 的变形占比更大，为 48%，而 30～50mm 的变形仅占 15%，明显低于左岸。可以看到，左岸边墙占比最大的变形量值范围为 30～50mm，而右岸边墙占比最大的为大于 50mm 的变形。

6.3.1.2　变形空间分布

1. 顶拱

厂房顶拱、上游拱肩和下游拱肩 1.5m 深处测点的变形平均值分别为 54.37mm、26.69mm 和 41.09mm。图 6.3.2 为厂房顶拱、上游拱肩和下游拱肩不同深度测点围岩变形值沿厂房轴线方向的分布曲线。由图 6.3.2（a）可知，沿厂房轴向来看，南侧小桩号洞段变形值明显更大，这在顶拱和上、下游拱肩均有体现，在右厂 0-60～0+104.5m 段多处变形超过 50mm，量值较大。而在 12# 机组以北的大桩号洞段，围岩变形基本都在 40mm 以下。

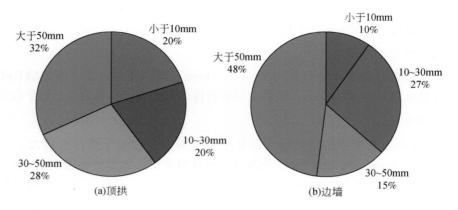

图 6.3.1　右岸主副厂房围岩变形量级分布图

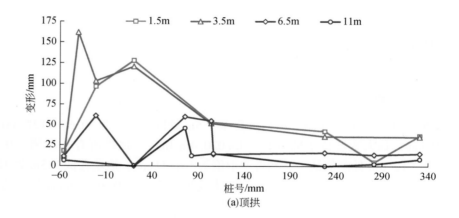

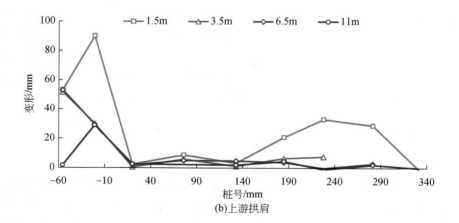

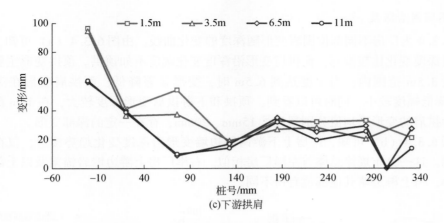

图 6.3.2　右岸厂房顶拱各部位及深度围岩变形分布曲线

2. 边墙

图 6.3.3 展示了右岸主副厂房边墙各监测点 1.5m 深度处的围岩变形值。由图可知，右岸厂房变形值明显大于左岸厂房，变形超过 50mm 的测点分布明显更为广泛。而且右岸厂房上游边墙变形大于下游侧，这在图中大变形测点的分布和变形平均值方面均有所体现。这与左岸厂房有所不同，左岸厂房上下游两侧边墙变形值总体比较接近。经统计，左岸上游边墙变形平均值为 47.29mm，下游边墙为 43.43mm；右岸上游边墙变形平均值为 61.08mm，下游边墙为 51.32mm。从图中还可以看到，上游边墙围岩变形受到了层间错动带 C_3 及缓倾角裂隙密集带 RS_{411} 的影响，$9^\#\sim11^\#$ 机组段附近变形较大，而下游侧这一现象并不显著。下游边墙变形较大处位于南侧小桩号洞段的边墙中上部。

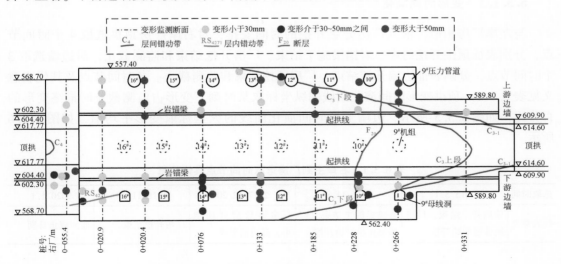

图 6.3.3　右岸厂房边墙各监测点围岩变形分布展开图（单位：m）

3. 不同围岩深度

图 6.3.4 为厂房不同部位围岩变形随深度的变化曲线。由图 6.3.4（a）可知，顶拱围岩变形对深度变化比较敏感，而拱肩变形沿深度变化幅度不如顶拱。顶拱变形主要集中分布于深度 3.5m 范围内，当深度达到 6.5m 时，变形显著降低，而拱肩变形在深度增至 6.5m 时降低幅度较小。同时可以看到，顶拱和下游拱肩变形深度较大，在 11m 深处，顶拱和下游拱肩的变形平均值分别超过了 15mm、20mm，存在一定的深部变形。

由图 6.3.4（b）可知，厂房上下游两侧边墙变形沿深度变化趋势接近，仅在量值上有所差别。这一分布规律总体与左岸厂房相似。右岸厂房上游边墙岩锚梁及以上部位变形整体较小，与上游边墙其他部位有所不同。

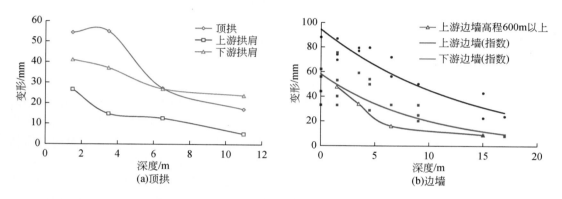

图 6.3.4　右岸厂房围岩变形沿深度分布曲线图

6.3.1.3　变形时间演化

与左岸厂房相似，依据厂房分层开挖的时间安排，对右岸厂房顶拱选取 4 个时间节点，分别表征顶拱开挖结束、岩锚梁施工结束、厂房开挖结束和监测截止，对边墙选取 3 个时间节点，分别表征边墙开挖结束、厂房开挖结束和监测截止。各时间节点及其代表意义见表 6.3.1。顶拱变形时间演化曲线的纵坐标取某时刻下变形占监测截止时最终变形的百分比，如图 6.3.5 所示。边墙变形时间演化曲线的纵坐标取变形平均值，如图 6.3.6 所示。

表 6.3.1　右岸主副厂房选取时间节点具体信息

选取时间	2015.5.1	2016.11.8	2017.12.20	2018.11.30	2020.1.1
代表意义	顶拱开挖结束，厂房第Ⅱ层开始开挖	岩锚梁施工结束，厂房第Ⅳ层开始开挖	厂房第Ⅶ层开挖结束，高边墙形成	厂房开挖结束	监测截止日期

1. 顶拱

由图 6.3.5 可知，右岸厂房顶拱和上、下游拱肩变形增长趋势较为相似，这与左岸厂房显著不同。上游拱肩在顶拱开挖期间增速略大，顶拱开挖结束后增速放缓，至岩锚梁浇

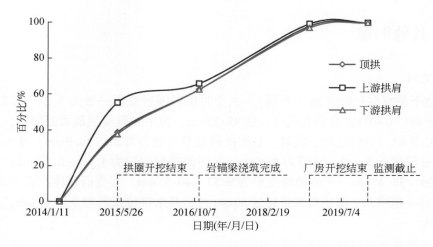

图 6.3.5　右岸厂房顶拱变形占最终变形比例随时间演化图

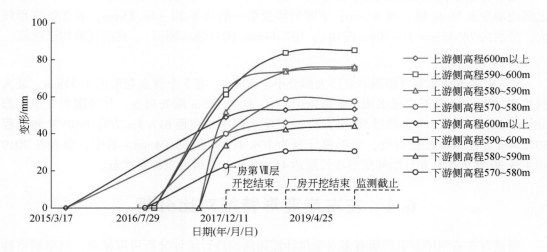

图 6.3.6　右岸厂房边墙不同高程变形随时间演化图

筑完成时，顶拱及拱肩变形均达到累计变形的 60% 左右。在之后的边墙开挖期间，顶拱及拱肩变形均呈现出显著的随时间增长趋势，表现出明显的时间效应。在厂房开挖完成后，顶拱及拱肩变形几乎同步收敛，而后变形增长基本停止。可以看出，厂房顶拱围岩变形增长几乎贯穿了整个厂房开挖过程。

2. 边墙

由图 6.3.6 可知，部分高程处的变形–时间曲线都在厂房第Ⅶ层开挖结束、高边墙形成时迎来转折点，变形增速放缓，而有些部位在此之后变形并未收敛，仍保持较为明显的增长，例如上游边墙 570 ~ 590m 高程范围，以及下游边墙 590 ~ 600m 高程范围。在厂房开挖结束时，边墙各部位变形趋于收敛，此时边墙变形平均值达到累计平均值的 97.3%，而后变形增长几乎停滞。

6.3.2　其他洞室

1. 主变洞

截至地下洞室群开挖完成（下同），主变洞顶拱围岩变形一般为 1.24～7.21mm，最大变形位于右厂 0+018m 监测孔孔口，达 95.28mm，为主变洞实测最大变形值，主要受层间错动带 C_4 影响，目前已趋于收敛。上游拱肩变形一般为 7.21～20.9mm，最大变形位于右厂 0+18m 深度 1.5m 处，变形为 83.00mm；下游拱肩变形为 1.18～6.57mm；上游边墙变形为 4.39～38.45mm，下游边墙变形为 9.57～40.55mm。主变洞整体围岩变形值较小，除右厂 0+18m 顶拱及上游拱肩变形超过 80mm 外，其余部位变形均小于 41mm，且变形目前均已收敛。

2. 尾水管检修闸门室

尾水管检修闸门室顶拱围岩变形为 -6.21～61.87mm，最大变形位于 0+257m 断面。上游边墙变形为 -6.18～39.82mm；下游边墙变形一般为 1.20～46.83mm，有 2 处变形较大，分别为 78.35mm（0+206m 断面）、107.44mm（0+058m 断面）。目前变形均已收敛。

3. 尾水调压室

$5^\#$～$8^\#$ 尾水调压室穹顶围岩变形大部分小于 30mm，有 3 个测点变形大于 32mm，最大值为 53.37mm（位于 $6^\#$ 尾水调压室穹顶中心），均为 1.5m 深处测点。井身围岩变形大部分小于 30mm，有 2 个点超过 50mm，位于 $8^\#$ 尾水调压室高程 617.8m 方位 N60°W 和高程 607.74m 方位 S60°E 孔口处，变形值分别为 104.41mm 和 53.04mm。其中，前者在 2019 年 4 月 30 日至 5 月 6 日期间变形增长量达 41.92mm，之后处于稳定状态。

6.4　左右岸变形特征对比分析

通过对左右两岸洞室群所有多点变位计监测曲线进行统计分析可以发现，两岸洞室群围岩变形均呈现出台阶状增长的特点，这符合地下厂房分层开挖围岩变形演化的一般规律，但区别在于，右岸洞室群围岩变形的时间效应更为显著。在刚开挖后的一段时间内，两岸洞室群围岩变形均呈台阶状增长，变形增长与分层开挖过程息息相关。对于左岸测点及右岸部分测点来说，随着开挖面远离以及支护措施起效，台阶状逐渐不明显，变形曲线趋于收敛，典型曲线如图 6.4.1 所示。但右岸的部分测点并非如此，当开挖结束后的数月甚至数年之后，围岩变形仍在增长，有的表现为突增，如下文 8.3 小节所述的小桩号洞段大变形现象，也有的表现为随时间缓慢增长。这是两岸围岩变形演化特性中最显著的差异之一，也是由于这个原因，右岸洞室群围岩变形整体量值较左岸更大。

综上所述，左右两岸地下厂房围岩变形存在以下共性：

（1）厂房顶拱变形整体量值小于边墙。两岸厂房顶拱变形值均以南侧小桩号洞段较大，边墙变形以中上部高程较大，且两岸厂房边墙变形均受到了层间错动带等大型地质构造的影响。

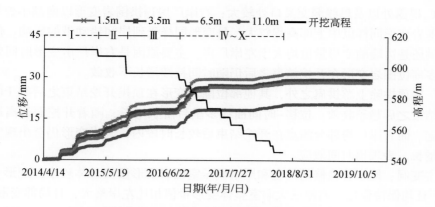

图 6.4.1　左岸主副厂房围岩典型位移–时间曲线

（2）两岸厂房围岩变形均呈随深度增大而减小的趋势，边墙不同高程处的变形沿深度方向上的变化趋势总体较为相似。

（3）两岸厂房顶拱局部围岩变形在边墙开挖期间仍保持增长。边墙开挖结束时，两岸厂房边墙变形增速总体均放缓，厂房开挖结束时趋于收敛。

同时，两岸厂房围岩变形还存在以下差异：

（1）右岸厂房顶拱及边墙围岩变形量值明显大于左岸厂房，在平均值及最大值方面均有体现。右岸厂房顶拱变形平均值超过左岸平均值的两倍，主要是顶拱及下游拱肩变形明显大于左岸厂房。左岸厂房边墙孔深 1.5m 测点中，变形介于 30～50mm 的点占比近一半，而右岸中变形大于 50mm 的测点占比近一半。同时，右岸厂房上、下游边墙变形差值也大于左岸厂房。

（2）两岸厂房顶拱围岩变形演化特性显著不同，右岸厂房顶拱变形的时间效应更为明显。左岸厂房顶拱变形大多发生在岩锚梁浇筑完成之前，顶拱（除上游拱肩外）变形在边墙开挖期间逐渐收敛，而右岸厂房顶拱变形呈现出显著的随时间增长趋势，变形增长几乎贯穿了整个厂房开挖过程。

（3）左岸厂房边墙以高程 570～580m 范围变形较大，而右岸厂房边墙以 590～600m 高程范围变形较大。右岸厂房边墙一些部位在边墙开挖结束后变形并未收敛，仍保持较为明显的增长，表现出时间效应。

6.5　本 章 小 结

本章基于白鹤滩地下洞室群多点变位计监测成果，对围岩变形量值、空间分布及演化发展规律进行了分析总结。

截至 2020 年 1 月，左岸地下厂房顶拱部位 1.5m 孔深测点围岩变形平均值为 18.02mm，边墙部位为 45.07mm；右岸地下厂房顶拱围岩变形平均值为 40.07mm，边墙为 56.76mm。考虑到厂房的高地应力赋存环境，变形量值总体属合理范围，仅局部存在大变形现象。左岸厂房南侧洞段顶拱围岩变形相比北侧较大，边墙围岩变形以中上部高程、层

间错动带 C_2 揭露处以及母线洞交叉口处较大；右岸厂房顶拱围岩变形以南侧小桩号洞段较大，边墙围岩变形同样以中上部高程较大，且变形同样受到层间错动带的影响。但右岸厂房无论顶拱还是边墙的变形量值均大于左岸厂房，主要原因是右岸厂房变形时间效应更为显著，许多部位围岩变形在开挖结束之后仍随时间持续增长不收敛。

左岸厂房顶拱除上游拱肩之外，其他部位围岩变形在顶拱开挖结束之后趋于收敛，边墙在开挖结束之后趋于收敛，位移-时间曲线多呈台阶状增长，随着开挖面远离逐渐收敛并保持稳定。而右岸厂房部分测点在开挖结束后较长时段内，围岩变形仍会出现突增或随时间缓慢增长，表现出时间效应。

左岸主变洞、尾水管检修闸门室和尾水调压室围岩变形量值总体较小，变形一般不超过 40mm，且均保持稳定。右岸三大洞室整体变形量值相比左岸略大，且局部变形值较大，主变洞顶拱有两处变形超过 80mm，尾水管检修闸门室两处变形超过 70mm，8#尾水调压室井身出现大变形，除此之外围岩变形一般不超过 50mm，目前变形均已稳定。

第7章 地下洞室群围岩变形破坏机理研究

7.1 概　　述

白鹤滩水电站巨型地下洞室群规模庞大、空间结构复杂，施工周期长，开挖扰动持久显著；初始地应力量值高，地质条件复杂。这些因素导致洞室群开挖期间围岩变形破坏及稳定性问题十分突出。本章将对这些变形破坏问题的形成机理展开研究。首先通过数值模拟手段，对左右两岸地下洞室群分层开挖过程进行模拟计算，分析施工期间围岩应力、变形及破坏区的分布及变化特征，揭示围岩变形破坏随开挖的时空演化规律。基于数值分析结果，以及前文现场调查及监测成果，对地下洞室群出现的典型围岩变形破坏类型的形成机理进行深入分析，探讨地应力条件、地质构造、开挖支护等多方面因素对变形破坏的影响，同时对于左右两岸洞室群变形破坏机理方面的差异进行对比分析。

7.2 围岩变形破坏数值分析

采用 ANSYS 有限元数值计算方法分别对左右两岸地下洞室群开挖支护过程进行模拟分析。本节对有限元数值建模与模型参数，以及两岸洞室群数值分析结果进行介绍。

7.2.1 数值模型与参数

7.2.1.1 计算模型构建

1. 左岸地下洞室群

结合地下洞室群设计资料及工程地质资料，利用 Rhino 软件对左岸地下洞室群及围岩地质结构进行了模型构建。一般来说，地下洞室开挖后围岩应力发生调整的范围不超过 3 倍洞径，数值模拟的模型尺寸一般为 5~10 倍洞径。综合考虑计算精度及效率要求，以及模型包含的主要地质构造，本三维数值模型的尺寸范围为沿厂房轴线方向上长为 600m，水平向垂直于轴线方向上宽为 600m，铅直方向上高为 600m（高程 292~892m）。数值模型共含 742701 个节点、1487340 个单元。模型采用的单元类型为六面体 SOLID185 单元。基于地下洞室群区域地质资料，模型主要考虑了断层 f_{719}、f_{720}、f_{721}、层间错动带 C_2、层内错动带 LS_{3152} 等地质构造。有限元数值模型如图 7.2.1 所示。该模型较为全面地包含了地下洞室群区域主要地质构造，考虑了多种复杂岩性，能够较为真实地反映该区域的复杂地质环境。模型边界均为固定边界，模型采用的初始地应力场为第 4 章反演分析得到的结果。

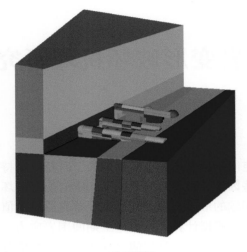

(a)整体模型

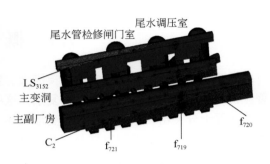

(b)主要洞室及结构面

(c)洞室群侧视图

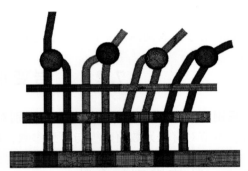

(d)洞室群俯视图

图 7.2.1　左岸地下洞室群数值计算模型

依据地下洞室群分层开挖方案，开挖模拟自上而下逐层进行，厂房底板高程 563.4m 以上共分 7 层开挖，每层开挖高度为 4.1 ~ 13.6m。计算采用 Mohr-Coulomb 弹塑性本构模型。由于洞室群岩体性质复杂，因此模型中围岩的力学参数由反演计算得到，见第 7.2.1.2 小节。围岩及结构面的力学参数取值范围由现场试验结果确定，围岩力学参数建议值见表 7.2.1，主要地质构造力学参数取值见表 7.2.2。

表 7.2.1　地下洞室群围岩物理力学参数建议值

地质特征	围岩类别	容重/(kN/m³)	变形模量/GPa	弹性模量/GPa	泊松比	弹性抗力系数/(MPa/cm)	抗剪断强度	
							f'	c'/MPa
微新、无卸荷状态，整体状结构或块状结构玄武岩	Ⅱ	28	14 ~ 20	20 ~ 30	0.22 ~ 0.24	70 ~ 90	1.2 ~ 1.4	1.3 ~ 1.5

续表

地质特征	围岩类别	容重/(kN/m³)	变形模量/GPa	弹性模量/GPa	泊松比	弹性抗力系数/(MPa/cm)	抗剪断强度	
							f'	c'/MPa
微新、次块状结构；弱风化下断，块状或次块状结构；第一类柱状节理玄武岩，微新无卸荷状态	III₁	27~28	9~12	13~18	0.24~0.26	50~70	1.0~1.2	1.0~1.2
块裂结构；弱风化上段块状或次块状结构	III₂	26	7~10	10~15	0.26~0.28	30~50	0.90~1.0	0.75~0.80
弱风化上段，强卸荷，块裂、碎裂结构；构造影响带	IV	25	2~4	3~6	0.30~0.32	10~30	0.55~0.80	0.40~0.60

表 7.2.2　左岸地下洞室群结构面物理力学参数采用值

构造类型	编号	变形模量/GPa	抗剪断强度	
			f'	c'/MPa
层间错动带	C₂	0.12	0.25	0.04
层内错动带	LS₃₁₅₂	0.30	0.50	0.10
	LS₃₂₅₃	0.30	0.50	0.10
	LS₃₂₅₄	0.25	0.46	0.15
	LS₃₂₅₅	0.30	0.50	0.10
	LS₃₂₅₆	0.25	0.50	0.17
断层	f₇₂₀	0.30	0.50	0.10
	f₇₂₁	0.30	0.50	0.10
长大裂隙	T	0.30	0.50	0.17

2. 右岸地下洞室群

结合地下洞室群设计资料及工程地质资料，利用 Rhino 软件对右岸地下洞室群及围岩地质结构进行了模型构建。一般来说，地下洞室开挖后围岩应力发生调整的范围不超过 3 倍洞径，数值模拟的模型尺寸一般为 5~10 倍洞径。综合考虑计算精度及效率要求，以及模型包含的主要地质构造，本三维数值模型的尺寸范围为沿厂房轴线方向上长为 600m，水平向垂直于轴线方向上宽为 800m，铅直方向上高为 800m（高程 80~880m）。数值模型共含 509541 个节点、962343 个单元。模型采用的单元类型为六面体 SOLID185 单元。基于地下洞室群区域地质资料，模型主要考虑了层间错动带 C₃ 上、下段、C₃₋₁、C₄ 以及对右岸厂区影响较大的断层 F₁₆、F₂₀ 等主要地质构造。有限元数值模型如图 7.2.2 所示。该模型较为全面地包含了地下洞室群区域主要地质构造，考虑了多种复杂岩性，能够较为真实地反映该区域的复杂地质环境。模型边界均为固定边界，模型采用的初始地应力场为第 4 章反演分析得到的结果。

依据地下洞室群分层开挖方案，开挖模拟自上而下逐层进行，厂房底板高程 563.4m 以上共分 7 层开挖，每层开挖高度为 4.1~13.6m。计算采用 Mohr-Coulomb 弹塑性本构模型。由于洞室群岩体性质复杂，因此模型中围岩的力学参数由反演计算得到，见第 7.2.1.2 小节。围岩及结构面的力学参数建议取值范围由现场试验结果确定，围岩力学参数建议值见表 7.2.1，主要地质构造力学参数取值见表 7.2.3。

表 7.2.3　右岸地下洞室群结构面物理力学参数采用值

构造类型	编号	变形模量 /GPa	抗剪断强度	
			f'	c'/MPa
层间错动带	C_3 上段	2	0.6	0.4
	C_3 下段	0.18	0.28	0.04
	C_{3-1}	2	0.55	0.1
	C_4	0.13	0.25	0.03
断层	F_{16}	0.7	0.75	0.25
	F_{20}	0.25	0.5	0.15

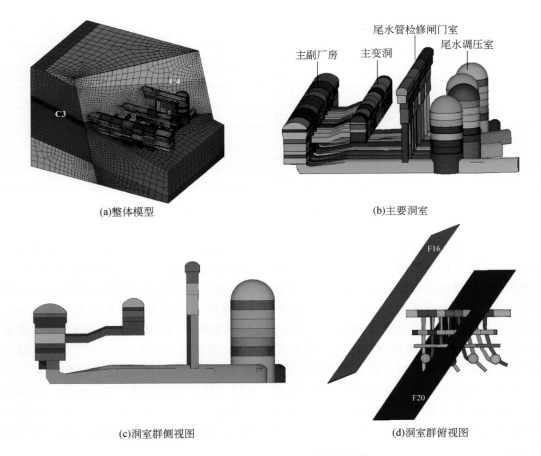

(a)整体模型

(b)主要洞室

(c)洞室群侧视图

(d)洞室群俯视图

图 7.2.2　右岸地下洞室群数值计算模型

3. 支护措施模拟

地下洞室群围岩经系统喷锚支护后，围岩与支护结构会产生协调变形，当岩体向临空面变形时，锚杆（索）产生反向锁固力作用于岩体，从而表现为锚固效应。总的来看，锚固后围岩的变形及强度参数均有所提高。因此，为兼顾计算精度及效率要求，地下洞室群围岩支护的数值模拟可通过岩体力学参数强化来实现。

系统支护对锚固区围岩力学参数的强化作用可由下式表示：

$$\left.\begin{array}{l} E^* = \dfrac{E_b \pi r_b^2 + E(s_l s_r - \pi r_b^2)}{s_l s_r} \\[3mm] \varphi^* = \sin^{-1}\left[\dfrac{(1+\sin\varphi)\alpha + 2\sin\varphi}{(1+\sin\varphi)\alpha + 2}\right] \\[3mm] c^* = \dfrac{c(1+\alpha)(1-\sin\varphi^*)\cos\varphi}{(1+\sin\varphi)\cos\varphi^*} \end{array}\right\} \qquad (7.2.1)$$

式中：E^*，φ^* 和 c^* 分别为系统支护后的等效岩石弹性模量、内摩擦角和黏聚力；E，φ 和 c 为未支护的岩体力学参数；E_b 为锚杆的弹性模量；r_b 为锚杆半径；s_l 和 s_r 分别为锚杆的轴向排距和环向间距；α 为锚杆密度因子，其可由下式进行计算：

$$\alpha = \frac{2\pi r_b \, \eta_b}{s_l s_r} \qquad (7.2.2)$$

式中：η_b 为锚杆和岩石之间的摩阻系数，其与锚杆表面的粗糙程度有关。使用非螺纹锚杆时，取 $\eta_b = \tan(\varphi/2)$；使用螺纹锚杆时，取 $\eta_b = \tan\varphi$。

本次数值模拟中采用的支护参数与实际支护方案保持一致。系统支护的时机设置为在厂房各层开挖结束后立即进行支护。

7.2.1.2　围岩力学参数反演

在地下洞室围岩稳定数值分析过程中，岩体力学参数取值的合理性直接关系到整个计算分析结果的准确性。由于白鹤滩地下洞室群岩体工程地质条件复杂，因此在本数值模拟过程中，围岩力学参数通过基于现场实测变形反演计算来确定，以确保参数选取的合理性。在本数值模拟中，变形模量对于围岩变形及塑性区范围影响较大，泊松比与其他力学参数影响相对较小，因此力学参数反演仅针对变形模量进行，其他参数取值采用现场试验得到的建议值。本节基于多点变位计量测得的围岩变形，开展变形反演分析，运用 BP 神经网络算法确定两岸地下洞室群围岩力学参数。

1. 左岸地下洞室群

结合工程地质资料，本次正交试验含有 3 个因素、3 个水平，若进行全面试验则有 27 次试验，工作量较大。因此本次参数设计中采用正交设计方法从全部 27 组试验中合理选出 9 组试验，开展本次分析工作，具体设计如表 7.2.4。

将表中 9 组试验因素分别导入有限元模型进行模拟计算，并提取各试验方案中相应监测点处围岩变形值，各监测点位置如图 7.2.3（a）所示。其中 A、B 点位于端墙表面，其余点位于洞壁围岩表面。

表7.2.4　试验因素正交设计表

试验号	II类围岩变形模量/GPa	III₁类围岩变形模量/GPa	IV类围岩变形模量/GPa
1	13	11	4
2	14	11	5
3	15	11	6
4	13	12	5
5	14	12	6
6	15	12	4
7	13	13	6
8	14	13	4
9	15	13	5

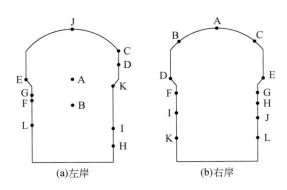

图7.2.3　地下厂房围岩监测点选取

　　然后将有限元数值计算得到的监测点变形值导入 BP 神经网络计算程序中进行求解。其中，变形值作为输入层，该组所对应 3 种围岩的变形模量作为输出样本。通过计算，得到地下洞室群围岩弹性模量反演值，如表7.2.5所示。

表7.2.5　左岸地下洞室群围岩变形模量反演结果

围岩类别	II	III₁	IV
反分析值/GPa	19.0000	15.0000	5.0000

　　图7.2.4 为基于反演参数计算得到地下洞室群各测点围岩变形值与现场实测值的对比。可以看到，各测点变形的计算值和实测值总体比较接近。其中测点 J 最为吻合，计算值和实测值的相对误差为 1.8%；而测点 A 处相对误差最大，实测值较计算值大 32% 左右，这可能与该测点附近受地质构造影响有关。总体而言，本次基于反演参数计算的围岩变形与现场实测所反映出的变化趋势基本相同，量值也比较接近，实测值和计算值的相关系数为 0.957，说明本次反演所获得的围岩力学参数合理。

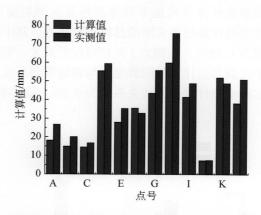

图 7.2.4　基于反演参数计算得到的左岸围岩变形值与现场实测值对比

2. 右岸地下洞室群

本次试验含有 3 个因素、3 个水平，采用正交设计方法从全面试验的 27 组中合理选出 9 组试验，开展本次分析工作，具体设计如表 7.2.6。

表 7.2.6　试验因素正交设计表

试验号	Ⅲ₁类围岩 变形模量/GPa	Ⅲ₂类围岩 变形模量/GPa	Ⅳ类围岩 变形模量/GPa
1	18	14	4
2	18	15	5
3	18	16	6
4	19	14	5
5	19	15	6
6	19	16	4
7	20	14	6
8	20	15	4
9	20	16	5

将表中 9 组试验因素分别导入有限元模型进行模拟计算，并提取各试验方案中相应监测点处围岩变形值，各监测点位置如图 7.2.3（b）所示。再将有限元数值计算得到的监测点变形值导入 BP 神经网络计算程序中进行求解。通过计算，得到地下洞室群围岩变形模量反演值，如表 7.2.7 所示。

表 7.2.7　右岸地下洞室群围岩变形模量反演结果

围岩类别	Ⅲ₁	Ⅲ₂	Ⅳ
反分析值/GPa	14.5124	13.2543	5.4719

　　图 7.2.5 为基于反演参数计算得到地下洞室群各测点围岩变形值与现场实测值的对比。可以看到，各测点变形的计算值和实测值总体比较接近。其中测点 K 最为吻合，计算值和实测值的相对误差仅为 1.15%；而测点 J 处相对误差最大，实测值较计算值大 18% 左右。总体而言，本次基于反演参数计算的围岩变形与现场实测所反映出的变化趋势基本相同，量值也比较接近，实测值和计算值的相关系数为 0.96，说明本次反演所获得的围岩力学参数合理可靠。

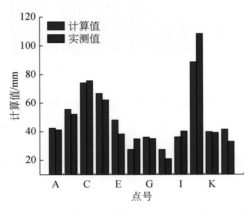

图 7.2.5　基于反演参数计算得到的右岸围岩变形值与现场实测值对比

7.2.2　左岸地下洞室群围岩数值分析成果

　　本节及第 7.2.3 节分别对左右两岸地下洞室群数值模拟结果进行介绍，分析围岩应力、变形和塑性区分布特征，以及随洞室群开挖的演化发展规律。

7.2.2.1　围岩第一主应力

　　本节至第 7.2.2.5 小节均为考虑支护措施工况下的数值分析结果。

　　本节及第 7.2.2.2 小节选取 4# 机组中心线作横断面（左厂 0+114m），分析地下洞室群围岩第一、第三主应力的分布及变化特征。图 7.2.6 为厂房分层开挖期间 4# 机组中心线断面围岩第一主应力分布云图（压应力为正，拉应力为负）。

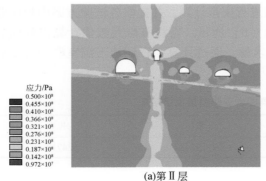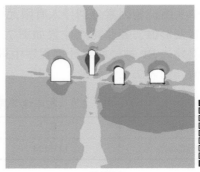

(a)第Ⅱ层　　　　　　　　　　　　　(b)第Ⅳ层

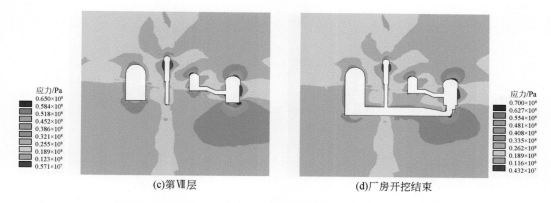

应力/Pa
0.650×10⁸
0.584×10⁸
0.518×10⁸
0.452×10⁸
0.386×10⁸
0.321×10⁸
0.255×10⁸
0.189×10⁸
0.123×10⁸
0.571×10⁷

(c)第Ⅶ层

应力/Pa
0.700×10⁸
0.627×10⁸
0.554×10⁸
0.481×10⁸
0.408×10⁸
0.335×10⁸
0.262×10⁸
0.189×10⁸
0.116×10⁸
0.432×10⁷

(d)厂房开挖结束

图 7.2.6　厂房各层开挖左厂 0+114m 断面围岩第一主应力分布图

由图可知，在顶拱第Ⅰ层开挖期间，厂房、主变洞和尾水调压室的顶拱（穹顶）和墙脚部位出现了压应力集中现象。厂房顶拱压应力集中偏上游侧，最大压应力量值约为 38～41.5MPa，主变洞和尾水调压室顶拱（穹顶）的最大压应力约为 37～42MPa。第Ⅱ层开挖后，三大洞室顶拱压应力量值有所增大，厂房顶拱上游侧最大压应力约 38～44MPa［图 7.2.6（a）中蓝色区域］。而后在第Ⅲ～Ⅶ层边墙开挖期间，厂房顶拱应力集中不断加剧，主变洞在开挖结束后无明显变化，尾水管检修闸门室和尾水调压室变化不明显。随着边墙逐层下挖，厂房顶拱应力集中区范围不断扩大，最大压应力量值也在增大。厂房第Ⅶ层开挖结束后，上游拱肩最大压应力达到 58～63MPa，厂房开挖结束后为 62～66MPa。另外在厂房下挖过程中，厂房边墙的墙脚以及底板、机坑等部位也存在压应力集中，且主变洞开挖过程中边墙墙脚也存在压应力集中现象。尾水管检修闸门室和尾水调压室也存在压应力集中，但程度相比厂房较低。

由上述分析可知，四大洞室在开挖过程中均出现了不同程度的压应力集中现象，主要位于顶拱（穹顶）及边墙墙脚部位。主副厂房相对比较明显，压应力集中位于顶拱偏上游侧及上游拱肩，最大压应力为 38～41.5MPa。由第 3 章岩石室内试验结果可知，白鹤滩隐晶质玄武岩的起裂强度约为 34MPa，显然厂房顶拱的压应力已达到或超过玄武岩的起裂强度，围岩具有发生片帮和破裂破坏的风险，主变洞、尾水管检修闸门室和尾水调压室的顶拱（穹顶）也会出现此类破坏现象。值得注意的是，厂房顶拱的应力集中会随着逐层下挖不断加剧，最大压应力量值从开挖初期的 40MPa 左右增至 60MPa 以上。这表明厂房顶拱围岩即使经系统支护，存在一定围压，但在后续开挖过程中在高压应力的作用下仍有可能发生破裂破坏，导致喷层开裂等破坏问题。各洞室边墙墙脚在开挖期间也存在压应力集中，导致围岩出现破裂破坏。

7.2.2.2　围岩第三主应力

图 7.2.7 为厂房分层开挖期间 4# 机组中心线断面围岩第三主应力分布云图（压应力为正，拉应力为负）。

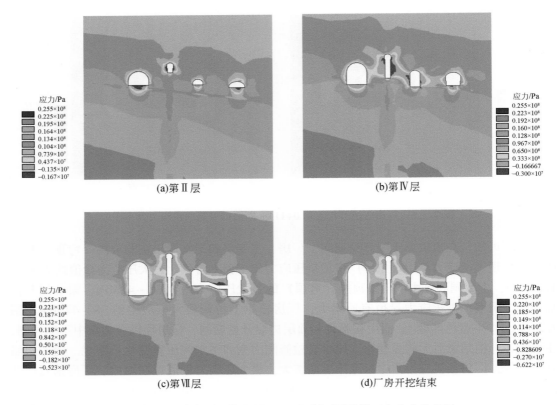

(a)第Ⅱ层　　　　　　　　　　　　(b)第Ⅳ层

(c)第Ⅶ层　　　　　　　　　　　　(d)厂房开挖结束

图 7.2.7　厂房各层开挖左厂 0+114m 断面围岩第三主应力分布图

由图可知，洞室开挖后围岩卸荷显著。在开挖初期，各洞室的底板卸荷比较明显，局部出现拉应力，在高边墙成型后，边墙卸荷更为显著。尾水管检修闸门室由于边墙下挖速度较快，边墙卸荷尤为明显。厂房开挖至第Ⅳ层时，主变洞及尾水管检修闸门室边墙局部出现拉应力，量值约为 0.3MPa［图 7.2.7（b）中红色区域］。厂房开挖至第Ⅴ层，高边墙成型后，边墙围岩大范围卸荷，影响深度超过 10m。同时下游边墙与母线洞交叉处出现拉应力，量值约 0.3MPa，在后续开挖阶段逐渐增长至 0.6MPa。尾水调压室相比厂房、主变洞等长廊形洞室，卸荷程度相对较低。高边墙卸荷将会导致围岩大变形、破裂等，威胁边墙稳定，母线洞拉应力的出现导致环向开裂。

7.2.2.3　围岩变形分布

本节选取典型断面对地下洞室群围岩变形随开挖的演化发展过程进行分析。厂房南侧洞段顶拱上部发育有多条层内错动带，顶拱围岩稳定性值得关注，故选取较有代表性的 1# 机组中心线（左厂 0+0m）断面对围岩变形进行分析。图 7.2.8 为厂房分层开挖期间左厂 0+0m 断面围岩位移分布云图。

由图可知，厂房顶拱开挖后，顶拱围岩下沉变形，上游拱肩围岩变形略大于下游拱肩，前者为 10~13mm，后者为 8.6~12mm。底板围岩上抬变形显著，约为 15mm。而后

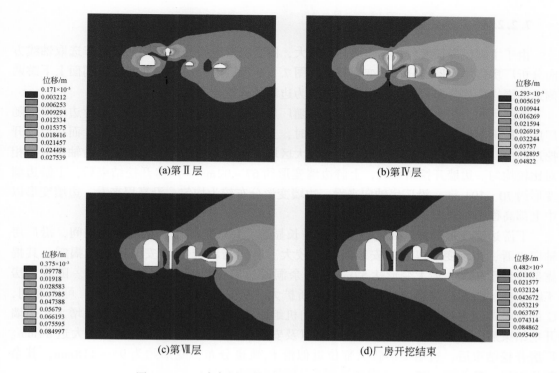

图 7.2.8　厂房各层开挖左厂 0+0m 断面围岩位移分布图

在厂房第Ⅱ～Ⅳ层开挖期间，各洞室高边墙逐渐成形，上游边墙变形较为明显，厂房上游岩锚梁变形 42～48mm，主变洞及尾水管检修闸门室上游边墙变形分别为 38～43mm、37～42mm，尾水调压室直墙变形较小，约为 17～32mm。在后续开挖阶段，主变洞及尾水管检修闸门室变形变化不明显，厂房边墙变形不断增长。随着厂房高边墙逐渐成形，边墙变形较大部位逐渐由岩锚梁附近向下扩展至边墙中部。至厂房边墙开挖完成时，上游边墙中上部变形较大，约为 75～85mm，下游边墙变形略小，约 40～50mm，主变洞及尾水管检修闸门室边墙变形也是上游侧略大于下游侧。机坑及尾水扩散段开挖期间，边墙变形仍有一定增加。至厂房开挖完成时，厂房上游拱肩变形大于下游侧，分别为 32～62mm 和 10～32mm，上游边墙变形为 75～95mm，下游边墙变形为 35～52mm；主变洞顶拱变形 11～30mm，上游边墙变形为 25～40mm，下游边墙变形为 15～30mm；尾水管检修闸门室边墙变形为 25～42mm；尾水调压室直墙变形为 20～35mm。

　　由上述分析可知，各洞室开挖初期，围岩变形以顶拱下沉、底板上抬为主，而随着洞室高边墙的形成，边墙变形更为显著。高边墙围岩变形呈竖向条带状分布，变形量值及深度相比洞室其他部位较大。主副厂房由于尺寸规模较大、开挖周期长，整体变形量值大于主变洞及尾水管检修闸门室，尾水调压室变形量值最小。左厂 0+0m 断面所在洞段顶拱围岩被缓倾向上游一侧的层内错动带 LS$_{3152}$ 切割，受此影响，厂房上游拱肩围岩变形较下游侧更大。并且由于层间错动带 C$_2$ 并未在该断面边墙部位出露，因此下游边墙变形未受 C$_2$ 影响，变形值相比上游略小。

7.2.2.4 厂房边墙变形

由于主副厂房长度较长、边墙高度较大，围岩变形空间分布不均，故本节选取轴线方向分析厂房边墙变形的分布及变化特征。图 7.2.9 为厂房分层开挖期间轴向剖面上下游两侧边墙围岩位移分布云图，图中黑色框线为边墙的开挖轮廓线。

由图可知，相比顶拱部位，边墙变形随厂房逐层下挖增长较为显著。上游边墙变形随厂房下挖不断增长，在厂房第 V 层开挖完时，上游边墙变形以南侧洞段较大。而在后续开挖过程中，随着高边墙逐渐成形，变形较大区域开始向北侧扩展，边墙变形沿轴向分布相对比较均匀。边墙开挖结束后，上游边墙变形约 67 ~ 92mm。厂房开挖结束后，上游边墙变形约 70 ~ 104mm，沿厂房轴向来看，边墙变形分布较为均匀，沿高程来看，边墙变形以中上部高程相对较大。

下游边墙变形同样随厂房逐层下挖增长显著。在厂房第 III ~ V 层开挖期间，沿厂房轴向来看，边墙变形以北侧安装间部位较大。层间错动带 C_2 在安装间边墙揭露，其揭露部位变形较大，最大变形达 57mm，其余洞段边墙变形基本为 40 ~ 51mm。随着厂房不断下挖，C_2 在厂房边墙的揭露范围不断扩大，从安装间扩展到厂房中段。可以看到，C_2 的影响范围也逐渐从安装间向厂房中间机组段延伸，使该段边墙变形明显增大。边墙开挖结束后，下游边墙中部、母线洞口以及安装间边墙变形超过 65mm，最大达 84mm。厂房开挖结束后，边墙变形较大部位近似沿 C_2 轨迹分布，变形约为 95 ~ 118mm，其余部位变形一般为 60 ~ 92mm。

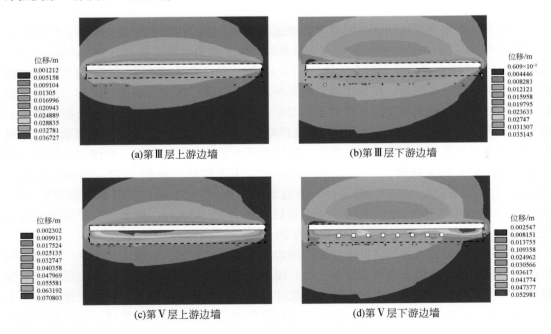

(a)第 III 层上游边墙 (b)第 III 层下游边墙

(c)第 V 层上游边墙 (d)第 V 层下游边墙

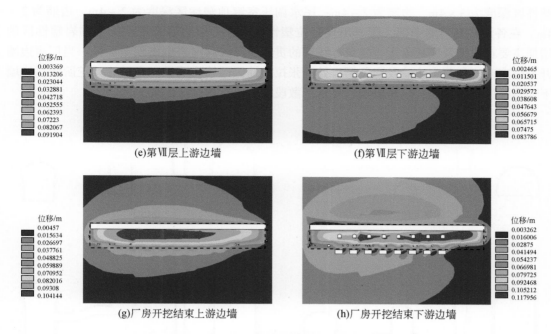

(e)第Ⅶ层上游边墙　　　　　　　　(f)第Ⅶ层下游边墙

(g)厂房开挖结束上游边墙　　　　　　(h)厂房开挖结束下游边墙

图 7.2.9　厂房各层开挖轴向剖面边墙围岩位移分布图

由上述分析可知，厂房上下游两侧边墙变形响应特性存在共性以及差异。边墙变形均随厂房下挖增长显著，且都以中上部高程变形较大。层间错动带 C_2 斜切厂房边墙，下游边墙变形受其影响较为显著，在 C_2 揭露部位变形较大，而上游边墙变形受 C_2 影响不明显。上下游两侧边墙变形量值总体较为接近，最大变形均超过了 100mm，表明在高地应力及不良地质影响下，边墙存在一定程度的大变形问题。另外在下游边墙与母线洞交叉口处，局部变形也较大。

7.2.2.5　围岩塑性区

本小节选取典型断面，对地下洞室群围岩塑性区分布及变化特征进行分析。图 7.2.10 展示了左厂 0+0m 断面在厂房分层开挖期间围岩塑性区分布。黄色为剪切塑性区，绿色为张拉塑性区，数值分析依据准则为 Mohr-Coulomb 屈服准则，以下同。

由图可知，在厂房第Ⅰ层开挖后，四大洞室的顶拱（穹顶）围岩均出现了塑性区，顶拱塑性区深度约为 2~3m，上游拱肩塑性区范围大于下游侧，主变洞、尾水管检修闸门室顶拱及尾水调压室穹顶塑性区深度为 1~2m，均表现为上游侧深度大于下游侧。厂房第Ⅱ层开挖后，各洞室顶拱部位塑性区范围有所增大，厂房上游拱肩塑性区深度达到 3~4m，主变洞、尾水管检修闸门室上游拱肩深度为 2~4m，尾水调压室穹顶深度为 2~3m。同时，随着尾水管检修闸门室及尾水调压室的高边墙开始成型，边墙围岩也出现了塑性区，深度约为 1~3m。在厂房第Ⅲ、Ⅳ层开挖过程中，厂房顶拱围岩塑性区进一步扩大，各洞室边墙塑性区也在不断发展。至第Ⅳ层开挖完成时，厂房上游拱肩塑性区深度达到 4~5m，下游拱肩为 2~4m，边墙塑性区深度为 3~4m；主变洞及尾水管检修闸门室上游拱肩塑性区深度为 3~4m，边墙为 2~4m；尾水调压室穹顶塑性区深度为 2~4m，边墙为 2~4m。在各洞室高边墙中部，围岩出现张拉塑性区。在后续边墙开挖期间，围岩塑性区的增加主要在边墙及底板附近，随着母线洞的贯通，母线洞围岩也出现塑性区。当厂房边墙开挖结束时，各洞室边墙及交叉洞口处的张拉塑性区已较为明显。在后续开挖阶段，边墙下部塑性区有所扩展，厂房机坑、尾水扩散段围岩也有塑性区出现。

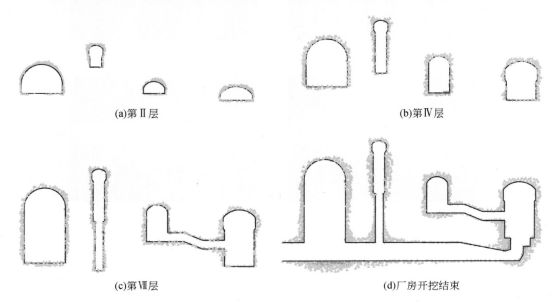

(a)第Ⅱ层　　　　　　　　　　　　　　　　　　　(b)第Ⅳ层

(c)第Ⅶ层　　　　　　　　　　　　　　　　　　　(d)厂房开挖结束

图 7.2.10　厂房各层开挖左厂 0+0m 断面围岩塑性区分布图

　　厂房开挖完成时，总体来看，四大洞室围岩塑性区呈不对称分布，各洞室上游侧拱肩塑性区深度大于下游侧，边墙则以上游侧上部和下游侧下部深度较大。具体来说，厂房顶拱塑性区深度一般为 2~4m，上游拱肩为 4~5m，下游拱肩为 2~4m，边墙塑性区深度为 3~8m，边墙中部及母线洞交叉口处存在张拉塑性区；主变洞上游拱肩塑性区深度为 3~4m，下游拱肩为 2~4m，边墙为 3~4m；尾水管检修闸门室顶拱塑性区深度为 2~3m，边墙为 2~7m，闸门井为 1~5m；尾水调压室穹顶塑性区深度为 2~5m，直墙为 2~5m，上游侧的穹顶及直墙上部塑性区深度较大；尾水扩散段、母线洞塑性区深度为 1~2m，尾水连接管底板塑性区深度为 1~6m；洞室交叉部位存在张拉塑性区。

7.2.2.6　系统支护措施效果

1. 围岩变形控制

　　本小节采用无系统支护工况对地下洞室群开挖过程进行数值模拟，并将计算结果与上文中实施了系统支护的结果进行对比分析，选定的分析断面为左厂 0+0m。图 7.2.11 展示了在无支护工况下，厂房分层开挖期间左厂 0+0m 断面围岩位移分布。

　　由图可知，厂房顶拱开挖后，上游拱肩围岩受缓倾层内错动带影响变形较为显著，变形达到 24~32mm，下游拱肩变形约为 19~28mm。与系统支护工况类似，在厂房第Ⅱ~Ⅳ

层开挖过程中，随着各洞室高边墙逐渐成形，厂房、主变洞及尾水管检修闸门室上游边墙变形均较大。主变洞开挖结束时，厂房、主变洞及尾水管检修闸门室上游边墙变形分别为 70 ~ 104mm、60 ~ 100mm、54 ~ 100mm。在后续开挖过程中，厂房边墙变形显著增长，第 Ⅴ、Ⅵ、Ⅶ层开挖完时边墙最大变形分别为 140mm、169mm、188mm，均位于上游侧。厂房开挖结束时，厂房顶拱围岩变形约为 20 ~ 130mm，上游边墙为 140 ~ 209mm，下游边墙为 47 ~ 120mm；主变洞顶拱变形 16 ~ 90mm，上游边墙变形为 70 ~ 93mm，下游边墙变形为 24 ~ 70mm；尾水管检修闸门室顶拱变形为 15 ~ 70mm，边墙变形为 47 ~ 110mm；尾水调压室穹顶变形为 30 ~ 55mm，直墙变形为 45 ~ 85mm。

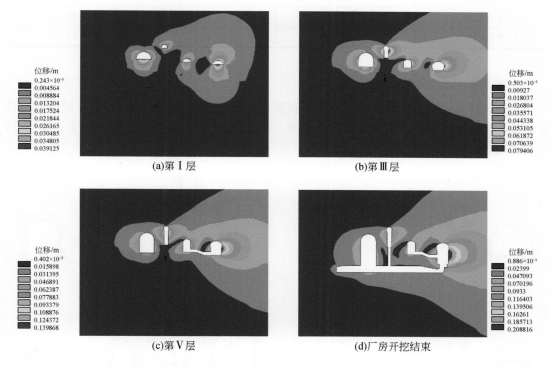

图 7.2.11　厂房各层开挖左厂 0+0m 断面围岩位移分布图（无支护）

可以看到，在未采取支护措施的情况下，厂房顶拱开挖完后围岩就出现较为明显的变形，而且局部在不良地质作用下变形较大，顶拱围岩将会发生开裂甚至垮塌。在边墙开挖过程中，由于未进行系统锚固，边墙围岩在开挖卸荷作用下会出现大变形现象，最大变形甚至超过 200mm，围岩将会出现严重的开裂、破裂等，高边墙稳定性难以保证。除厂房外，其他洞室变形量值也较大，主变洞、尾水管检修闸门室边墙最大变形达到或超过 100mm，尾水调压室直墙变形也达到了 80mm，这将对各洞室围岩稳定构成威胁。

表 7.2.8 统计了系统支护与无支护两种工况下，厂房开挖结束后围岩各关键点的变形值。围岩关键点断面选在左厂 0+0m，边墙关键点位于岩锚梁下部 5m 处。由表可知，经系统支护后，顶拱部位围岩变形能够减少 60% 以上，变形量值能控制在 50mm 以下；边墙部位变形降幅能达到 50%，变形量值基本控制在 100mm 以下，可见系统喷锚支护有力限

制了围岩变形发展，即使受不良地质影响，围岩变形量值也属于较合理水平，整体变形控制效果较好。

表 7.2.8　有无支护两种工况下厂房关键点围岩变形对比统计

部位 ＼ 工况	无支护措施围岩变形/mm	系统支护后围岩变形/mm	变形降幅/%
顶拱	82	27	67
上游拱肩	116	42	64
下游拱肩	47	12	74
上游边墙	208	95	54
下游边墙	93	43	54

2. 围岩塑性区控制

本小节对无系统支护时围岩塑性区分布及变化特征进行分析，并与系统支护后的塑性区分布进行对比，评价支护措施的实施效果。图 7.2.12 展示了在无支护工况下，左厂 0+0m 断面在各开挖阶段的围岩塑性区分布。

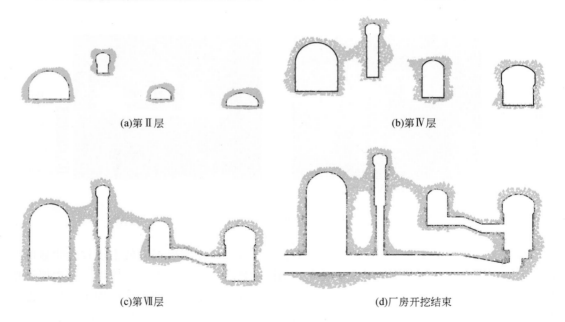

(a)第Ⅱ层　　　　　　　　　　　　　　(b)第Ⅳ层

(c)第Ⅶ层　　　　　　　　　　　　　　(d)厂房开挖结束

图 7.2.12　厂房各层开挖左厂 0+0m 断面围岩塑性区分布图（无支护）

由图可知，在厂房第Ⅰ层开挖后，四大洞室顶拱（穹顶）围岩均出现了塑性区，顶拱上游侧塑性区深度大于下游侧，塑性区分布特点与实施系统支护工况相似，但范围明显更大。厂房上游拱肩塑性区深度约为 6～7m，顶拱为 3～4m，下游拱肩为 4～6m；主变洞、尾水管检修闸门室顶拱塑性区深度为 3～6m，尾水调压室穹顶塑性区深度为 3～7m。在后续开挖过程中，在前期阶段顶拱塑性区不断扩展，边墙开挖期间边墙塑性区持续增大，边墙中部及母线洞交叉口处出现张拉塑性区，主变洞与尾水管检修闸门室间岩柱内塑性区发生贯通。

厂房开挖完成时，四大洞室围岩塑性区呈不对称分布，各洞室上游侧拱肩塑性区深度较大，下游侧较小，边墙则以上游侧上部和下游侧下部深度较大。具体来看，厂房顶拱塑性区深度一般为 5 ~ 6m，上游拱肩为 7 ~ 9m，下游拱肩为 6 ~ 8m，边墙塑性区深度为 5 ~ 14m，边墙普遍出现张拉塑性区，包括岩锚梁附近、边墙中上部以及母线洞交叉口处；主变洞上游拱肩塑性区深度为 7 ~ 9m，下游拱肩为 4 ~ 6m，边墙为 5 ~ 13m；尾水管检修闸门室顶拱塑性区深度为 5 ~ 7m，边墙为 5 ~ 11m，闸门井为 4 ~ 6m，上游边墙塑性区与主变洞下游边墙塑性区贯通；尾水调压室穹顶塑性区深度为 5 ~ 7m，直墙为 5 ~ 19m，上游侧直墙塑性区与尾水管检修闸门室下游边墙贯通；尾水扩散段顶拱塑性区深度为 2 ~ 4m，底板为 2 ~ 10m，洞室交叉部位存在张拉塑性区。

将上述结果与第 7.2.2.5 小节采取支护工况下的计算结果进行对比可知，无支护时围岩塑性区演化趋势与实施支护工况基本一致，主要区别在于无支护时塑性区范围明显更大，岩柱内塑性区贯通，且张拉塑性区分布更为普遍。经系统支护后，厂房顶拱部位围岩塑性区最大深度降幅为 39% ~ 58%，边墙部位为 33% ~ 65%；主变洞顶拱塑性区深度降幅为 31% ~ 44%，边墙部位为 14% ~ 66%；尾水管检修闸门室顶拱塑性区深度降幅为 53% ~ 60%，边墙部位为 61% ~ 74%；尾水调压室穹顶塑性区深度降幅为 65% ~ 75%，直墙部位为 59% ~ 67%；而且洞室之间岩柱内塑性区贯通现象已被消除。可以看到，系统支护措施对限制各洞室顶拱及边墙围岩塑性区的效果较为显著，能够将围岩塑性区控制在合理范围。

7.2.3　右岸地下洞室群围岩数值分析成果

7.2.3.1　围岩第一主应力

本节至第 7.2.3.5 小节均为考虑支护措施工况下的数值分析结果。

本节及第 7.2.3.2 小节选取 13# 机组中心线作横断面（右厂 0+114m），分析地下洞室群围岩第一、第三主应力的分布及变化特征。图 7.2.13 为厂房分层开挖期间 13# 机组中心线断面围岩第一主应力分布云图（压应力为正，拉应力为负）。

由图可知，在顶拱第 I 层开挖期间，厂房、主变洞和尾水调压室的顶拱（穹顶）和墙脚部位出现了压应力集中现象。厂房顶拱压应力集中偏上游侧，最大压应力量值约为 34 ~ 42MPa，其余洞室顶拱压应力量值相近，且都集中分布于上游侧。第 II 层开挖后，这三个洞室顶拱压应力量值有所增大，厂房顶拱上游侧最大压应力约 35 ~ 45MPa ［图 7.2.13（a）中浅蓝色区域］。而后在第 III ~ VII 层边墙开挖期间，厂房顶拱应力集中不断加剧，主变洞在开挖结束后无明显变化，尾水管检修闸门室和尾水调压室变化不明显。随着边墙逐层下挖，厂房顶拱应力集中区范围不断扩大，最大压应力量值也在增大。厂房第 VII 层开挖结束后，上游拱肩最大压应力达到 59 ~ 66MPa，厂房开挖结束后为 60 ~ 67MPa。除顶拱之外，各洞室边墙墙脚处也存在压应力集中，以下游侧较为显著，厂房边墙开挖期间下游墙脚最大压应力约为 50~65MPa。

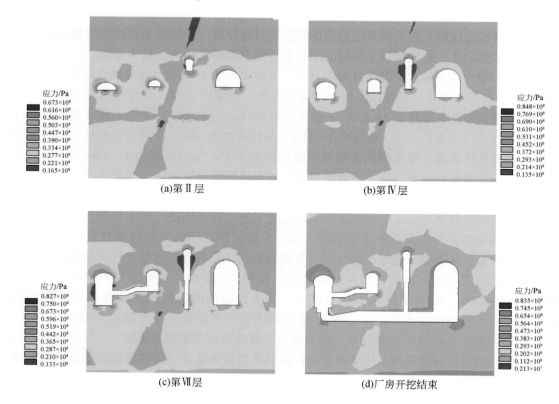

(a)第Ⅱ层　　　　　　　　　　　(b)第Ⅳ层

(c)第Ⅶ层　　　　　　　　　　　(d)厂房开挖结束

图 7.2.13　厂房各层开挖右厂 0+114m 断面围岩第一主应力分布图

由上述分析可知,四大洞室在开挖过程中均出现了不同程度的压应力集中现象,主要位于顶拱(穹顶)及边墙墙脚部位。厂房相对比较明显,压应力集中位于顶拱偏上游侧及上游拱肩。当厂房顶拱开挖时,最大压应力为 34~42MPa。由第 3 章岩石室内试验结果可知,白鹤滩隐晶质玄武岩的起裂强度约为 34MPa,显然厂房顶拱的压应力已达到或超过玄武岩的起裂强度,围岩具有发生片帮及破裂破坏的风险,主变洞、尾水管检修闸门室和尾水调压室的顶拱(穹顶)也会出现此类破坏现象。值得注意的是,厂房顶拱的应力集中会随着逐层下挖不断加剧,最大压应力量值从开挖初期的 34MPa 左右增至 60MPa 以上。这表明厂房顶拱围岩即使经系统支护,存在一定围压,但在后续开挖过程中在高压应力的作用下仍有可能发生破裂破坏,导致喷层开裂等问题。厂房、主变洞及尾水调压室下游侧墙脚在开挖期间也存在压应力集中,导致围岩出现破裂破坏。

7.2.3.2　围岩第三主应力

图 7.2.14 为厂房各层开挖期间 13#机组中心线断面围岩第三主应力分布云图(压应力为正,拉应力为负)。

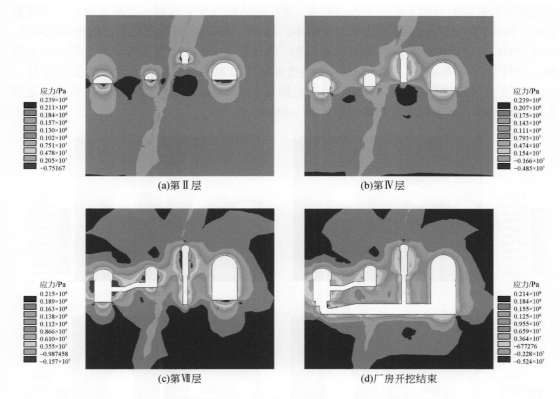

图 7.2.14　厂房各层开挖右厂 0+114m 断面围岩第三主应力分布图

由图可知，洞室开挖后围岩卸荷显著。在开挖初期，各洞室的底板卸荷比较明显，局部出现拉应力，在高边墙成型后，边墙卸荷更为显著。尾水管检修闸门室由于边墙下挖速度较快，在厂房第Ⅱ层开挖完就出现了拉应力，量值约 0.7MPa ［图 7.2.14（a）中红色区域］。厂房开挖至第Ⅴ层时，高边墙成型，厂房、主变洞和尾水管检修闸门室边墙围岩大范围卸荷，并出现量值较小的拉应力。厂房开挖至第Ⅵ层时，下游边墙与母线洞交叉处出现拉应力，量值约 1 ~ 2MPa。尾水调压室相比厂房、主变洞等长廊形洞室，卸荷程度相对较低。厂房等洞室高边墙卸荷将会导致围岩大变形、破裂等，威胁边墙稳定，母线洞的拉应力会导致环向开裂。

7.2.3.3　围岩变形分布

本小节选取 13# 机组中心线（右厂 0+114m）断面对围岩变形进行分析。图 7.2.15 为厂房分层开挖期间右厂 0+114m 断面围岩位移分布云图。

由图可知，厂房顶拱开挖后，顶拱围岩下沉变形，变形为 25 ~ 37mm，底板围岩上抬变形为 30 ~ 55mm。而后在厂房第Ⅱ ~ Ⅳ层开挖期间，各洞室高边墙逐渐成形，厂房上游边墙变形为 50 ~ 60mm，下游边墙变形为 25 ~ 40mm，主变洞及尾水管检修闸门室边墙变形分别为 13 ~ 42mm、40 ~ 94mm，尾水调压室直墙变形为 14 ~ 53mm。在后续开挖阶段，厂房及尾水管检修闸门室边墙变形进一步增长。随着厂房高边墙逐渐成形，边墙变形较大部位逐渐由岩锚梁附近向下扩展至边墙中部。至厂房边墙开挖完成时，上游边墙中上部变形较大，约为 95～127mm，下游边墙变形略小，约 48～86mm。机坑及尾水扩散段开挖期间，边墙变形仍有所增加，表现出时间效应。至厂房开挖完成时，厂房上游拱肩变形大于下游侧，分别为 36～70mm 和 36～52mm，上游边墙变形为 80～145mm，下游边墙变形为 51～98mm；主变洞顶拱变形 34～53mm，边墙变形为 38～56mm；尾水管检修闸门室边墙变形为 52～115mm；尾水调压室直墙变形为 15～83mm。

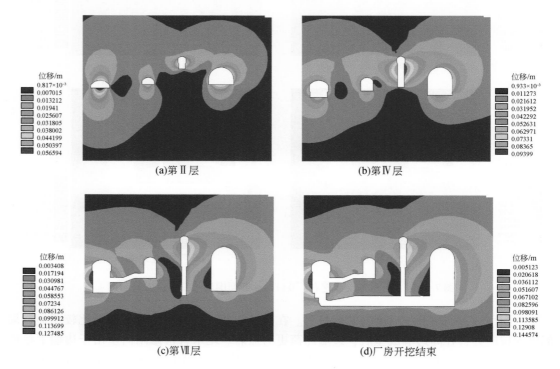

图 7.2.15　厂房各层开挖右厂 0+114m 断面围岩位移分布图

由上述分析可知，各洞室开挖初期，围岩变形以顶拱下沉、底板上抬为主，而随着洞室高边墙的形成，边墙变形更为显著。高边墙围岩变形呈竖向条带状分布，变形量值及深度相比洞室其他部位较大。主副厂房由于尺寸规模较大、开挖周期长，整体变形量值大于另外几个洞室。尾水管检修闸门室边墙较高、下挖速度较快，高边墙效应较为显著，变形量值也较大。与左岸地下洞室群相比，右岸四大洞室围岩变形量值略大，厂房边墙变形存在时间效应。

7.2.3.4　厂房边墙变形

由于主副厂房长度较长、边墙高度较大，围岩变形空间分布不均，故本节选取轴线方向分析厂房边墙变形的分布及变化特征。图 7.2.16 为厂房分层开挖期间轴线方向上下游两侧边墙围岩位移分布云图，图中黑色框线为边墙的开挖轮廓线。

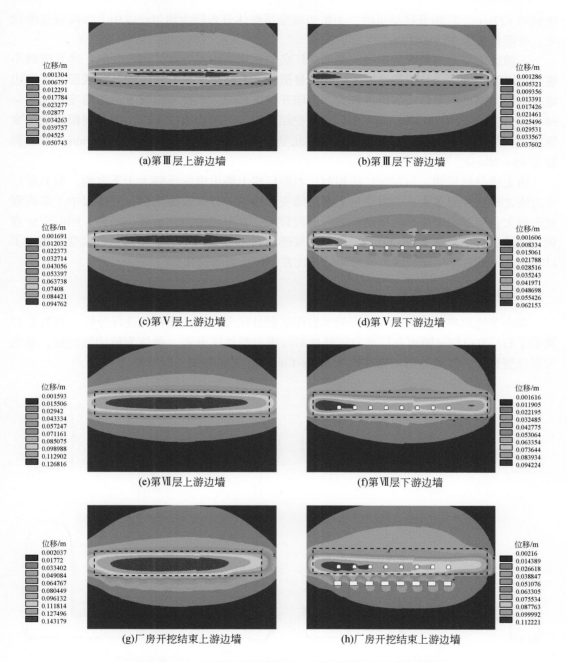

图 7.2.16　厂房各层开挖轴线方向边墙围岩位移分布图

由图可知，边墙变形随厂房逐层下挖增长较为显著。上游边墙围岩变形沿厂房轴向分布较为均匀，且变形量值较大。当厂房第Ⅲ层开挖完时，岩锚梁部位围岩最大变形达到了50mm，在后续下挖过程中，上游边墙变形较大区域逐渐向下部扩展，变形量值也不断增大。厂房第Ⅵ层开挖完成时，边墙最大变形已超过100mm，当边墙开挖完成时，最大变形达到约 127mm。厂房开挖结束时，上游边墙变形整体分布较为均匀，以中上部高程变形较大，变形量值为 70～143mm。

下游边墙与上游侧有所不同，变形沿厂房轴向并非均匀分布，而是以副厂房及南侧小桩号洞段变形较大，且下游边墙整体变形量值比上游略小。随着高边墙开挖成形，下游边墙变形以中部高程及母线洞周围较大。边墙开挖结束时，小桩号洞段下游边墙变形为 70～94mm，其余洞段为 50～85mm。至厂房开挖结束时，下游边墙变形以小桩号洞段中上部变形最大，为 74～112mm，变形量值自南向北呈递减趋势，中部洞段为 55～100mm，北侧洞段为 45～80mm。

由上述分析可知，与左岸厂房相似，右岸厂房上游边墙变形略大于下游侧，但右岸厂房边墙变形比左岸更大。右岸厂房上游边墙变形沿轴向分布较为均匀，总体以中上部高程变形较大；下游边墙变形在南侧小桩号洞段较大，变形自南向北呈减小趋势。同时应注意到，即使进行了系统支护，上游边墙最大变形仍超过了 140mm，下游边墙最大变形超过了 110mm，可见右岸厂房边墙大变形问题相比左岸厂房更为突出。

7.2.3.5　围岩塑性区

本小节选取典型断面，对地下洞室群围岩塑性区分布及变化特征进行分析。图 7.2.17 展示了右厂 0+114m 断面在厂房分层开挖期间围岩塑性区分布。黄色为剪切塑性区，绿色为张拉塑性区，数值分析依据准则为 Mohr-Coulomb 屈服准则，以下同。

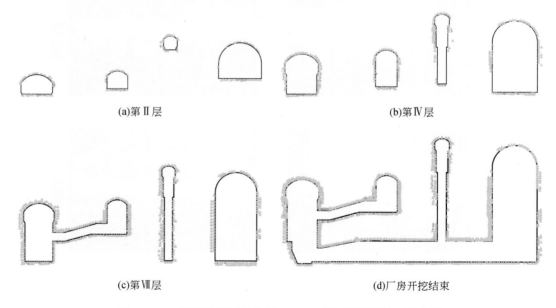

(a)第Ⅱ层　　　　　　　　　　　　　　　　(b)第Ⅳ层

(c)第Ⅶ层　　　　　　　　　　　　　　　(d)厂房开挖结束

图 7.2.17　厂房各层开挖右厂 0+114m 断面围岩塑性区分布图

由图可知，在厂房第Ⅰ层开挖后，四大洞室的顶拱（穹顶）围岩均出现了塑性区，厂房顶拱塑性区深度为 2～3m，主变洞、尾水管检修闸门室顶拱和尾水调压室穹顶塑性区范围略小于厂房，深度为 1～2m，各洞室顶拱（穹顶）塑性区分布总体以上游侧相对较多。

厂房第Ⅱ层开挖后，各洞室顶拱塑性区范围有所增大。随着尾水管检修闸门室及尾水调压室的高边墙开始成型，边墙围岩也出现了塑性区。至第Ⅳ层开挖完成时，厂房顶拱塑性区深度为 2～4m，边墙塑性区深度为 3～5m；主变洞顶拱塑性区深度为 2～3m，边墙塑性区深度为 2～4m；尾水管检修闸门室顶拱塑性区深度为 2～4m，边墙为 3～5m；尾水调压室穹顶塑性区深度为 2～3m，直墙为 2～5m。在后续边墙开挖期间，围岩塑性区的增加主要在边墙及底板附近，随着母线洞的贯通，母线洞围岩也出现塑性区。另外在厂房、主变洞及尾水管检修闸门室边墙中部以及交叉洞口处，围岩出现张拉塑性区。当厂房边墙开挖结束后的时段，厂房机坑、尾水扩散段围岩也有塑性区出现。

厂房开挖完成时，总体来看，四大洞室围岩塑性区呈不对称分布，各洞室上游侧拱肩塑性区深度大于下游侧，上游边墙深度略大于下游边墙。具体来说，厂房顶拱塑性区深度一般为 2～3m，上游拱肩为 3～4m，下游拱肩为 2～3m，边墙塑性区深度为 3～8m，边墙中部及母线洞交叉口处存在张拉塑性区；主变洞上游拱肩塑性区深度为 2～4m，下游拱肩为 2～3m，边墙为 3～5m；尾水管检修闸门室顶拱塑性区深度为 2～3m，边墙为 3～7m，闸门井为 1～5m；尾水调压室穹顶塑性区深度为 1～3m，直墙为 3～5m；尾水扩散段、母线洞顶拱及底板塑性区深度为 1～3m；洞室交叉部位存在张拉塑性区。

7.2.3.6　系统支护措施效果

1. 围岩变形控制

本小节采用无系统支护工况对地下洞室群开挖过程进行数值模拟，并将计算结果与上文中实施了系统支护的结果进行对比分析，选定的分析断面为右厂 0+114m。图 7.2.18 展示了在无支护工况下，厂房分层开挖期间右厂 0+114m 断面围岩位移分布。

由图可知，厂房顶拱开挖后，顶拱围岩变形达到 50～97mm，底板变形为 60～109mm。在厂房第Ⅱ～Ⅴ层开挖过程中，随着各洞室高边墙逐渐成形，边墙变形增长显著，尾水管检修闸门室边墙高度最高、变形最大，同时各洞室顶拱（穹顶）变形也有所增长。主变洞开挖结束时，厂房上游边墙变形为 120～160mm，下游边墙为 60～84mm，主变洞及尾水管检修闸门室边墙变形分别为 50～120mm、100～180mm，尾水调压室直墙变形为 25～140mm。在后续开挖过程中，边墙变形继续增长，顶拱（穹顶）变形增长逐渐放缓。厂房边墙开挖结束时，各洞室边（直）墙最大变形分别为 224mm、100mm、200mm、150mm。厂房开挖结束时，厂房顶拱围岩变形约为 90～140mm，上游边墙为 145～253mm，下游边墙为 92～200mm；主变洞顶拱变形 65～115mm，边墙变形为 70～118mm；尾水管检修闸门室顶拱变形为 60～95mm，边墙变形为 70～210mm；尾水调压室穹顶变形为 100～148mm，直墙变形为 30～180mm。

可以看到，在未采取支护措施的情况下，厂房顶拱开挖完后围岩就出现较大的变形，变形值接近 100mm，围岩将会发生开裂甚至垮塌。在边墙开挖过程中，由于未进行系统锚固，边墙围岩在开挖卸荷作用下会出现大变形现象，最大变形甚至达到 253mm，围岩将会出现严重的开裂、破裂等，高边墙稳定性难以保证。除厂房外，其他洞室变形量值也较大，主变洞顶拱、尾水调压室穹顶以及各洞室边墙最大变形均超过了 100mm，尾水管检修闸门室边墙最大变形甚至超过 200mm，这将对各洞室围岩稳定构成威胁。

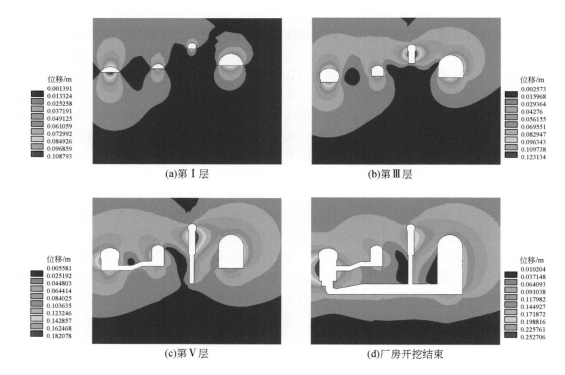

图 7.2.18　厂房各层开挖右厂 0+114m 断面围岩位移分布图（无支护）

表 7.2.9 统计了系统支护与无支护两种工况下，厂房开挖结束后围岩各关键点的变形值。围岩关键点断面选在右厂 0+114m，边墙关键点位于岩锚梁下部 5m 处。由表可知，经系统支护后，顶拱部位围岩变形能够减少 50% ~60%，变形量值基本能控制在 60mm 以下；边墙部位变形降幅约为 40% ~50%。可见在高地应力环境下，系统喷锚支护有力限制了围岩大变形，厂房整体变形控制效果较好。

表 7.2.9　有无支护两种工况下厂房关键点围岩变形对比统计

工况 部位	无支护措施围岩变形 /mm	系统支护后围岩变形 /mm	变形降幅/%
顶拱	105	44	58
上游拱肩	126	53	58
下游拱肩	115	45	61
上游边墙	252	144	43
下游边墙	162	85	48

2. 围岩塑性区控制

本小节对无支护措施时围岩塑性区分布及变化特征进行分析，并与系统支护后的塑性区分布进行对比，评价支护措施的实施效果。图 7.2.19 展示了无支护工况下，右厂 0+

114m 断面在各开挖阶段的围岩塑性区分布。

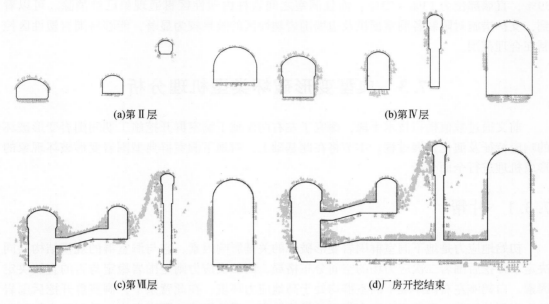

(a)第Ⅱ层　　　　　　　　　　　　　　　　　(b)第Ⅳ层

(c)第Ⅶ层　　　　　　　　　　　　　　　(d)厂房开挖结束

图 7.2.19　厂房各层开挖右厂 0+114m 断面围岩塑性区分布图（无支护）

由图可知，在厂房第Ⅰ层开挖后，四大洞室的顶拱（穹顶）围岩均出现了塑性区，顶拱上游侧塑性区深度大于下游侧，塑性区分布特点与实施系统支护工况相似，但范围明显更大。厂房上游拱肩塑性区深度约为 6~7m，顶拱为 3~4m，下游拱肩为 4~6m；主变洞、尾水管检修闸门室顶拱塑性区深度为 3~6m，尾水调压室穹顶塑性区深度为 3~7m。在后续开挖过程中，在前期阶段顶拱塑性区不断扩展，边墙开挖期间边墙塑性区持续增大，边墙中部及母线洞交叉口处出现张拉塑性区，主变洞与尾水管检修闸门室间岩柱内塑性区发生贯通。

厂房开挖完成时，四大洞室围岩塑性区呈不对称分布，各洞室上游侧拱肩塑性区深度较大，下游侧较小，边墙则以上游侧上部和下游侧下部深度较大。具体来看，厂房顶拱塑性区深度一般为 4~5m，上游拱肩为 5~8m，下游拱肩为 4~6m，边墙塑性区深度为 5~15m，边墙普遍出现张拉塑性区，包括岩锚梁附近、边墙中上部以及母线洞交叉口处；主变洞上游拱肩塑性区深度为 3~5m，下游拱肩为 2~4m，边墙为 5~13m；尾水管检修闸门室顶拱塑性区深度为 4~5m，边墙为 5~20m，闸门井为 4~6m，上游边墙塑性区与主变洞下游边墙塑性区贯通；尾水调压室穹顶塑性区深度为 3~4m，直墙为 5~7m；尾水扩散段顶拱塑性区深度为 2~4m，底板为 2~5m，洞室交叉口存在张拉塑性区。

将上述结果与第 7.2.3.5 小节采取支护工况下的计算结果进行对比可知，无支护时围岩塑性区演化趋势与实施支护工况基本一致，主要区别在于无支护时塑性区范围明显更大，岩柱内塑性区贯通，且张拉塑性区分布更为普遍。经系统支护后，厂房顶拱部位围岩塑性区深度降幅为 37%~52%，边墙部位为 43%~52%；主变洞顶拱围岩塑性区深度降幅为 10%~13%，边墙部位为 11%~71%；尾水管检修闸门室顶拱围岩塑性区深度降幅为 42% ~ 48%，边墙部位为 11% ~ 75%；尾水调压室穹顶围岩塑性区深度降幅为 17% ~ 39%，直墙部位为 13% ~ 23%；而且洞室之间岩柱内塑性区贯通现象已被消除。可以看到，支护措施对限制各洞室顶拱及边墙围岩塑性区的效果较为显著，能够将围岩塑性区控制在合理范围。

7.3　典型变形破坏类型机理分析

前文通过数值模拟技术手段，探究了左右两岸地下洞室群开挖施工期间围岩变形破坏的响应特征及演化发展过程。本节将在此基础上，对地下洞室群典型围岩变形破坏现象的形成机理进行全面分析。

7.3.1　片帮

初始地应力是地下洞室群围岩变形破坏的关键影响因素，它与洞室群的规模结构共同决定了开挖后围岩二次应力场的空间分布格局，而二次应力则是围岩稳定与否的直接决定因素。白鹤滩左右两岸地下洞室群均处于高地应力环境，在此背景下，洞室群开挖后围岩发生强烈的卸荷，局部产生应力集中且量值较高。受此影响，围岩发生一系列应力控制型破坏问题，包括片帮、破裂破坏以及喷护混凝土开裂等。

地下洞室群初始地应力量值较高，左岸第一主应力方向与厂房轴线呈大角度相交，右岸虽第一主应力方向与厂房轴线小角度相交（约 10° ~ 30°），但量值较大的第二主应力方向与厂房轴线近似垂直。在此情况下，左岸主副厂房开挖后断面围岩应力重分布由第一主应力主导，右岸厂房为第二主应力占据主导。由于左岸第一主应力与右岸第二主应力均缓倾向河谷一侧，倾角为 2° ~ 13°，厂房开挖后，将在顶拱上游侧和下游侧墙脚产生压应力集中。图 7.3.1 展示了厂房开挖过程中上游拱肩围岩应力演化及裂纹扩展的过程。如图所示，厂房开挖前，岩体处于三向压缩的应力状态。厂房顶拱开挖后，围岩的径向应力（σ_r）被释放，切向应力（σ_t）增大。由于初始第一主应力缓倾向上游侧，导致 σ_t 在上游拱肩部位集中，量值达 35 ~ 40MPa，超过了玄武岩的起裂强度。此处的浅层围岩处于不稳定的高应力双轴压缩状态（$\sigma_r \approx 0$），在高 σ_t 作用下，浅层围岩中裂纹沿着 σ_t 方向扩展、贯通，围岩压致拉裂，产生近似平行于临空面的宏观裂缝，将岩体劈裂成片状或薄板状。岩板在 σ_t 的持续挤压作用下向临空面鼓出，至一定程度时折断，以片、薄板状脱落，从而发生片帮破坏（图 7.3.2）。其他与厂房平行布置的长廊形洞室，如主变洞和尾水管检修闸门室，其围岩应力演化及片帮破坏机制与厂房类似。

7.3.2　破裂破坏

上游拱肩围岩破裂破坏同样是由洞室开挖在此产生的应力集中导致的。在中导洞开挖及拱肩扩挖后，在洞室上游拱肩和下游侧边墙墙脚产生压应力集中区 [图 7.3.3（a）]。在上游拱肩应力集中区内，浅表层围岩内近似平行于临空面的切向应力（σ_t）较大，同时

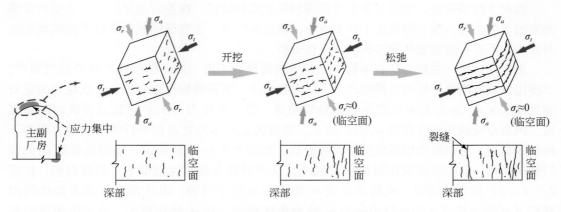

图 7.3.1　厂房上游拱肩开挖过程中围岩应力演化

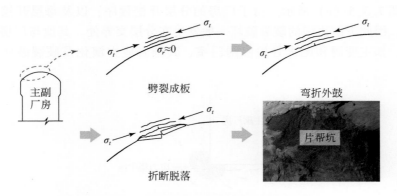

图 7.3.2　厂房上游拱肩围岩片帮破坏机制

开挖卸荷使垂直于临空面的径向应力（σ_r）卸载为 0，σ_t 进一步增大。在高 σ_t、低 σ_r 的作用下，围岩压致拉裂，产生近似平行于临空面的劈裂缝，从而发生破裂破坏。在切向应力的持续挤压作用下，局部被劈裂成板状的岩体向临空面弯曲、折断，发生岩块塌落，如图 7.3.3（b）所示。局部发育有节理裂隙的岩体，高 σ_t 作用会加剧裂隙的扩展使其劈裂弯折，最终发生塌落。由于拱肩的分序扩挖边界处应力集中较为显著，因而围岩破裂破坏多集中分布于此处。

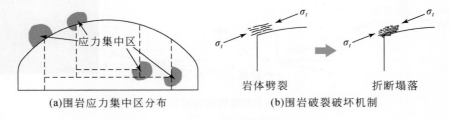

(a)围岩应力集中区分布　　　　(b)围岩破裂破坏机制

图 7.3.3　厂房上游拱肩围岩破裂破坏机制

而在下游墙脚处，压应力集中导致围岩发生破裂破坏。在左右两岸厂房、主变洞及尾闸室的下游边墙，围岩均发生了破裂破坏，而且在厂房、主变洞的底板靠近下游墙脚处也有发生。下面对这类破坏的形成机制进行分析。

由于左岸第一主应力和右岸第二主应力均缓倾向上游一侧，因而在厂房开挖过程中，下游边墙墙脚随着开挖应力调整产生了应力集中区。下游墙脚浅表层围岩二次应力矢量分布见图 7.3.4。应力集中区内压应力量值较高，第一主应力（σ_1）已超过玄武岩起裂强度，因而在陡倾向临空面的 σ_1 的作用下，墙脚围岩产生与之近似平行的劈裂缝，裂缝不断扩展贯通，进而将浅层围岩劈裂成薄板状，如图 7.3.5（a）所示。墙脚岩板受 σ_1 的竖向挤压作用，向临空面鼓出折断继而脱落，从而形成与临空面近似平行的破裂面，如图 7.3.5（b）所示。同时，底板岩体受 σ_1 作用也发生了劈裂。由于左岸厂房下游墙脚出露的 $P_2\beta_2^3$ 隐晶质玄武岩岩层走向与 σ_1 呈小角度相交，在 σ_1 的作用下，玄武岩中缓倾角裂隙发生张裂，与劈裂缝组合切割加剧了岩体劈裂成板。浅部岩板受压弯折断裂，形成台坎状，如图 7.3.5（c）所示。由于厂房的分层开挖程序，以及每层开挖时墙脚的应力集中特性，因此下游边墙的破裂破坏一般发生在分层交界处。其他与厂房平行布置的长廊形洞室，如主变洞和尾水管检修闸门室，其围岩应力演化及破裂破坏机制与厂房类似。

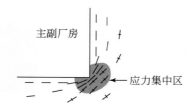

图 7.3.4 厂房下游墙脚表层围岩二次应力矢量图

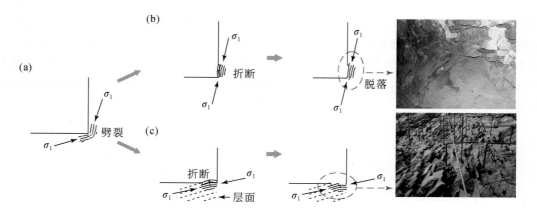

图 7.3.5 厂房下游墙脚围岩破裂破坏机制图

7.3.3　围岩变形

7.3.3.1　顶拱变形

平面力学分析及数值计算结果表明，厂房（以及与厂房平行的长廊形洞室）开挖后将在与断面初始第一主应力（σ_1^0）垂直的洞周轮廓面附近出现应力集中，而在与 σ_1^0 平行的部位为主应力卸荷区域，如图 7.3.6 所示。不同的应力状态导致厂房上游拱肩与下游侧围岩变形的原动力不同，因而变形机制及响应特性也有所不同。

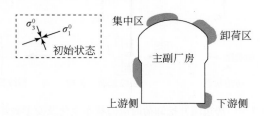

图 7.3.6　厂房围岩二次应力分布简化模型

由于上游拱肩应力集中区的存在，上游拱肩发生的围岩片帮及破裂破坏，本质上属于高切向应力作用下的岩体劈裂破坏。即使在系统支护之后，在 σ_t 的持续作用下，围岩仍会因挤压外鼓产生朝向临空面的变形。在开挖初期，σ_t 主要作用于浅表层岩体，因此仅导致浅部围岩的变形破坏，影响深度一般不到 1m。在更深处，岩体由于围压的作用，并未像浅层围岩一样发生劈裂和外鼓变形，因此深处测得的变形并不明显。而到了边墙下挖阶段，上游拱肩应力集中加剧，应力集中区逐渐向深部扩展。由于系统支护力度不足，围岩受 σ_t 的挤压作用发生劈裂和外鼓变形，围岩变形阶跃增加，因此上游拱肩围岩变形在边墙开挖期间仍有增长。厂房开挖结束后，拱肩部位的应力调整趋于稳定，围岩变形破坏随之终止。

下游拱肩位于主应力卸荷区域，卸荷导致的回弹变形是围岩变形的主要模式。岩体开挖即意味着围压卸载的开始，因此伴随着卸荷，围岩变形不断增长。随着系统支护的起效，卸荷得到一定抑制，而且远离开挖面，扰动作用逐渐衰减，而上游拱肩那样应力随开挖持续集中，因而变形增长逐渐放缓至收敛。切向应力破坏主要波及浅部围岩，卸荷变形是由表及里逐渐扩展的，影响范围也要更深。因此下游拱肩围岩的变形深度相比上游拱肩更大。

7.3.3.2　边墙变形

厂房边墙开挖形成临空面，改变了洞壁岩体初始的几何形状和三向受压状态，应力因卸荷而发生偏转和重新分布。在开挖之前，围岩处于竖向应力 σ_v、水平向应力 σ_h 和轴向应力 σ_a 同时作用的三向应力平衡状态，如图 7.3.7 所示。边墙开挖时，临空面附近岩体中垂直于开挖面的径向应力（可视为 σ_3）卸载为 0，平行于临空面的法向应力（可视为 σ_1）

不断增大，近表层岩体处于近似单向应力状态。在较大应力差的作用下，表层围岩向临空面发生回弹变形。局部差异变形部位有拉应力产生，拉应力在岩体内微裂隙（或微缺陷）处集中，致使微裂隙积聚合并、宏观裂纹扩展贯通，进而表现为围岩沿卸荷方向的强烈扩容和大变形。随着表层围岩损伤破坏、力学特性劣化，应力逐渐向深部岩体转移、集中，从而导致围岩开挖损伤区由浅入深发展，可能引发深部岩体的开裂破坏。

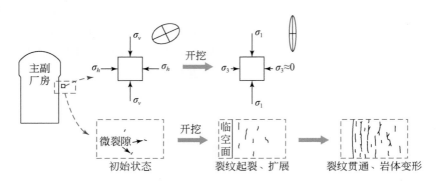

图 7.3.7　厂房边墙开挖卸荷时应力状态变化及变形破坏机制

厂房开挖是分层进行的，在每一层的爆破开挖阶段，由于应力调整与卸荷，围岩变形发生增长。而后随着开挖面在厂房轴线方向的远离以及系统支护的起效，围岩变形逐渐趋于收敛。在下一层爆破开挖时，围岩应力场再次发生调整，围岩变形随之增加，然后逐渐收敛。因此随着厂房不断分层下挖，围岩变形总体呈现出台阶状的增长趋势，但由于变形监测点与开挖面的竖直距离是不断增大的，因此随着距离的增加，厂房下部开挖对监测点的影响逐渐减弱，变形阶跃增长的特征逐渐变得不明显，变形曲线变得平滑并趋于收敛。因此对于下游拱肩及边墙等以卸荷变形为主要模式的部位，随着开挖面的下移，围岩变形增长减缓、开始收敛，在厂房开挖结束后，边墙围岩变形基本达到稳定状态。厂房典型围岩变形时间演化曲线如图 6.4.1 所示。

7.3.4　喷护混凝土开裂

除片帮、破裂破坏之外，发生在厂房顶拱的应力控制型破坏还有喷护混凝土开裂。厂房喷层开裂破坏是在系统支护完成后发生的，主要发生在顶拱和上游拱肩，左岸厂房下游拱肩零星分布，右岸厂房下游拱肩无分布。喷层开裂发生于厂房第 Ⅲ 层开挖期间，一直持续到第 Ⅶ 层开挖。现场施工人员在喷层开裂部位补充了一系列支护措施，开裂趋于收敛，至厂房开挖完成后，破坏停止发展。可以说，顶拱喷层开裂破坏几乎贯穿了两岸厂房边墙开挖始终。

由上文分析结果可知，随着厂房不断下挖和高边墙的形成，上游拱肩部位的应力集中不断加剧，致使该部位岩体一直承受量值较高的切向应力。上游拱肩围岩虽已经系统支护，但支护强度相比随开挖不断加剧的应力集中显然不够，在长期高 σ_t 的作用下，岩体仍会发生劈裂，向临空面弯折鼓出。混凝土喷层受其挤压作用向外鼓胀剪切，从而发生开裂、鼓胀，局部逐渐发生脱落、掉块。因此，喷护混凝土开裂反映的是上游拱肩围岩受 σ_t 作用出现的劈裂和片帮破坏的持续发展。厂房开挖完成后，应力调整趋于稳定，并且在补强加固措施的作用下，拱肩围岩应力状态得到改善，因而围岩及喷层变形破坏逐渐停止。

7.3.5　塌落与块体破坏

左右两岸洞室群在施工期间均出现了一些结构面控制型破坏问题，受层间、层内错动带的影响，加之局部结构面组合，开挖过程中出现块体以及沿结构面塌落等破坏现象。同时在节理裂隙较为发育的部位，在开挖卸荷作用下，也会加剧围岩的破裂和垮塌等破坏。整体来看，错动带、裂隙密集带、断层、长大裂隙等地质构造的出露位置与此类破坏的发生部位具有较好的对应关系。

图 7.3.8 ~ 图 7.3.10 为左右两岸地下洞室群几种典型结构面控制型破坏的模式机制。洞室开挖后，临空面与岩体结构面的组合切割形成可动块体，或导致局部围岩较为破碎、完整性差，在开挖卸荷及扰动作用下，发生块体松动、岩块塌落甚至塌方等破坏现象。左岸地下洞室群结构面控制型破坏主要表现为两种，一种是在层内错动带（LS_{3152}）斜切顶拱区域，开挖后错动带下盘岩体卸荷松弛，在重力作用下发生塌落及掉块等破坏现象［图 7.3.8（a）］，如左厂 0-060 ~ 0-38m 处顶拱沿层内错动带发生的岩块塌落。另外一种是软弱层间错动带（C_2）斜切边墙部位时，在错动带揭露部位缓倾结构面与陡倾裂隙组合致使岩体完整性较差，开挖后沿错动带方向发生岩块塌落［图 7.3.8（b）］，如左厂 0+145 ~ 0+156m 段边墙 C_2 附近的岩块塌落。

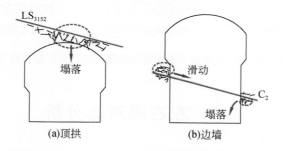

(a)顶拱　　　　　　　　(b)边墙

图 7.3.8　左岸地下洞室群沿结构面塌落破坏机制

在右岸地下洞室群中，当缓倾角结构面在洞室顶拱交叉时也会导致塌方现象，如图 7.3.9（a）所示。此类破坏发生的部位有右岸 11# 尾水连接管扩散段顶拱等。当多组结构面切割拱肩部位岩层，同时该部位可能存在应力挤压作用时，将也会发生岩块塌落，如图 7.3.9（b）所示，右厂 0+182 ~ 0+197m 顶拱受 3 组裂隙切割发生的岩块塌落属于此类。确定性的软弱结构面与断层等组合也会造成块体塌落，如图 7.3.9（c）所示，10# 尾水扩散段洞口的塌落即为此类破坏。

在厂房边墙与其他洞室的交叉部位，软弱结构面下部岩体更容易发生垮塌及块体失稳，如图 7.3.10（a）所示，9# 母线洞交叉口受 C_3 与 C_{3-1} 切割发生塌落，以及 13# 尾水扩散段交叉口受 C_3 影响发生的塌落均属于此类破坏模式。另外，细小裂隙切割岩层也容易在洞

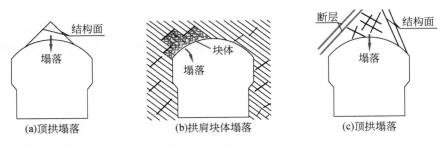

图 7.3.9　右岸地下洞室群顶拱部位沿结构面塌落破坏机制

室交叉部位产生块体，如图 7.3.10 (b) 所示，例如 13#压力管道交叉口受缓倾角裂隙密集带 RS$_{411}$ 影响发生的坍塌，以及 16#母线洞交叉口受 N40°W，SW∠85°裂隙影响的块体失稳。主副厂房与主变洞边墙也由于结构面组合切割形成块体，在重力或爆破振动作用下发生松动塌落，如图 7.3.10 (c) 所示。这些结构面控制型破坏模式在右岸地下洞室群都有所体现 (Shi et al., 2022)。

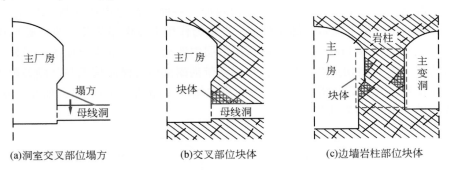

图 7.3.10　右岸地下洞室群边墙部位结构面控制型破坏

7.4　左右岸对比分析

7.4.1　应力控制型变形破坏

图 7.4.1 展示了左右两岸厂房顶拱围岩应力控制型破坏的分布情况。可以看到，片帮、破裂破坏以及喷护混凝土开裂主要分布在顶拱的上游侧，下游侧分布很少，而且沿厂房轴向来看，数值计算中应力集中程度较高的洞段，实际破坏分布也较为密集。同时，这几种破坏现象在发育位置上具有较好一致性，在片帮普遍发育的洞段，破裂破坏也普遍发生，喷层裂缝分布也较为密集，而且不同破坏类型的延伸及扩展方向也比较相似。这表明，引发此类破坏的内在动力一致。这些破坏现象一致集中于顶拱上游侧，表明开挖后二次应力场在上游侧顶拱产生的应力集中是破坏发生的根源所在。

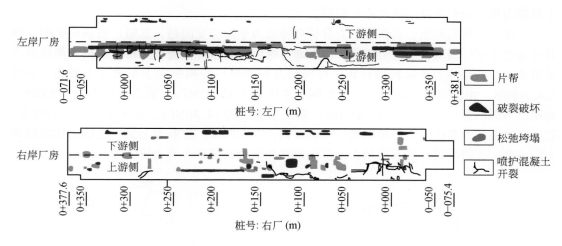

图 7.4.1　主副厂房顶拱围岩应力控制型破坏分布图

两岸均较高的初始地应力量值为上述破坏现象的发生提供了基本条件，而洞室开挖在顶拱上游侧及下游墙脚产生的应力集中区是导致破坏的直接原因。第 3 章岩石室内试验结果表明，在加轴压卸围压状态下，玄武岩出现显著的开裂、损伤及扩容，脆性破坏十分显著，这与现场出现的片帮及破裂破坏机理相似，应力集中区内切向加压、径向卸荷导致围岩发生破坏。同时在卸围压试验中，玄武岩的破裂面相比常规三轴试验更为发育，破坏程度更为剧烈。因此，高地应力环境下洞室开挖引起的强烈卸荷，也加剧了围岩损伤和破坏的发展。另外，围岩应力控制型破坏还与玄武岩的脆性特性密切相关。由室内试验结果可知，白鹤滩玄武岩具有很强的脆性性质，不仅破坏时应变较小，而且在岩样加载至承载能力极限后，应力发生骤降，破坏剧烈且突然，伴有清脆的爆裂声响。这与洞室群施工现场频繁出现的围岩开裂、破裂等现象较为吻合。因此，除高地应力环境之外，玄武岩较强的脆性特性也是洞室群开挖期间应力控制型破坏明显的主要原因。

另一方面，图中也呈现出了两岸厂房顶拱应力控制型破坏的差异。可以看到无论是片帮、破裂破坏还是喷护混凝土裂缝，在左岸厂房顶拱的分布范围都要明显大于右岸。如两岸厂房顶拱片帮面积占比分别为 18.8% 和 4.7%，破裂破坏面积占比分别为 6.3% 和 1.8%，喷层裂缝总长占厂房长度分别为 86% 和 56%，而且破坏的影响深度也是左岸略大于右岸。这说明左岸厂房顶拱围岩应力控制型破坏的程度相比右岸更为严重。

虽然左右两岸厂房边墙围岩均发生了破裂破坏，但两岸破坏的程度明显不同。首先右岸破坏面积更大，左、右两岸厂房下游边墙破裂破坏面积占比分别为 7.7% 和 17%。其次，右岸破坏的影响深度也要略大。现场勘察结果也表明右岸边墙破坏程度更高，右岸厂房下游边墙的破裂破坏导致岩锚梁破裂缺失，下游岩锚梁缺失未成形段长达 242m，占岩梁总长约 60%，而这一现象在左岸厂房没有发生。

通过对比发现，左右两岸厂房围岩应力控制型破坏虽然破坏模式相似，但破坏发育部位和程度存在一定差异。总的来说，左岸厂房顶拱的破坏程度更高，而右岸下游边墙的破坏程度更高。造成这一差异的根本原因在于两岸初始地应力量值和方位的不同。下面通过平面应力椭圆分析对这一机制进行解释。

厂房属于狭长洞室,其围岩应力分析可等效为平面应变问题,忽略厂房轴向影响。因此可通过求解厂房横断面应力椭圆,对断面二维应力分布特征进行分析。根据实测地应力量值及方位,经应力坐标转换计算,可得到左右两岸厂房横断面上平面应力椭圆,如图7.4.2所示。由图可知,左岸厂房断面第一主应力为19.85MPa,第二主应力为9.85MPa;右岸厂房断面第一主应力为17.25MPa,第二主应力为14.46MPa。左岸第一主应力略大,右岸第二主应力及主应力倾角略大。可以看到,左右两岸厂房断面上第一主应力均缓倾向上游一侧,这将导致厂房开挖后在上游侧顶拱和下游墙脚产生应力集中。

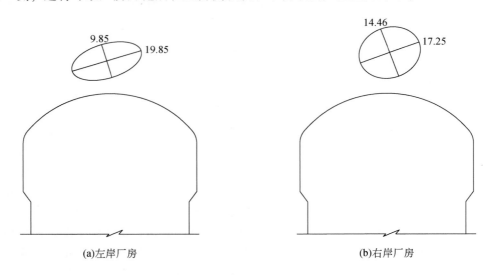

(a)左岸厂房　　　　　　　　　　　　　　　(b)右岸厂房

图7.4.2　主副厂房断面应力椭圆(单位:MPa)

但两岸厂房断面的应力椭圆也存在差异,左岸应力椭圆离心率更大,即左岸第一主应力量值较大,右岸第一主应力量值稍小但第二主应力量值较大。由于洞室开挖后,二次应力会在垂直于第一主应力的方向上集中,因此对于水平向应力较大的左岸厂房来说,顶拱的应力集中将会比较显著。由于第一主应力缓倾向上游侧,因此二次应力集中区将会出现在左岸厂房上游侧顶拱,同时在与第一主应力方向垂直的另外一个部位,即下游墙脚处,也会出现一定程度的应力集中。而在右岸厂房,第一主应力同样缓倾向上游侧,但量值小于左岸,因此同样会在上游顶拱和下游墙脚产生应力集中,但顶拱应力集中程度低于左岸。因此右岸厂房顶拱围岩的片帮、破裂破坏程度低于左岸。由于右岸陡倾的第二主应力量值较大,在与第二主应力方向垂直的边墙部位也会出现一定程度的应力集中。这样,两个主应力的集中在下游墙脚处叠加,因此导致右岸下游边墙出现较为严重的围岩破裂破坏。

两岸厂房围岩应力分布的差异可通过数值分析进一步佐证。图7.4.3为数值计算得到的两岸厂房第Ⅳ层开挖后围岩第一主应力分布。由图可知,左岸厂房应力集中最为显著的部位在顶拱,而相比左岸,右岸厂房墙脚的应力集中程度更高。数值计算反映出的两岸厂房应力重分布的差异与应力控制型破坏的差异有较好对应性,即左岸厂房顶拱围岩破坏更严重，右岸厂房下游墙脚围岩破坏更为严重。

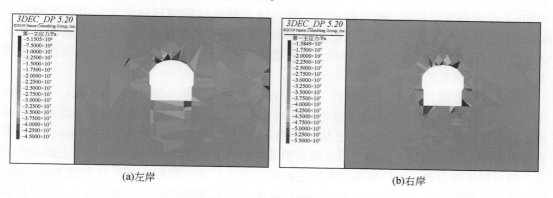

(a)左岸　　　　　　　　　　　　　　　(b)右岸

图 7.4.3　两岸主副厂房第Ⅳ层开挖后围岩第一主应力分布图

另外，与左岸洞室群相比，右岸洞室群经系统支护后出现了更多的应力控制型破坏，如厂房小桩号洞段大变形、8#尾水调压室喷层开裂等。这既与右岸更高的初始地应力有关，也与层间错动带影响导致局部应力集中有关。

7.4.2　边墙围岩变形

由于右岸初始地应力量值相比左岸更大，因此在厂房开挖过程中，右岸边墙围岩会出现更为剧烈的卸荷以及更为严重的卸荷变形。正如监测结果所反映出的，右岸边墙整体的变形量值比左岸更大。同时局部产生的应力集中会使围岩进入裂纹不稳定扩展阶段，从而出现显著扩容及大变形现象。这是右岸厂房边墙变形相比左岸的差异所在，较为典型的如右岸厂房小桩号洞段大变形现象，其形成机制将在第 8 章进行阐述。

左右两岸洞室群边墙变形的另一个显著区别就是左岸边墙受层间错动带 C_2 影响出现的剪切变形。由于 C_2 大范围斜切左岸厂房边墙，在开挖卸荷作用下，C_2 的剪切变形导致了围岩大变形及喷层开裂等一系列问题。这种变形破坏模式与较完整围岩的卸荷变形本质不同，其力学机制将在第 8 章进行深入分析。左岸厂房边墙围岩变形模式主要是卸荷变形和层间错动带剪切变形两种，而右岸主要是卸荷变形。

7.5　本 章 小 结

本章通过对白鹤滩地下洞室群分层开挖过程进行数值模拟，计算分析了施工开挖期间洞室群围岩应力、变形及塑性区的分布特征及演化规律，形成了对洞室群开挖围岩变形破坏响应特征的基本认识。

由于左岸初始第一主应力、右岸初始第二主应力方向与厂房轴向呈大角度相交，并且缓倾向上游一侧，厂房开挖后，将在厂房顶拱偏上游侧和下游墙脚处出现压应力集中现象，并且随着厂房的不断下挖，顶拱应力集中呈现加剧的趋势。主变洞和尾水管检修闸门室这两个与厂房平行的长廊型洞室与厂房相似，在顶拱部位也出现了应力集中，尾水调压室穹顶部位也有出现但程度相对较低。在厂房上部开挖期间，顶拱最大压应力超过了40MPa，会导致围岩片帮、破裂破坏等，在边墙下部开挖期间顶拱最大压力甚至超过了60MPa，会导致围岩破坏、喷层开裂。厂房等洞室边墙墙脚的压应力集中会导致围岩发生破裂破坏。洞室开挖使临空面上卸荷，以边墙部位尤为显著，高边墙的强烈卸荷会造成围岩大变形、破裂等问题。

围岩变形方面，经系统支护后，左岸厂房顶拱围岩变形一般为 23~60mm，左厂 0+200m 以南洞段变形较大；边墙围岩变形为 35~90mm，上游侧变形总体大于下游侧，下游边墙层间错动带 C_2 揭露部位变形较大。右岸厂房顶拱围岩变形一般为 30~70mm；边墙围岩变形为 45~110mm，上游侧变形总体大于下游侧，下游边墙以小桩号洞段中上部变形较大。围岩塑性区方面，至厂房开挖支护完成时，左岸厂房上游拱肩塑性区深度为 4~5m，顶拱及下游拱肩为 2~4m，边墙为 3~8m；右岸厂房上游拱肩塑性区深度为 3~4m，顶拱及下游拱肩为 2~3m，边墙为 3~8m；厂房边墙中部及母线洞交叉口处存在张拉塑性区。

同时，在前文地下洞室群围岩变形破坏特征分析及数值分析的基础上，对典型围岩变形破坏类型的形成机理进行了总结分析，并对两岸洞室群变形破坏的共性及差异进行了对比。

片帮、破裂破坏及喷护混凝土开裂是两岸洞室群较为突出的共性问题。左右两岸初始地应力的方向与量值有所不同，导致开挖后左岸厂房上游侧顶拱应力集中相对更为严重，右岸厂房下游墙脚处应力集中更为严重。因此，左岸厂房顶拱围岩的破坏程度更高，右岸厂房下游墙脚围岩破裂破坏更为突出。

各洞室顶拱围岩变形一般较小，边墙变形相对较大。由于右岸初始地应力量值更高，因此围岩变形量值相比左岸略大，变形的时间效应更为显著。左岸洞室群除卸荷变形之外，受层间错动带 C_2 斜切边墙影响，边墙围岩还出现了沿 C_2 的剪切变形。

值得注意的是，右岸洞室群还出现了大型地质构造影响局部应力场导致的应力控制型围岩变形破坏现象，而在左岸未出现此类问题。

总的来看，左右两岸地下洞室群虽尺寸规模相同、地质环境相似，但由于埋深不同、初始地应力量值和方位不同，而且洞室群布置与地质构造的位置关系不同，导致了两岸洞室群围岩变形破坏的差异性。

第8章 典型部位变形破坏特征及原因分析

8.1 左岸厂房排水廊道 LPL5-1 喷护混凝土开裂

在左岸厂房开挖过程中，排水廊道 LPL5-1 发生了较为严重的喷护混凝土开裂破坏，表现为喷护混凝土开裂、鼓胀、掉块，局部挂网钢筋外露并弯曲，同时底板混凝土也出现了开裂、隆起的现象。

8.1.1 排水廊道 LPL5-1 布置

左岸排水廊道 LPL5-1 位于主副厂房上游侧，与厂房平行布置，距厂房上游侧拱脚 30m。桩号左厂 0–121.35 ~0–044.2m 段断面尺寸为 4m×4m（宽×高），左厂 0–044.2 ~0+416.15m 段为 4m×5m（宽×高），洞长 537.5m，底板高程 613 ~615m。排水廊道 LPL5-1 尺寸及空间位置见图 8.1.1。

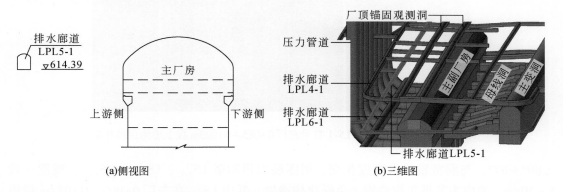

(a)侧视图　　　　　　　　　　　　　　(b)三维图

图 8.1.1　排水廊道 LPL5-1 空间位置

8.1.2 地质概况

排水廊道 LPL5-1 工程地质剖面图如图 8.1.2 所示。洞室赋存地层岩性为 $P_2\beta_3^1$ 层隐晶质玄武岩、杏仁状玄武岩、斜斑玄武岩、角砾熔岩、$P_2\beta_3^2$ 层第二类柱状节理玄武岩，岩质坚硬、性脆。单斜构造，岩流层总体产状为 N40°E，SE∠15°，走向与洞轴线交角20°。洞室垂直埋深约 260 ~330m，处于高地应力区，开挖过程中多个洞段出现片帮现象，深度 10 ~40cm，主要发育在洞室上游侧拱肩、顶拱部位（图 8.1.3）。

洞室主要揭露断层 F_{717}，宽度 1 ~3cm，角砾化构造岩，胶结型，产状为 N55°W，NE

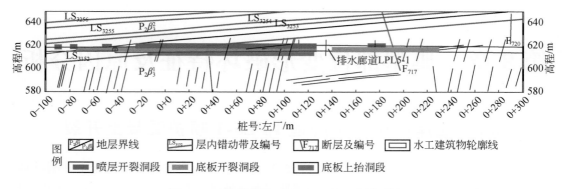

图例　　地层界线　　　　层内错动带及编号　　　断层及编号　　　水工建筑物轮廓线
　　　　喷层开裂洞段　　　底板开裂洞段　　　　　底板上抬洞段

图 8.1.2　排水廊道 LPL5-1 工程地质剖面图

图 8.1.3　排水廊道 LPL5-1 桩号左厂 0+085 ~ 0+093m 段上游侧顶拱片帮

$\angle 80° \sim 87°$，与洞室轴线大角度相交。揭露层内错动带 LS_{3152}、$LS_{(01)}$、$LS_{(02)}$，宽度一般 $1 \sim 10$cm，带内为节理化构造岩、角砾化构造岩。其中 LS_{3152} 在左厂 $0+000 \sim 0+032$m 段揭露，下部同组缓倾裂隙发育；$LS_{(01)}$、$LS_{(02)}$ 在左厂 $0+333 \sim 0+416.5$m 段揭露。裂隙以 N55°W 陡倾角裂隙及 N45° ~ 55°E 顺层向缓倾裂隙为主，闭合为主，间距一般为 $50 \sim 150$cm，局部 $10 \sim 30$cm，裂隙面以闭合及充填少量钙质为主，局部为 $1 \sim 2$cm 节理化构造岩、方解石脉。

8.1.3　变形破坏特征

2015 年 6 月，排水廊道 LPL5-1 开挖支护完成，此时厂房开挖至第Ⅱ层。之后至 2016 年 11 月，即厂房第Ⅲ ~ Ⅴ层开挖期间，现场巡视发现排水廊道 LPL5-1 左厂 $0-080 \sim 0+$250m 段上游侧顶拱及拱肩出现多处喷护混凝土开裂、脱落现象，裂缝断续延伸，发育总长约80m，占洞长15%。设计决定对破坏洞段增加锚杆+系统挂网+复喷支护，加强支护于2017年1月完成，此时底板混凝土也已浇筑完成。随着厂房下挖至第Ⅵ2层，排水廊道LPL5-1喷护混凝土于2017年3月底再次发生开裂破坏。左厂0+000~0+021m及左厂0+040~0+110m段上游侧顶拱及拱肩喷护混凝土开裂、鼓胀、脱落；左厂0-075~0+127m段上游侧底板混凝土开裂、抬起，致使混凝土底板与下部排水沟脱空。

而后随着厂房持续下挖，排水廊道LPL5-1复喷混凝土及底板混凝土破坏不断增长，局部裂缝变长、增宽，开裂部位涂抹的砂浆条开裂，局部喷层鼓胀演化为脱落，底板上抬幅度明显增加。厂房第Ⅵ2~Ⅶ1层开挖期间，上述破坏发展最为明显。2017年6月厂房第Ⅶ2层开挖后，排水廊道LPL5-1破坏发展逐渐变缓，至机窝开挖后，变化速率已明显变缓。厂房开挖完成后未见明显变化。

至厂房开挖完成后，排水廊道LPL5-1喷护混凝土开裂破坏主要分布于桩号左厂0-093~0+235m段，其中以左厂0-026~0+130m段最为严重。顶拱、拱肩及边墙喷层破坏主要分布于上游侧，沿洞室轴向展布，表现为喷护混凝土开裂、鼓胀、掉块，局部挂网钢筋弯曲，见图8.1.4（a）、（b）、（c）。底板混凝土开裂分布于左厂0-080~0+230m段，裂缝大多与洞室轴线大角度相交，或与洞轴近似平行延展，平行裂缝多位于上游侧底板，见图8.1.4（d）。底板混凝土上抬分布于左厂0-015~0+125m段，路面混凝土与下部结构分离，显著隆起，路面出现裂缝、鼓胀、错台。排水廊道LPL5-1最终破坏统计见图8.1.2。

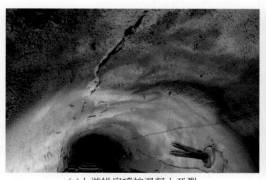
(a)上游拱肩喷护混凝土开裂

(b)混凝土开裂面貌

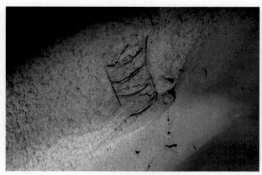
(c)钢筋压弯

(d)底板混凝土开裂、隆起

图8.1.4　排水廊道LPL5-1破坏情况

为查明排水廊道 LPL5-1 喷层开裂破坏原因，进行了专门性勘察，勘察在已进行的施工地质工作基础上，采用钻探及物探（单孔声波探测、孔内全景录像）方法进行。在 LPL5-1 布置 4 个勘察断面，每个断面分别在上游侧边墙、拱顶上游侧、下游侧边墙各布置一个钻孔（左厂 0+16.9m 断面仅在下游侧边墙布置一个钻孔），如图 8.1.5 所示。总共布置 10 个钻孔，孔深 17.45～19.33m，每孔进行声波测试和电视摄像。

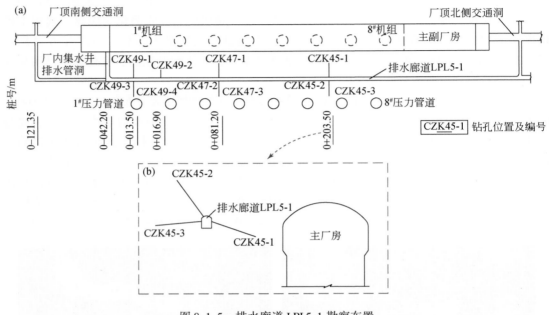

图 8.1.5　排水廊道 LPL5-1 勘察布置
（a）平面图；（b）断面图

利用数字钻孔电视技术对洞室围岩进行观测，可直接观察围岩随施工开挖裂纹萌生、扩展积聚及损伤破坏等一系列动态响应过程。声波测试能够对围岩质量级别进行定量划分，根据岩体中声波波速的变化趋势，可确定岩体开挖损伤区（excavation damaged zone，EDZ）的范围。将数字钻孔电视与声波测试结合应用，可分析判断洞室开挖后围岩的损伤破坏程度及损伤分布。排水廊道 LPL5-1 左厂 0+081.2m 断面上游拱肩钻孔电视图像显示，孔深 0.6m 范围内岩体开裂，裂纹显著且密集，与临空面近似平行分布（图 8.1.6），表明此处岩体已松弛损伤。声波测试结果显示，该范围岩体平均声波波速为 3755m/s，为全孔段最低水平，波速衰减率为 32%～40%，围岩损伤开裂导致了该处纵波波速的显著下降。整体来看，声波波速曲线呈明显台阶状分异特征，孔深 0～1.2m 范围内波速显著较低，平均波速约 3886m/s，其余孔段波速整体较高，平均波速为 5494m/s。以此可确定该断面上游拱肩围岩 EDZ 深度约为 1.2m，EDZ 内岩体开裂、裂缝较密集，EDZ 外岩体相对比较完整。各勘察断面钻孔声波测得 EDZ 深度见表 8.1.1。

由表 8.1.1 可知，排水廊道 LPL5-1 上游拱肩围岩 EDZ 深度 1.2～1.4m，上游边墙 EDZ 深度 1.2～3.2m，下游边墙 EDZ 深度 1.6～3.8m。EDZ 内平均声波波速 3435～4119m/s，EDZ 外完整或扰动围岩平均波速为 4583～5667m/s，波速衰减率 19%～30%。

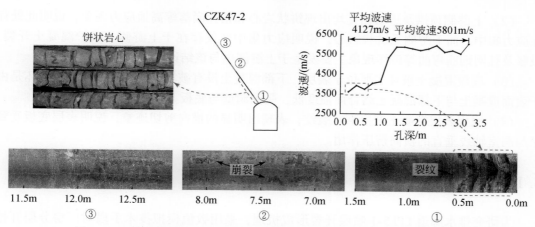

图 8.1.6 排水廊道 LPL5-1 上游拱肩钻孔全景图像、岩心及声波测试结果

可以看到，边墙 EDZ 范围明显大于拱肩，下游边墙 EDZ 范围略大于上游侧，而且在排水廊道 LPL5-1 喷层开裂破坏较为严重的洞段，上游侧围岩 EDZ 范围并未出现异常。

表 8.1.1 排水廊道 LPL5-1 钻孔声波测试结果统计

孔号	桩号/m	部位	EDZ 深度/m	EDZ 平均波速 /(m/s)	EDZ 外平均波速 /(m/s)
CZK45-2	左厂 0+203.5	上游拱肩	—	—	—
CZK45-3		上游边墙	3.2	4043	4969
CZK47-1	左厂 0+081.2	下游边墙	1.8	3435	4880
CZK47-2		上游拱肩	1.2	3886	5494
CZK47-3		上游边墙	2	4119	5561
CZK49-1	左厂 0-016.9	下游边墙	1.6	3890	5221
CZK49-3		上游拱肩	1.4	4090	5667
CZK49-4		上游边墙	1.2	3817	4923
CZK49-2	左厂 0+013.5	下游边墙	3.8	3691	4583

另外钻孔全景图像显示，上游拱肩孔深 7.0~8.2m、11.2~11.9m 处出现了钻孔崩落现象，呈现出明显的高地应力破坏特征。另外根据勘察钻孔揭露，LPL5-1 上游边墙、拱肩钻孔均存在饼状岩心这一典型高地应力现象，如图 8.1.6 所示，而下游侧钻孔无饼状岩心。钻孔崩落及饼状岩心现象均说明 LPL5-1 上游侧顶拱及边墙部位存在应力集中区。

根据排水廊道 LPL5-1 钻孔取心、钻孔电视、声波测试等现场调查结果，可得到以下结论：

（1）排水廊道 LPL5-1 开挖尺寸不大，围岩以 Ⅲ 类为主，岩质坚硬，初始地应力场第一主应力量值约 19~23MPa，洞室开挖引起地应力调整仅会导致局部的轻微片帮现象，经系统支护即可保持围岩稳定。因此喷护混凝土开裂破坏并持续发展并非是由自身开挖引起，可能与主副厂房开挖引起的地应力调整有关。

（2）上游侧顶拱及边墙钻孔均出现饼状岩心和钻孔崩落等高地应力现象，说明此处存在应力集中，而下游侧无饼状岩心，说明应力集中区仅存在于上游侧。喷护混凝土开裂、鼓胀及挂网钢筋弯曲等破坏现象主要发生于上游侧也与该结论十分吻合。

（3）底板混凝土破坏主要位于表层，下部混凝土没有破坏，说明底板混凝土破坏是由于表面混凝土与下部混凝土结合面强度低，受到洞壁与底板上抬变形挤压造成的。

（4）底板表层混凝土产生羽状裂纹，表现出明显的横向剪切迹象，说明表层底板受到了与洞室轴线垂直的横向挤压作用。

8.1.4　数值模拟

为研究排水廊道 LPL5-1 喷层开裂形成机理，采用数值模拟技术手段对厂房分层开挖围岩应力演化过程进行计算分析。计算采用模型及参数与第 7 章左岸洞室群数值分析所用相同。根据计算结果，图 8.1.7 为厂房各层开挖期间围岩第一主应力分布云图（压应力为正，拉应力为负）。

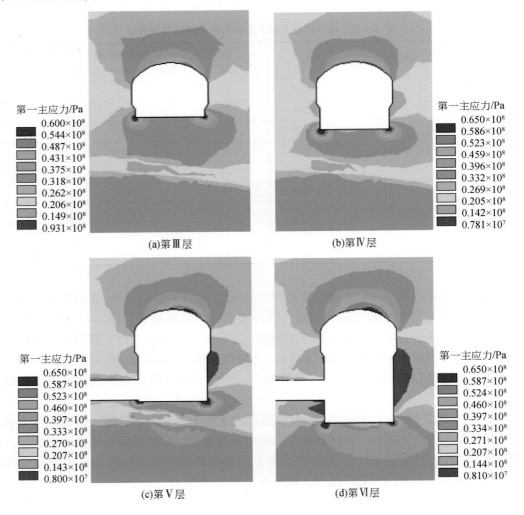

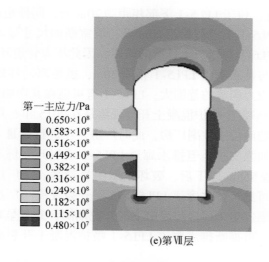

第一主应力/Pa

■	$0.650×10^8$
■	$0.583×10^8$
■	$0.516×10^8$
■	$0.449×10^8$
■	$0.382×10^8$
■	$0.316×10^8$
■	$0.249×10^8$
■	$0.182×10^8$
■	$0.115×10^8$
■	$0.480×10^7$

(e)第Ⅶ层

图 8.1.7　厂房各层开挖围岩第一主应力分布图

如图所示，厂房顶拱开挖后，顶拱上游侧出现压应力集中区，当厂房第Ⅲ层开挖完后，最大压应力为 37.5～48.7MPa，此时排水廊道 LPL5-1 已开挖支护完成。在后续开挖过程中，厂房上游拱肩部位的应力集中程度不断增加，应力集中区不断扩展。在厂房第Ⅳ层开挖完后，上游拱肩最大压应力达到 45～52MPa，34MPa 压应力的最大深度为 13m［图8.1.7（b）］。第Ⅴ层开挖完后，34MPa 压应力的最大深度为 19m；第Ⅵ层开挖完后，34MPa 压应力的最大深度为 20.8m；第Ⅶ层开挖完后，34MPa 压应力的最大深度为 25m。可以看到，随着厂房逐层下挖，上游拱肩应力集中区范围不断扩大，总体趋势为向深部及上游方向扩展。在这种情况下，不仅厂房上游拱肩围岩容易出现破坏，邻近该部位的洞室如排水廊道 LPL5-1 也会受到压应力集中的影响，存在围岩变形破坏的风险。

8.1.5　原因分析

排水廊道 LPL5-1 开挖断面尺寸仅为 4.0m×4.0（5.0）m（宽×高），洞室规模较小。分析洞室沿线地质资料可知，洞室所处位置地质条件较好，围岩较为坚硬完整，除局部洞段发育少量陡倾裂隙外，无其他不良地质构造。根据现场破坏形态及发育位置判断，喷层开裂为应力主导型破坏，岩体结构面并非其主要因素。前期地应力测试结果显示，洞室所处位置初始最大主应力量值约为 19～23MPa。洞室开挖后，应力调整仅在初期引起了局部片帮破坏，经系统支护后已能保持围岩稳定。那么，为何在开挖支护后又发生了如此剧烈的破坏？时隔这么久，洞室开挖引起的应力调整早已趋于稳定，洞周应力应属合理量值，那为何又出现了诸如饼状岩心和钢筋肋拱压弯的高地应力破坏现象？显然，根源并非在排水廊道 LPL5-1 本身，可能来自于周边的其他洞室。

如图 8.1.1 所示，与排水廊道 LPL5-1 相邻的洞室有排水廊道 LPL4-1、LPL6-1、压力管道以及主副厂房。排水廊道 LPL4-1 位于 LPL5-1 上部，与之相隔超过 30m，距离已超过5 倍洞径，显然 LPL4-1 开挖引起的应力调整不会有这么大的范围。排水廊道 LPL6-1 洞室断面尺寸与 LPL5-1 相近，位于 LPL5-1 下部相距约 20m 处，同样距离较远，开挖扰动难以影响。压力管道位于 LPL5-1 上游侧相距 20m 处，洞室断面尺寸显著大于排水廊道。但与压力管道相距更近的 LPL6-1 并未产生显著的破坏，因此压力管道开挖也并非 LPL5-1 出现破坏的原因。主副厂房与排水廊道 LPL5-1 相隔 30m，虽距离同样较远，但由于厂房洞室尺寸规模大，开挖导致应力调整的范围大，LPL5-1 有可能在其影响范围之内。

排水廊道 LPL5-1 最早发生喷护混凝土开裂现象是在 2015 年 6 月至 2016 年 4 月，此时与之空间距离最近的开挖面位于主副厂房，此时厂房正在进行第Ⅲ～Ⅳ层的开挖。在后续的厂房下挖期间，虽经加强支护，但排水廊道 LPL5-1 喷层开裂仍不断扩展、加剧。当厂房开挖至第Ⅶ2 层、高程 568m 以下后，破坏发展明显趋缓。至厂房开挖完成后，喷层开裂破坏已无明显变化。可见，排水廊道 LPL5-1 喷层开裂发展与厂房分层开挖时序有一定对应关系，开裂破坏密集发生于厂房边墙中下部开挖期间，并且呈现随厂房开挖结束变形破坏收敛的特性。因此，可推断排水廊道 LPL5-1 喷护混凝土开裂破坏由主副厂房开挖引起的应力调整导致。

由数值模拟结果可知，与排水廊道 LPL5-1 相邻的主副厂房在开挖应力调整过程中，在顶拱上游侧出现了应力集中，并且发生了多种应力主导型破坏现象。下文将从破坏形式、破坏时间、应力调整和破坏发展四个方面对主副厂房开挖与排水廊道 LPL5-1 喷层开裂破坏的相关性进行深入分析。

1. 破坏形式相关性

排水廊道 LPL5-1 喷护混凝土破坏形式表现为开裂、鼓胀以及掉块，局部钢筋肋拱向临空面弯曲变形，表明此处围岩承受较高的切应力，围岩压致劈裂而鼓出。而在厂房顶拱上游侧也发生了喷层开裂、掉块的现象，破坏形式、特征与排水廊道 LPL5-1 较为相似，裂缝均分布于顶拱上游侧部位，并沿厂房轴线方向展布。LPL5-1 喷层开裂最为严重的洞段为桩号左厂 0-026～0+130m 段，而厂房该洞段上游拱肩的喷层裂缝同样较为密集，围岩变形也较大。这些方面的相似性表明，这两处发生的破坏现象很可能为同一原动力导致，即分布于顶拱上游侧近临空面处的高切向应力。

2. 破坏时间相关性

在破坏发生的时间方面，排水廊道 LPL5-1 与厂房上游拱肩具有一定相关性。排水廊道 LPL5-1 喷层起裂时间是 2015 年 6 月至 2016 年 4 月，破坏收敛时间是 2017 年 9 月；厂房顶拱上游侧喷层起裂时间是 2015 年 5 月，补加锚索支护后于 2017 年 4 月开裂趋于收敛。可见，两处喷层破坏发生的时序是前后相继的关系，如图 8.1.8 所示。LPL5-1 与厂房上游拱脚相隔约 30m，应力集中区从上游拱肩扩展、转移至 LPL5-1 需要一定时间，因此 LPL5-1 的喷层破坏晚于上游拱肩发生，即上游侧顶拱在边墙上部开挖期间发生喷层开裂现象，然后应力集中区逐渐扩展至 LPL5-1 时（边墙中上部开挖期间），后者也开始发生喷层破坏。同时，排水廊道 LPL5-1 喷层开裂破坏与厂房边墙开挖形成也存在较好的相关性，即破坏贯穿于边墙开挖的始终。当边墙开挖完成后，破坏发展速率明显减缓。

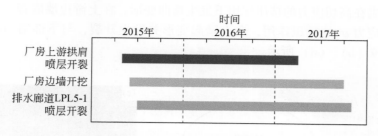

图 8.1.8　喷护混凝土开裂发生时间

3. 应力调整相关性

对排水廊道 LPL5-1 喷层破坏后进行专门性勘察发现，局部喷层开裂部位钢筋肋骨受挤压弯曲变形，上游侧顶拱和边墙钻孔均有饼状岩心，高地应力破坏特征十分明显。LPL5-1 在破坏发生之前已系统支护完成，开挖应力调整仅引起了局部轻微片帮，说明二次应力量值并非如喷层破坏时的这么高。而且在支护后近两年的时间里，其开挖导致的应力调整应趋于稳定，但实际上开裂破坏持续发展、愈演愈烈。显然，喷层破坏的发生并非是 LPL5-1 自身开挖引起的应力调整所致。在破坏发生和发展期间，邻近洞室中仍在进行施工开挖的仅为主副厂房。

厂房开挖在上游拱肩部位形成应力集中区，应力量值高，足以引起围岩劈裂和喷层开裂等破坏；应力调整时间长，一直持续到厂房开挖结束；应力集中区范围较大，且呈随边墙下挖向 LPL5-1 处扩展的趋势。LPL5-1 上游侧出现饼状岩心而下游侧没有便说明了厂房应力调整的范围已超过了 LPL5-1，应力集中区已扩展至 LPL5-1 上游侧。而其他相邻的洞室由于洞室规模小，开挖引起的应力调整范围小于与 LPL5-1 的空间距离，从而难以产生致使 LPL5-1 喷层严重破坏的影响。因此，有且仅有厂房开挖引起的应力调整能够使 LPL5-1 发生上述的高地应力破坏现象。

4. 破坏发展相关性

排水廊道 LPL5-1 破坏程度及变化趋势与厂房的开挖进度息息相关，当厂房不断下挖时，LPL5-1 喷层破坏也在持续不断地发展。虽在 2017 年 1 月对 LPL5-1 进行了加强支护，但此时边墙开挖并未停止，因而支护后破坏再次发生。厂房边墙开挖完成后，破坏发展速率明显减缓，厂房开挖结束后已无明显变化。这一相关性再次证明厂房开挖引起的应力调整是排水廊道 LPL5-1 破坏的控制性因素。

基于上述分析，可断定排水廊道 LPL5-1 喷护混凝土开裂破坏是由主副厂房开挖引起上游拱肩应力集中并向上游侧扩展，叠加排水廊道自身应力集中导致的。当厂房开挖至第Ⅲ层时，上游拱肩应力集中区扩展至与拱脚相隔 30m 的排水廊道 LPL5-1 处［图 8.1.9（a）］，在 LPL5-1 顶拱上游侧及上游拱肩部位产生较大的切向应力 σ_t［图 8.1.9（b）］。在高量值 σ_t 的持续作用下，围岩虽已支护但仍发生了压致拉裂，近表层被劈裂的岩体向临空面弯折鼓出，致使喷护混凝土受挤压作用向外鼓胀剪切，从而发生开裂甚至掉块，如图 8.1.9（b）、（c）所示。针对排水廊道这类小断面洞室的支护手段显然不能承受厂房这种大型洞室重分布应力的量值和波及范围，正如现场查勘结果所示，LPL5-1 喷层严重开裂破坏，钢筋肋拱在高切应力的挤压作用下发生弯曲变形。在上游边墙墙脚，表层混凝土受重分布最大主应力 σ_1 的挤压作用，向上隆起变形并发生开裂，与下部结构脱离，产生错台，如图 8.1.9 （b）、（d）所示。

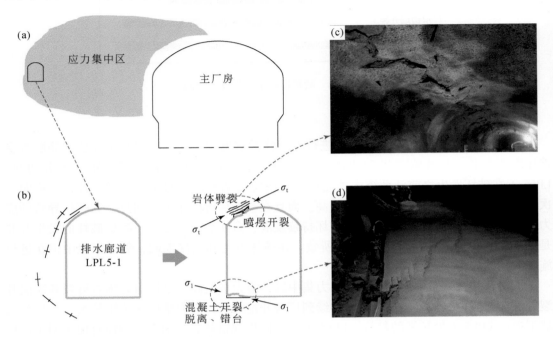

图 8.1.9　排水廊道 LPL5-1 应力分布及喷护混凝土开裂破坏机制

8.2　厂房边墙层间错动带变形

层间错动带 C_2 斜切左岸地下洞室群，因其贯穿长、错动强、性状差，对地下洞室群围岩稳定产生了很大影响，在洞室群开挖过程中引起了围岩变形破坏的发生。本节对左岸厂房边墙围岩在层间错动带 C_2 影响下出现的典型变形破坏现象进行总结，并结合数值模拟成果对变形破坏的形成机制进行分析。

8.2.1　层间错动带 C_2 分布及工程地质特性

层间错动带 C_2 贯穿整个左岸地下厂房区，斜切地下厂房、主变洞、尾水管检修闸门室、尾水调压室等四大洞室；为处理层间错动带 C_2 对地下厂房的不利影响，设置抗剪置换洞对厂房上下游边墙内 C_2 及影响带岩体预先置换为钢筋混凝土加固，置换洞沿 C_2 布置，洞径 6.0m×6.0m，置换洞边墙距厂房边墙约 13m，置换洞与边墙间沿 C_2 设置 6 条水平向支洞。层间错动带 C_2 与四大洞室、厂房置换洞关系见图 8.2.1，置换洞平面布置见图 8.2.2。

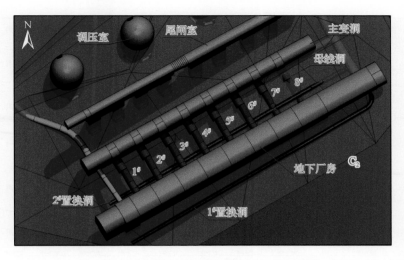

图 8.2.1　层间错动带 C_2 与四大洞室、厂房置换洞关系

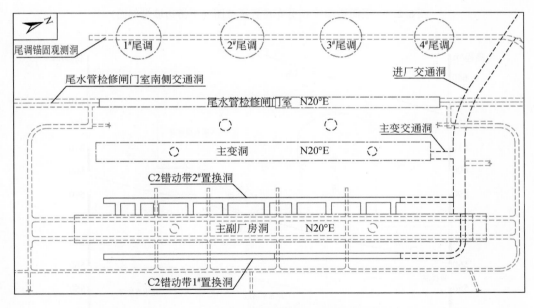

图 8.2.2　左岸厂房置换洞建筑物平面布置示意图

1. 层间错动带 C_2 分布

层间错动带 C_2 产状 N42°～45°E，SE∠14°～17°，地下厂房轴线 N20°E，层间错动带 C_2 与地下厂房轴线小角度相交，斜切整个厂房，在上游边墙反倾、下游边墙倾向临空面。主要出露于安装间北端墙及主厂房边墙中部，下游边墙与安装间北端墙拐角处最高（高程 600m，距安装间底板约 20m），上游边墙与厂内集水井南端墙拐角处最低（高程 548m），层间错动带 C_2 分布位置见图 8.2.3、图 8.2.4。

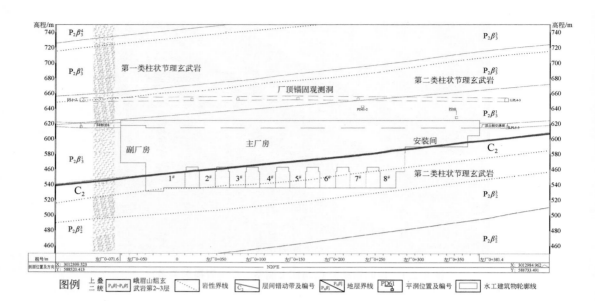

图 8.2.3　层间错动带 C_2 分布位置示意图（下游边墙纵剖面）

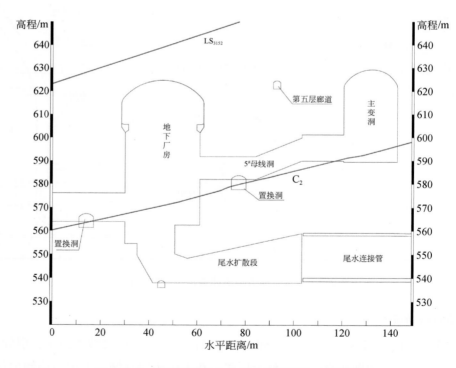

图 8.2.4　层间错动带 C_2 分布位置示意图（横剖面）

2. 工程地质特性

$P_2\beta_2^4$层凝灰岩一般厚20~95cm，局部厚150cm，平均厚度55cm，层间错动带C_2发育于凝灰岩层内，产状N40°E，SE∠18°，主错带厚10~40cm，平均20cm，带内以劈理化构造岩为主，局部为角砾化构造岩，错动带上、下界面断续分布泥膜，错动带内潮湿，局部渗滴水。错动带上盘局部见20~30cm节理化构造岩，下盘见30cm节理化构造岩，局部100cm，见图8.2.5。层间错动带C_2的结构面类型为泥夹岩屑型，遇水易软化。

图 8.2.5　左岸厂房层间错动带C_2典型特征

8.2.2　变形破坏特征

由于层间错动带C_2独特的工程地质特性，破坏了地下洞室群围岩的完整程度。为减小C_2对厂房边墙稳定的不利影响，在厂房开挖前完成了置换抗剪洞施工。在开挖过程中，厂房等洞室围岩受C_2影响仍出现了一些变形破坏现象。

8.2.2.1　厂房边墙错动变形

随着厂房下挖，层间错动带C_2揭露范围增大，在2017年8月2日至9日（厂房第Ⅶ_2层开挖期间），下游边墙桩号左厂0+077~0+181m段沿C_2布置的多台多点变位计所测位移有较大增长，5~7天位移增长约6.70~37.47mm，平均增长速率约0.96~7.49mm/d。如左厂0+124m断面下游边墙高程574.5m处布设的多点变位计Mzc0+124-3，位于C_2上部约2.5m处，与C_2相距较近，其位移-时间曲线见图8.2.6。

如图所示，自2017年5月5日至2017年8月2日，不同深度测点位移增长较为缓慢，变化量1.61~19.90mm。2017年8月2日至9日期间，各测点位移均发生陡增，位移增长量17.85~30.52mm，其中1.5m孔深测点在7天内从19.47mm增至49.90mm，平均增长率约4.35mm/d。位移突增发生时，厂房开挖高程为562.9m，此时该断面C_2已开挖揭露。自8月9日往后至2018年7月，位移增速逐渐减缓呈稳定增长，各深度测点位移增量23.63~33.14mm，1.5m孔深测点位移量已增至83.04mm。而从2018年7月之后，随着厂房开挖完成，位移增长已明显减缓并呈收敛趋势，最终孔口至20m各深度测点测得的累计位移为 42.91 ~ 83.89mm。

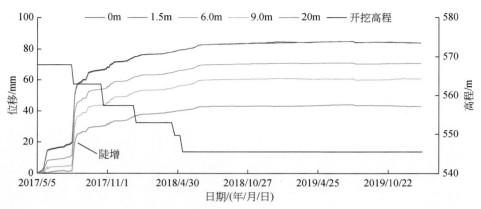

图 8.2.6　多点变位计 Mzc0+124-3 位移–时间曲线

除 Mzc0+124-3 外，下游边墙左厂 0+077 ~ 0+181m 段多台邻近 C_2 的多点变位计均在 2017 年 8 月 2 日至 9 日期间发生位移突增。这些仪器的埋设高程为 570 ~ 582m，该段边墙 C_2 揭露高程为 567.9 ~ 579m，仪器均位于 C_2 上盘 0.9 ~ 12m 距离范围之内。位移发生突增之后，边墙这些部位的累积变形为 32.52 ~ 83.93mm，整体变形量值较大，各点位移突增情况统计见表 8.2.1。可以看到，距离 C_2 较近的部位，围岩变形一般较大。另外，同一断面上游侧边墙对应部位的变形并无突增现象，变形值也普遍小于下游侧。

表 8.2.1　厂房下游边墙 C_2 附近多点变位计位移突增情况统计

断面桩号/m	多点变位计编号	仪器埋设高程/m	C_2 出露高程/m	仪器与 C_2 竖直距离	位移增量/mm	平均位移增速/(mm/d)
0+077.3	Mzc0+077-7	570.0	567.9	2.1	12.74	2.55
0+101.0	Mzc0+101-1	582.0	570.0	12.0	6.70	0.96
0+124.0	Mzc0+124-3	574.5	572.0	2.5	30.43	4.35
0+153.3	Mzc0+153-7	576.7	575.0	1.7	37.47	7.49
0+181.0	Mzc0+181-2	579.9	579.0	0.9	12.82	1.42

在此期间，布设在 C_2 下盘的多点变位计并未出现位移突增的现象。对于这种上盘位移突增、下盘位移无显著变化的现象，可以归纳为上盘岩体的下错变形。

8.2.2.2　厂房边墙喷护混凝土开裂

2017 年 8 月 10 日，厂房开挖至第Ⅶ2 层时，厂房桩号左厂 0+134 ~ 0+163m 段下游边墙喷护混凝土发生开裂、鼓胀，裂缝沿 C_2 轨迹延伸，如图 8.2.7 所示。随着厂房不断下挖，裂缝缓慢发展。至厂房开挖完成后，开裂变化已不明显。截至 2018 年 5 月（厂房第Ⅹ层开挖期间），厂房边墙沿 C_2 的喷层开裂破坏主要分布于桩号左厂 0+057 ~ 0+077m、0+107 ~ 0+163m 以及 0+308 ~ 0+316m 段，表现为喷护混凝土开裂、鼓胀，裂缝宽 0.3 ~

2cm，延伸总长 78m，占厂房长度比例的 17.8%。

图 8.2.7　厂房下游边墙喷护混凝土开裂

8.2.2.3　母线洞喷护混凝土开裂

层间错动带 C_2 上下盘岩体间的错动变形也对母线洞产生了影响。为了监测层间错动带 C_2 在开挖过程中的错动变形情况，在 $3^\#$、$4^\#$ 母线洞靠近厂房侧底板分别埋设了穿过 C_2 的测斜仪 IN_{ZMD3}-0+023-1 和 IN_{ZMD4}-0+025-1，埋设位置见图 8.2.8（a）。图 8.2.8（b）为测斜仪测得的剪切变形曲线。如图所示，2017 年 2 月厂房第Ⅵ层开挖期间，C_2 上下盘出现错动变形，变形不断增长。在 4 月份变形发生陡增，两台仪器所测变形分别达到最大值 52.91mm、30.43mm，之后变形有所减小。厂房第Ⅶ层开挖后，变形逐渐趋于收敛。最终两台测斜仪分别测得剪切变形 38.32mm、26.38mm。

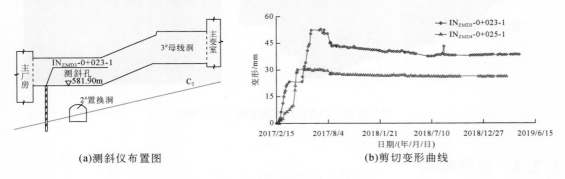

(a)测斜仪布置图　　　　　　　　　　(b)剪切变形曲线

图 8.2.8　$3^\#$ 母线洞测斜仪及监测成果

除剪切变形外，$6^\#$~$8^\#$ 母线洞还出现了喷护混凝土开裂现象，裂缝沿 C_2 断续分布，局部有脱落、掉块发生。喷层开裂部位多出露挂网钢筋，局部可见紫红色凝灰岩。典型喷层开裂破坏特征及分布见图 8.2.9。如图所示，母线洞喷层开裂破坏始于 2016 年 10 月，此时厂房正进行第 V 层边墙（与母线洞相交）的开挖。裂缝多陡倾向厂房一侧，近厂房侧的边墙和 C_2 揭露部位分布较为密集，同时 C_2 处还有喷层脱落及掉块现象出现。随着厂房下挖至第 VI 层，C_2 周边再次出现喷层脱落，同时母线洞边墙也有新裂纹产生。

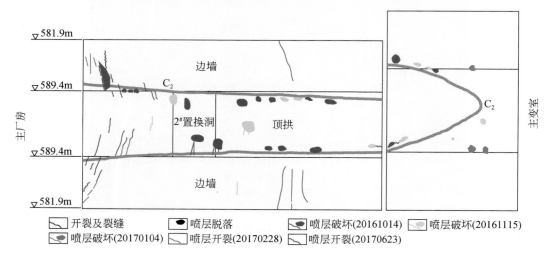

图 8.2.9　8#母线洞喷护混凝土破坏分布图

沿 C_2 走向布设、与 5#～7#母线洞边墙相交的置换洞，其回填混凝土也发生了开裂现象。裂缝产状以 N20°～62°E，SE∠50°～75°为主，倾向厂房一侧，长度为 1～4m，宽度一般为 1～3mm，少数达 15mm，见图 8.2.10。

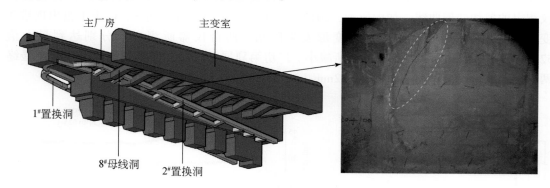

图 8.2.10　2#置换洞回填混凝土开裂面貌

8.2.3　数值模拟

8.2.3.1　模型与参数

为研究层间错动带 C_2 变形破坏特征及机理，采用数值模拟的技术手段对地下洞室群开挖层间错动带变形响应过程进行计算分析。由于含错动带岩体属于不连续介质，其表现出的不连续变形等力学行为宜采用非连续介质方法进行分析，因此本次数值模拟采用离散元软件 3DEC。利用 3DEC 对左岸地下洞室群及围岩地质结构进行了模型构建，模拟计算洞室群分层开挖过程。为兼顾计算精度及效率要求，并囊括左岸主要洞室，计算模型底部高程选定为 450m，顶部高程为 730m，整体外边界尺寸为 553m×456m×280m（厂房轴向×水流方向×铅直向），见图 8.2.11。整个模型包含 3505 个块体，99600 个单元，57759 个节点，岩体结构面内嵌于其中。在模型四面施加 x、y 向的约束，底部边界为 x，y，z 向位移约束，上表面为自由面。依据前文初始地应力反演结果对模型施加边界条件。

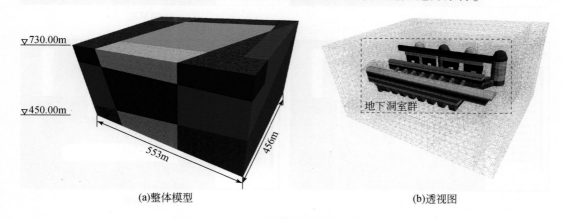

(a)整体模型　　　　　　　　　　　　　　(b)透视图

图 8.2.11　左岸地下洞室群数值计算模型

依据洞室群分层开挖施工方案，开挖模拟自上而下逐层进行，每层开挖高度为 4～13.6m，系统支护措施模拟通过等效提高锚固区域内岩体的力学参数来实现，具体采用方法与第 7 章相同。计算采用 Mohr-Coulomb 弹塑性本构模型。模型中围岩及主要结构面力学参数取值与第 7 章相同。

8.2.3.2　计算结果

围岩变形通过横断面和厂房轴向剖面两个角度进行分析，前者选取 6# 机组中心断面，后者选取厂房上下游边墙剖面。

6# 机组中心线剖面围岩位移分布见图 8.2.12。由图可知，在主变洞第 V 层开挖期间，C_2 在主变洞及尾水管检修闸门室边墙均有出露，此时主变洞最大变形位于下游边墙 C_2 揭露部位上盘，量值约 90mm；尾水管检修闸门室下游边墙 C_2 上盘变形相比上游边墙同高程处略大。此时 C_2 仍未在厂房边墙揭露，厂房上游边墙最大变形约为 90mm，略大于下游侧。随着厂房不断下挖、高边墙形成，C_2 在厂房边墙逐渐揭露，厂房下游边墙 C_2 上盘变形为边墙最大，并明显大于上游侧，最大变形达 133.76mm。厂房上游边墙变形云图呈竖向条带状分布，而下游边墙变形在 C_2 上盘集中分布，并有沿 C_2 轨迹延伸分布的趋势，这表明 C_2 对边墙围岩变形影响显著。

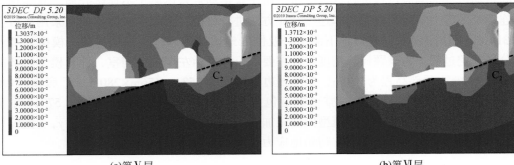

(a)第Ⅴ层　　　　　　　　　　　　　　(b)第Ⅵ层

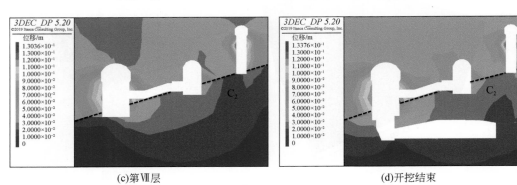

(c)第Ⅶ层　　　　　　　　　　　　　　(d)开挖结束

图 8.2.12　6#机组中心线剖面围岩位移分布图

厂房各层开挖期间上下游边墙剖面围岩位移分布见图 8.2.13，图中黑色框线为边墙的开挖轮廓线。如图所示，厂房第Ⅴ层开挖之前 C_2 在北端的安装间揭露，此处边墙变形为整个厂房最大。之后随着厂房逐层下挖、高边墙形成，C_2 在厂房边墙逐渐揭露，揭露部位变形值较之前有显著增加。同时可以看到，整个边墙的最大变形部位从厂房北端向南移动，下游边墙这一趋势尤为显著，并且下游边墙变形沿 C_2 分布的特征相比上游侧更为显著，越靠近 C_2 揭露部位变形越大。厂房开挖结束后，上游边墙最大变形为 106.19mm，位于边墙中部，并不靠近 C_2；下游边墙最大变形为 127.91mm，位于 C_2 揭露部位上盘。这表明下游边墙变形受 C_2 影响相比上游侧更大。

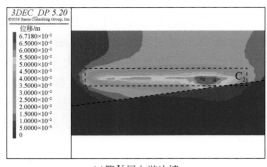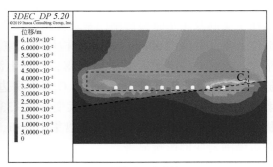

(a)第Ⅴ层上游边墙　　　　　　　　　　(b)第Ⅴ层下游边墙

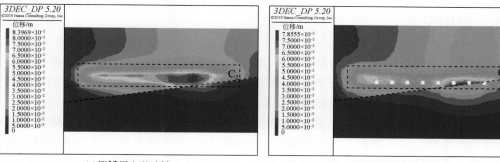

(c)第Ⅵ层上游边墙　　　　　　　　　　(d)第Ⅵ层下游边墙

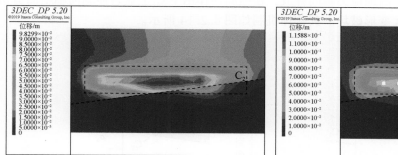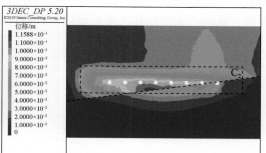

(e)第Ⅶ层上游边墙　　　　　　　　　　(f)第Ⅶ层下游边墙

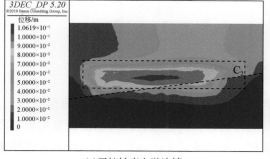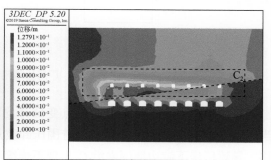

(g)开挖结束上游边墙　　　　　　　　　　(h)开挖结束下游边墙

图 8.2.13　厂房各层开挖轴向剖面边墙围岩位移分布图

根据上述数值计算结果可知,在洞室群开挖过程中,层间错动带 C_2 对各洞室边墙变形均产生了不同程度的影响,伴随着边墙开挖卸荷,C_2 逐渐揭露,揭露部位出现明显的变形增长现象。相比主变洞和尾水管检修闸门室,边墙高、开挖时间跨度大的厂房受 C_2 影响更为明显。对比厂房边墙上下游两侧可知,下游边墙变形受 C_2 影响更为显著,变形分布更集中、增长更迅速,考虑到 C_2 在下游边墙为顺向结构、在上游侧为逆向结构,因此下游边墙 C_2 上下盘岩体间发生剪切错动,即上盘岩体沿 C_2 出现剪切变形,而上游边墙变形机制主要为卸荷变形。数值计算结果与实际观测的变形规律较为一致。

8.2.4 原因分析

在漫长的地质历史时期内，错动带上下盘岩体发生过剪切滑移运动。在左岸地下洞室群施工阶段，层间错动带 C_2 出现了剪切错动现象，致使厂房边墙和母线洞围岩出现了明显的剪切变形，厂房喷层、置换洞及母线洞混凝土发生开裂。

由于 C_2 缓倾角斜切主副厂房，边墙开挖使 C_2 充分揭露。下游边墙上盘岩体有向临空面自由滑动的条件。另一方面，厂区缓倾向上游侧的初始大主应力与 C_2 的潜在滑移方向大体一致，由于沿主应力方向卸荷速率较大，故 C_2 上部岩体也将受到强烈卸荷的助推作用。随着厂房边墙开挖形成，高地应力瞬间释放，在强卸荷作用下 C_2 上盘岩体朝向临空面剪切滑移，从而产生错位和大变形破坏。其破坏机制如图 8.2.14 所示。

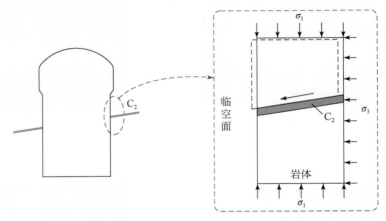

图 8.2.14 厂房边墙沿 C_2 剪切滑移破坏机制图

下游边墙发生位移突增的多点变位计均埋置于 C_2 上盘岩体内，与 C_2 空间距离较近。当 C_2 开挖揭露一段时间之后，随着围压卸载及应力调整，C_2 上盘岩体向临空面发生剪切滑移，导致厂房下游边墙围岩沿 C_2 出现不连续变形，如图 8.2.15（a）、（b）所示。这种剪

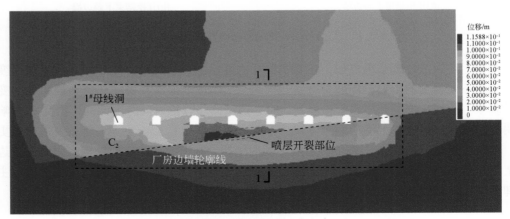

(a)数值计算得到的边墙变形分布

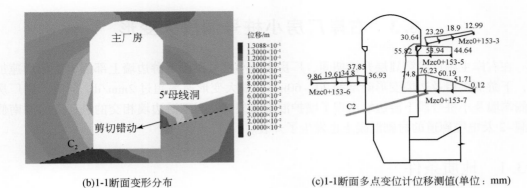

(b)1-1断面变形分布　　　　　　　　(c)1-1断面多点变位计位移测值(单位：mm)

图 8.2.15　厂房下游边墙围岩变形情况

切滑移导致的围岩变形的速率相比边墙围岩卸荷变形要大，因而表现为边墙多点变位计的位移突增，最终导致下游边墙出现大变形，如图 8.2.15（c）所示。同时，上盘岩体滑移也使得母线洞围岩产生剪切错动，使母线洞底板测斜仪产生如图 8.2.16 中所示的剪切变形。由图 8.2.16 可见，上盘岩体在 C_2 部位发生错动，同时竖直方向上也产生了不同程度的倾斜，上盘岩体距离 C_2 较远部位变形更大，这与表 8.2.1 中的趋势较为一致。

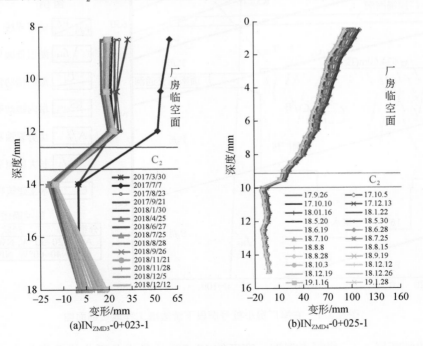

(a)IN$_{ZMD3}$-0+023-1　　　　　　　　(b)IN$_{ZMD4}$-0+025-1

图 8.2.16　母线洞测斜仪测得剪切变形随深度分布曲线

8.3 右岸厂房小桩号洞段大变形

在右岸主副厂房第Ⅶ层开挖期间，厂房南侧小桩号洞段下游边墙上部围岩变形增速加大，下游侧拱肩及边墙变形陡增约 20～60mm，最大变形速率超过 2mm/d。同时，副厂房南侧端墙及小桩号段下游边墙出现了喷护混凝土裂缝，与下游边墙相交的进厂交通洞南侧支洞−2 及电缆廊道的衬砌混凝土也发生了开裂。

8.3.1 地质条件

右岸厂房小桩号洞段下游边墙工程地质剖面图见图 8.3.1。如图所示，该洞段地层岩性为 $P_2\beta_3^5$ ～ $P_2\beta_5^1$ 层隐晶质玄武岩、角砾熔岩、杏仁状玄武岩、微晶玄武岩及薄层凝灰岩，单斜构造，岩层产状总体为 N48°E，SE∠15°。顶拱及上部层间错动带 C_4、C_5 出露部位分布有凝灰岩，岩质软弱，遇水易软化，属Ⅳ类围岩，其余部位均为Ⅲ类围岩，岩质坚硬、性脆、无卸荷状，围岩较为完整。

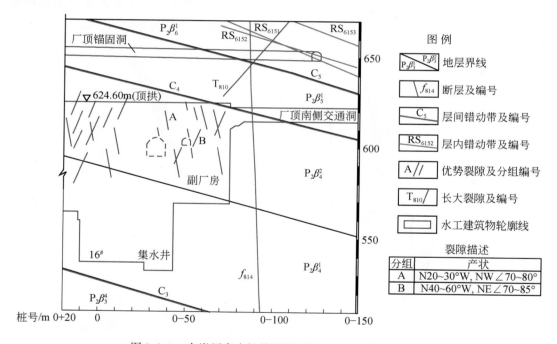

图 8.3.1 右岸厂房小桩号洞段下游边墙工程地质剖面图

发育陡倾断层 f_{814}，岩屑夹泥型，宽度约 17.5cm，带内角砾化构造岩为主，黏粒含量占 3%～10%，两侧岩体微新无卸荷，出露于厂顶南侧交通洞。

C_4 产状 N50°E，SE∠18°，发育于 $P_2\beta_4^3$ 层凝灰岩中下部，出露于厂顶锚固洞及副厂房顶拱，宽 3～15cm，为劈理化构造岩，劈理间距 0.5～1mm，带内整体干燥，泥夹岩屑型。

C_5 产状 N50°E，SE∠15°，发育于 $P_2\beta_5^2$ 层凝灰岩上部，出露于厂顶锚固洞，宽 5～15cm，

为劈理化构造岩，劈理间距 1 ~ 2mm，泥夹岩屑型。

层内错动带有 RS_{6151} ~ RS_{6153}，位于厂顶锚固观测洞上部，距厂房顶拱 25m 以上，距离较远。

裂隙主要有 2 组：①N20° ~ 30°W，NW∠70° ~ 80°；②N40° ~ 60°W，NE∠70° ~ 85°。裂隙长度一般为 2 ~ 5cm，间距一般 50 ~ 200cm，局部 20 ~ 50cm，裂隙面以闭合、平直粗糙为主。

8.3.2　变形破坏特征

8.3.2.1　围岩变形突增

右岸主副厂房开挖前期，小桩号洞段围岩变形随时间持续缓慢增长，第Ⅶ层开挖前变形增长速率小于 0.1mm/d。2017 年 10 月后，厂房第Ⅶ层开挖期间，小桩号洞段下游一侧多处变形增长出现加速趋势，平均变形增长速率约 0.3 ~ 0.6mm/d。

2017 年 10 ~ 11 月，桩号右厂 0-055m 断面（层间错动带 C_4 在正顶拱以上约 4m 处穿过）下游侧拱肩及边墙多台多点变位计位移发生突增。下游拱肩 Myc0-055-2 深度 1.5m 处位移在两月时间内陡增约 20mm，至 2018 年 2 月 3 日增至 62.91mm，平均位移增长速率为 0.33mm/d，而后增速有所放缓，见图 8.3.2（a）。下游边墙 Myc0-056-6（EL.604.9m）深度 1.5m、3.5m 位移在 2017 年 10 月至 2018 年 2 月期间发生陡增，增速先增加后减小，位移-时间曲线呈凹型，见图 8.3.2（b）。孔深 1.5m 处位移自 116.97mm 增至 176.06mm，平均位移增长速率为 0.48mm/d，孔深 3.5m 处自 85.9mm 增至 151.71mm，平均位移增长速率为 0.54mm/d。该部位不仅位移增速大，而且累计位移值也较大。

右厂 0-040m 断面顶拱（与层间错动带 C_4 相距 7.5m）孔口及孔深 2.5m 处位移在 2017 年 9 月至 2018 年 2 月同步发生突增，孔口位移自 83.26mm 增至 138.02mm，孔深 2.5m 处位移自 83.50mm 增至 138.37mm，增速先增加后减小，平均增长速率为 0.35mm/d，如图 8.3.3 所示。

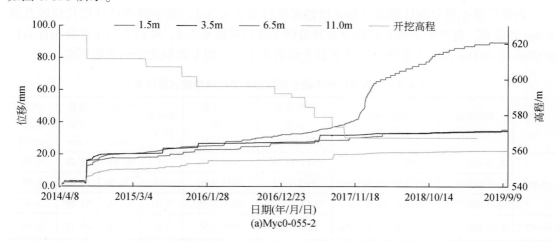

(a)Myc0-055-2

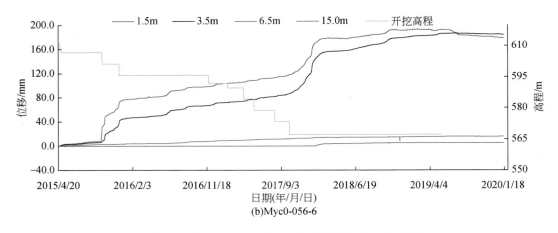

(b)Myc0-056-6

图 8.3.2 右厂 0-055m 断面多点变位计位移-时间曲线

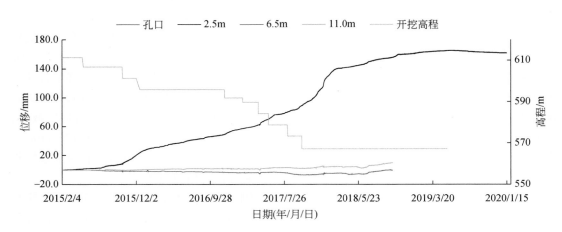

图 8.3.3 右厂 0-040m 断面顶拱多点变位计 Myc0-040-1 位移-时间曲线

右岸厂房小桩号洞段围岩变形突增情况统计见表 8.3.1，其中测点位移取孔口或孔深 1.5m 处位移。各变形突增点位置分布及最终变形值见图 8.3.4，可以看到主要分布在右厂 0-056～0-020m 段的下游侧顶拱及下游边墙的中上部，而上游侧无变形突增现象。

表 8.3.1 右岸厂房小桩号洞段围岩变形突增情况统计表

桩号 /m	多点变位 计编号	仪器埋设 位置	突增开始 日期 （年/月/日）	突增结束 日期 （年/月/日）	突增历 时/d	突增结 束位移 /mm	位移 增量 /mm	平均 增速/ （mm/d）
0-055	Myc0-055-2	下游拱肩	2017/11/30	2018/2/3	65	62.91	21.22	0.33
	Myc0-056-6	下游边墙 EL.604.9m	2017/10/1	2018/2/1	123	176.06	59.09	0.48
	Myc0-056-7	下游边墙 EL.593.4m	2017/10/10	2018/2/18	131	92.76	62.88	0.48
0-047.7	Myc0-047-1	下游边墙 EL.611.7m	2017/10/7	2018/2/4	120	73.70	46.37	0.39

续表

桩号/m	多点变位计编号	仪器埋设位置	突增开始日期(年/月/日)	突增结束日期(年/月/日)	突增历时/d	突增结束位移/mm	位移增量/mm	平均增速/(mm/d)
0-040	Myc0-040-1	顶拱	2017/9/9	2018/2/12	156	138.02	54.77	0.35
0-020	Myc0-020-2	下游拱脚	2017/11/30	2018/2/1	63	72.22	16.29	0.26
	Myc0-020.9-7	下游边墙 EL.592.6m	2017/11/16	2018/1/21	66	91.08	36.87	0.56

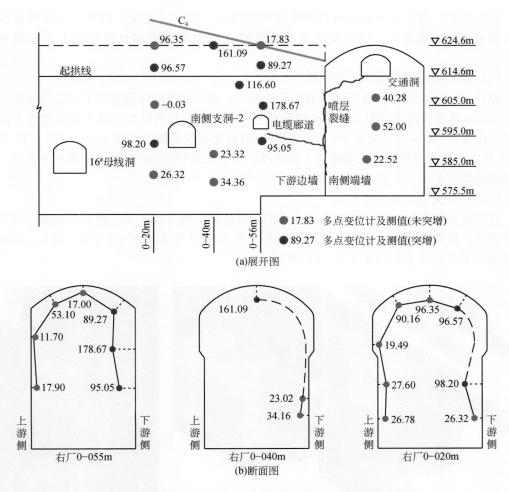

图 8.3.4　右岸厂房小桩号洞段围岩变形情况统计（单位：mm）

由上述分析可知，右岸厂房小桩号洞段围岩变形突增具有如下主要特征：

（1）变形突增发生于右岸厂房 0-056～0-020m 段，主要集中分布在顶拱下游侧及下游边墙中上部。

（2）变形突增大多始于 2017 年 10~11 月，终止于 2018 年 2 月，该时段为厂房第Ⅶ层开挖阶段；突增持续时间较长，短则 2 个月，长则 4~5 个月。

（3）变形增速大，累积变形量大。这些变形突增点的增幅为 16.29~62.88mm，平均增速为 0.26~0.56mm/d，最大增速达 2.67mm/d；最终变形值为 89.27~178.67mm，整体变形量较大。

（4）变形突增影响深度范围不一。有的测点仅浅表层围岩变形突增，深部变形无明显趋势；也有的测点深部与浅部围岩同步发生变形突增，变化趋势一致而量值不同。

8.3.2.2　混凝土开裂破坏

右岸主副厂房小桩号洞段变形发生突增的同时，喷护（衬砌）混凝土开裂破坏及锚索拉断在下游边墙发生，进厂交通洞南侧支洞-2 和电缆廊道的衬砌混凝土也出现开裂破坏。

（1）副厂房南侧端墙及下游边墙

2017 年 10 月 25 日，在厂房第Ⅵ层开挖期间，副厂房南侧端墙靠近下游边墙部位高程580~610m 范围出现喷混凝土开裂、鼓胀脱开，喷混凝土开裂沿两边墙交界位置自下而上延伸，在高程 580m 处转向水平，延伸至厂顶南侧交通洞底脚，见图 8.3.5（b）。在 2017年 11 月 2 日排查过程中发现裂缝向下游边墙扩展，在高程 590m 处出现一条水平裂缝，延伸至电缆廊道下部，见图 8.3.5（c）。

（2）进厂交通洞南侧支洞-2

进厂交通洞南侧支洞-2 起点位于主变洞上游边墙，终点位于主厂房下游边墙，与厂房边墙垂直，底板高程约 590.4m，城门洞型，断面尺寸为 8m×8.1m（宽×高），总长为60.65m，其空间位置如图 8.3.5（a）所示。

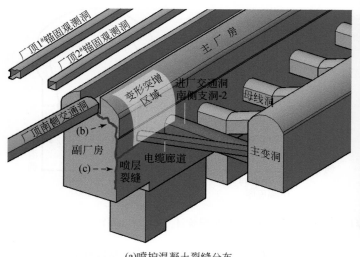

(a)喷护混凝土裂缝分布　　　　　　　　　(b)南侧端墙

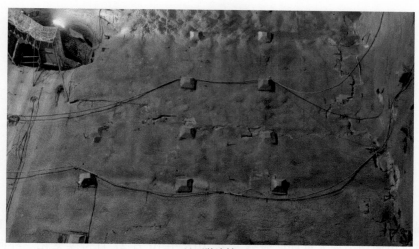

(c)下游边墙

图 8.3.5　厂房小桩号洞段喷护混凝土开裂破坏

　　2017 年 6 月 23 日（厂房第Ⅴ层开挖完成后），现场巡视发现衬砌混凝土发生开裂，至 2018 年 1 月 2 日间变化最为明显，后期持续缓慢发展。裂缝以环向为主，厂房侧 20m 范围内集中发育，其他部位少量发育，缝宽约 2～3mm 为主，部分达 5mm，间距 20～60cm 不等。厂房边墙 13～18m 范围内顶拱衬砌混凝土脱落、钢筋裸露弯折，见图 8.3.6（a）。两侧边墙裂缝在距厂房 20m 范围内广泛发育，北侧边墙较南侧更为发育。南侧边墙距厂房边墙 11m 处开裂严重，张开 2～4cm，混凝土脱落，衬砌内竖向钢筋外露，见图 8.3.6（b），24 根横向钢筋有 18 根已断裂，见图 8.3.6（c）。该洞段底板混凝土也有裂缝出现，共计 12 条裂缝，其中 6 条与厂房边墙平行，3 条垂直，3 条斜交。

　　（3）电缆廊道

　　电缆廊道起点位于主厂房下游侧边墙，底板高程 595.7m，终点位于主变洞上游边墙，底板高程 600.6m，城门洞型，断面尺寸为 4.5m×4.2m，总长 61.397m，其空间方位如图 8.3.5（a）所示。

(a)顶拱

(b)南侧边墙

(c)南侧边墙钢筋断裂

图 8.3.6 进厂交通洞南侧支洞-2 衬砌混凝土开裂破坏

衬砌混凝土破裂于 2017 年 10 月 26 日发现，底板出现 4 条裂缝，2018 年 1 月 3 日排查时，顶拱及边墙均出现大量环向裂缝，至 2018 年 10 月 27 日持续变化。环向裂缝主要分布在距厂房边墙 9~16m 范围内（0~9m 未衬砌），16~44m 范围内也有 4 条裂缝。裂缝一般宽 1~5mm，局部 1~2cm，延伸长 1~3m，走向以 N0°~20°W 为主。北侧边墙有 28 条裂缝，南侧边墙有 16 条，顶拱有 24 条。顶拱距厂房边墙 9m 处衬砌混凝土开裂、脱落，见图 8.3.7（a）。北侧边墙距厂房边墙 10~12m 破裂最为严重，混凝土脱落、鼓胀，内部钢筋弯折，见图 8.3.7（b）。底板混凝土裂缝有 15 条，一般宽 0.5~1cm，延伸长一般 1.5~3.5m，走向以 N0°~20°W 为主，少量（2 条）为 N70°~80°E。距厂房边墙 6m 处底板裂缝宽约 6cm，并产生错台，见图 8.3.7（c）。

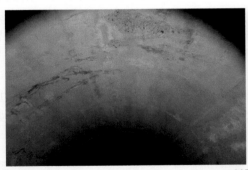
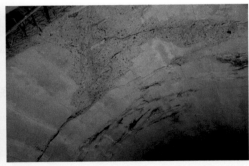

(a)顶拱

(b)北侧边墙

(c)底板混凝土

图 8.3.7　电缆廊道衬砌混凝土开裂破坏

8.3.3　数值模拟

8.3.3.1　模型与参数

为研究右岸厂房第Ⅶ层开挖期间小桩号洞段围岩变形突增及衬砌混凝土开裂破坏形成机理，采用数值模拟技术手段对厂房分层开挖围岩变形响应过程进行计算分析。利用 3DEC 软件对右岸厂房及围岩进行模型构建，模拟计算厂房分层开挖过程。

模型上、下边界分别选取厂房顶拱及底板向外 100m 范围，模型顶部高程 724.6m，底部高程 463.4m，模型整体尺寸为 553m×234m×261.2m（厂房轴向×水流方向×铅直向），见图 8.3.8（a）。整个模型包含 164 个块体，51761 个单元，15809 个节点，岩体结构面内嵌于其中。在模型四面施加 x、y 向的约束，底部边界为 x，y，z 向位移约束，上表面为自由面，在初始条件下依据地应力资料对模型内部块体进行相应约束。

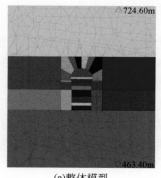

(a)整体模型

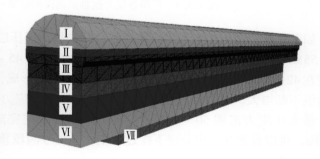

(b)厂房模型

图 8.3.8　右岸地下厂房计算模型

依据右岸厂房开挖施工分层方案,厂房开挖模拟自上而下逐层进行,计算开挖分层情况见图 8.3.8 (b),厂房底板高程 563.4m 以上共分 7 层开挖,每层开挖高度为 4~13.6m,系统支护措施模拟通过等效提高锚固区域内岩体的力学参数来实现,具体采用方法与第 7 章相同。计算采用 Mohr-Coulomb 弹塑性本构模型。模型中围岩及主要结构面力学参数取值与第 7 章相同。

8.3.3.2　计算结果

1. 围岩应力

选取厂房轴线方向,对围岩应力随厂房开挖演化情况进行分析,厂房各层开挖期间第一主应力分布见图 8.3.9。

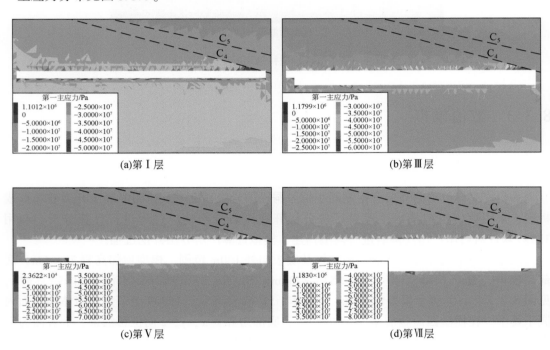

图 8.3.9　厂房各层开挖轴向剖面围岩第一主应力分布图

如图所示,在厂房第 Ⅰ 层开挖完后,顶拱出现了压应力集中现象,最大压应力范围为 38~55MPa,南侧小桩号洞段压应力量值较大,约为 45~55MPa,而其余洞段最大压应力值均在 42MPa 以下。随着厂房不断下挖及高边墙的形成,顶拱压应力集中有所加剧,压应力量值不断增大。第 Ⅲ 层开挖完成后,顶拱最大压应力范围 45~60MPa,第 Ⅴ 层开挖完后,最大压应力范围 50~70MPa,厂房第 Ⅶ 层开挖完成后,顶拱最大压应力达到 55~80MPa。可以看到在厂房分层下挖过程中,小桩号洞段顶拱的压应力集中程度要更为严重一些。

图 8.3.10 为厂房第 Ⅶ 层开挖完后小、大桩号洞段围岩应力分布的对比,其中 (a) 为轴向剖面,(b)、(c) 为选取的典型断面。如图 8.3.10 (a) 所示,在厂房南侧小桩号洞

段，层间错动带 C_4 下盘岩体应力集中显著，最大压应力范围为 66 ~ 80MPa，明显大于北侧大桩号洞段。而且，顶拱应力集中程度与 C_4 空间位置有一定相关性，在南侧 C_4 与顶拱开挖临空面距离较近时，应力集中程度较高，而在北侧随着 C_4 逐渐远离顶拱临空面，应力集中程度减弱。

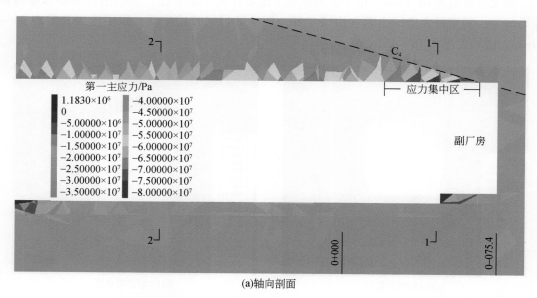

(a)轴向剖面

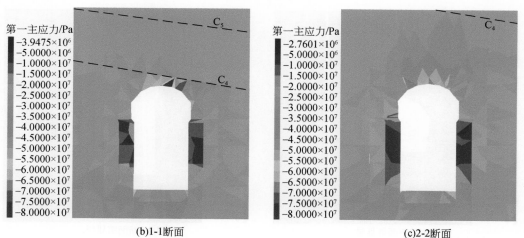

(b)1-1断面   (c)2-2断面

图 8.3.10 厂房围岩第一主应力分布

图 8.3.10（b）与（c）的对比亦可展示这一规律。图 8.3.10（b）的 1-1 断面桩号为右厂 0–46m，C_4 从顶拱上部约 6m 处穿过，可以看到顶拱有明显的应力集中现象，最大压应力范围为 62 ~ 77MPa，整体量值较大。而在图 8.3.10（c）中的 2-2 断面，其桩号为右厂 0+86m，C_4 与顶拱相距 43m，虽然顶拱也存在应力集中区，但应力量值相比 1-1 断面明显小，最大压应力为 53 ~ 65MPa。

2. 围岩变形

图 8.3.11 展示了厂房各层开挖期间 1-1 断面（桩号右厂 0-21.4m）围岩位移分布。如图所示，厂房第Ⅲ层开挖完后，顶拱围岩变形响应显著，C_4 下盘岩体产生明显的下沉变形，最大变形值为 69.8mm，位于正顶拱处。随着厂房不断下挖，顶拱围岩变形分布逐渐变得均匀，断面最大变形出现在边墙中部。厂房第Ⅶ层开挖完后，顶拱围岩变形为 64~79mm，边墙变形为 70~152mm。

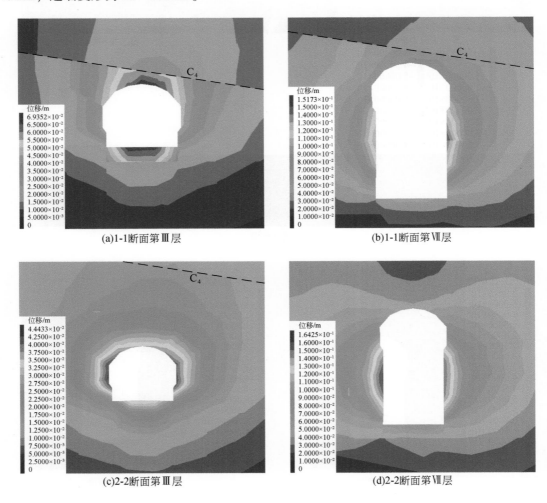

图 8.3.11　厂房各层开挖 1-1 断面围岩位移分布图

与 1-1 断面相比，位于大桩号洞段的 2-2 断面围岩变形响应特性明显不同。该断面顶拱与 C_4 相距较远，顶拱围岩完整性较好，变形受 C_4 影响较小。厂房第Ⅲ层开挖完后，顶拱围岩变形分布相对较为均匀，变形值为 20~33mm，明显小于 1-1 断面。随着厂房分层下挖，顶拱围岩变形逐渐增加，断面最大变形出现在边墙中部。至第Ⅶ层开挖完时，顶拱围岩变形值为 42~78mm，与 1-1 断面相比明显较小。

8.3.4 原因分析

8.3.4.1 开挖引起的顶拱应力集中

厂房开挖后，围岩应力发生调整及重新分布，开挖临空面上径向应力卸载，切向应力增加。由于第二主应力量值相对较高且方向略微倾向上游侧（倾角 5°~10°），在顶拱偏上游侧及下游墙脚产生应力集中区。顶拱应力集中区内最大压应力为 40~47MPa，已达到脆性玄武岩的起裂应力，是围岩产生片帮、破裂等破坏的主因。另外数值计算结果还显示，随着厂房逐层下挖，顶拱的应力集中程度不断加剧，体现为应力集中区范围的扩大及压应力量值的增大。顶拱应力集中的不断加剧仍使该部位围岩处于不利的受力状态，因此，在第 I 层开挖完成，并对顶拱进行了系统支护，但边墙开挖期间顶拱出现应力型破坏的风险依然存在。

8.3.4.2 小桩号洞段的应力集中增强

出露于右岸厂房小桩号洞段的层间错动带 C_4，对该区域围岩二次应力场的分布产生了一定影响。

如数值模拟计算结果所示，厂房顶拱部位的应力集中程度与 C_4 的空间相对位置关系存在一定相关性，在南侧洞段，C_4 与顶拱临空面距离较近甚至出露，应力集中程度较高，在北侧洞段，C_4 与顶拱临空面相距较远，应力集中程度明显较弱。这相当于在 C_4 下盘岩体的一定范围内形成一个应力集中增强区域，该区域内的压应力量值明显较其他洞段更大。根据计算结果 [图 8.3.10（a）]，这一增强区为距离 C_4 约 10~45m 范围内的下盘岩体。同时可以明显看到，以 C_4 为界，上盘岩体并未出现应力集中现象。

小桩号洞段顶拱部位受 C_4 影响下的应力集中增强，还可通过顶拱围岩钻孔声波测试的结果予以佐证。

右岸厂房共布置了 6 个声波测试断面，分别为桩号右厂 0-033m、0+062m、0+138m、0+214m、0+266m 及 0+310m，每个断面在顶拱不同部位（顶拱和上、下游拱肩）布设有 4~5 个一次性声波检测孔，用于开展声波测试以得到围岩开挖损伤区（EDZ）深度范围。厂房第 I 层开挖完成后（2015 年 3 月），现场进行了声波测试。由测试结果可知，除断面右厂 0+310m 外，其余断面的围岩 EDZ 平均深度均小于右厂 0-033m 断面，0-033m 断面顶拱围岩 EDZ 平均深度为 1.82m，其余断面均在 1.7m 以下。分析可知，顶拱开挖后，近临空面部位切向应力增大，浅层围岩发生应力主导的损伤及破坏，0-033m 断面明显较大的损伤深度印证了该断面相比其他洞段有较高的应力水平。0-033m 断面位于小桩号洞段，C_4 在顶拱上约 9m 处穿过，而其他断面的顶拱区域相距 C_4 较远。这表明 0-033m 断面开挖后量值较高的二次应力可能是受邻近的 C_4 影响。

在厂房即将开挖完成时，对小桩号洞段围岩进行了补充声波测试。2018 年 5 月对右厂 0-055m 断面的测试测得顶拱围岩 EDZ 深度为 3.0~7.2m，平均深度 5.05m；2019 年 1 月对右厂 0-020m 断面的测试测得顶拱围岩 EDZ 深度为 3.2~8.4m，平均深度 5.4m。与之相比, 2018 年 11 月在右厂 0+076m 和 0+133m 两断面测得的顶拱围岩 EDZ 深度分别为 4.5m 和 3.2m。小桩号洞段顶拱围岩的 EDZ 深度明显大于大桩号洞段, 这与厂房第 I 层开挖完时声波测试获得的规律基本一致。

再通过典型断面上的围岩钻孔测试成果对顶拱应力场受 C_4 影响情况进行分析。图 8.3.12 展示了厂房小桩号洞段新增声波测试测得的顶拱围岩 EDZ 分布范围。如图 8.3.12 (a) 所示, 右厂 0-020m 断面顶拱围岩 EDZ 深度为 8.4m, 上游拱肩和拱脚 EDZ 深度均为 4.6m, 下游拱肩和拱脚分别为 6.2m 和 3.2m。在该断面上, C_4 与开挖临空面的组合交切, 使得在顶拱及下游拱肩部位的 C_4 下盘岩体厚度相对较薄, 而在上游侧, C_4 下盘岩体厚度较大。从图 8.3.12 (a) 中的围岩 EDZ 分布范围可以看出, 在下盘岩体厚度较薄的部位 (顶拱和下游拱肩), EDZ 深度明显较大, 而在临空面距 C_4 较远的下游拱脚和上游侧, EDZ 深度明显较小。在小桩号洞段的另一个测试断面上, 规律也是如此。如图 8.3.12 (b) 所示, 在右厂 0-055m 断面, C_4 下盘岩体较薄的部位 EDZ 深度较大, 较厚的部位 EDZ 深度较小。

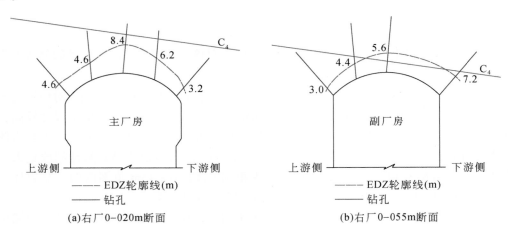

(a)右厂 0-020m 断面   (b)右厂 0-055m 断面

图 8.3.12   厂房小桩号洞段顶拱围岩 EDZ 范围

由上述分析可见, 发育于右岸厂房顶拱之上的层间错动带 C_4, 在厂房开挖围岩应力调整过程中对二次应力场的空间分布产生了一定影响, 导致了厂房小桩号洞段顶拱部位的应力集中增强。具体来说, 层间错动带 C_4 缓倾角斜切厂房顶拱围岩, 出露于南侧小桩号洞段, 而在大桩号洞段与顶拱开挖轮廓线相距较远。厂房开挖期间围岩应力调整, 顶拱部位产生压应力集中。

这种应力集中增强现象的形成机制主要是由于层间错动带 C_4 的阻隔作用。层间错动带作为一种软弱结构, 其力学传导性能较差, 位于下盘的厂房开挖时, 围岩发生应力调整, C_4 会阻隔应力向上盘传导。当 C_4 距离临空面较远时, 阻隔作用微乎其微, 围岩应力调整与集中基本不受其影响。但当 C_4 与临空面相距较近、下盘岩体厚度较薄时, C_4 的阻隔作用致使应力在临空面与 C_4 之间积聚, 从而形成应力集中增强区域。这为该区域内围岩变形突增的发生提供了基本条件。

8.3.4.3　下游边墙辅助洞室影响

下游边墙变形突增与进厂交通洞南侧支洞-2 和电缆廊道的衬砌混凝土开裂是相互关联的。

下游边墙变形突增区处于独特的环境中，一是位于 C_4 下盘应力集中增强区，二是位于洞室挖空率高的区域，位于主副厂房与主变洞之间的岩柱，在岩柱内又开挖了进厂交通洞南侧支洞-2 和电缆廊道，临空面增加，应力集中多次叠加。因而更容易导致围岩破裂而变形。

出现混凝土破坏的两个辅助洞室位于厂房小桩号洞段变形突增的区域，两辅助洞室的破坏均集中发生在靠近厂房一侧约 20m 范围内，而且破坏发生的时间也与厂房围岩变形突增的时间相对应，破坏在时间及空间上的一致性证明了厂房小桩号洞段下游侧围岩变形破坏与进厂交通洞南侧支洞-2 及电缆廊道影响相关。由前文分析可知，由于厂房边墙围岩强烈卸荷，以及拱座压应力向岩柱部位传导，导致岩柱内靠近厂房一侧产生量值较大的竖向应力。在岩柱内竖向压应力的作用下，两辅助洞室的围岩压致拉裂，导致衬砌混凝土出现环向裂缝，底板混凝土开裂，竖向钢筋被压弯。辅助洞室的变形破坏也导致上部围岩变形破坏的进一步加剧。

8.4　8#尾水调压室喷护混凝土开裂

8.4.1　洞室布置及地质概况

右岸尾水调压室部位岩层产状总体为 N45°~50°E，SE ∠15°~20°。层间错动带 C_4 斜切 8#尾水调压室井身上部，C_5 斜切 8#尾水调压室穿顶。发育长大裂隙 T_{874}，产状 N40°~60°W，SW（NE）∠80°~85°，宽度 3~10cm，为方解石脉，竖切 8#尾水调压室穿顶。岩体透水性较小，以微透水和弱透水性为主，8#尾水调压室穿顶有零星渗滴水现象，8#尾水调压室工程地质剖面见图 8.4.1。

8.4.2　变形破坏特征

8.4.2.1　喷护混凝土开裂

2019 年 5 月 1 日 9 时，8#尾水调压室井身层间错动带 C_4 下盘方位角 270°~320°处发生喷层开裂掉块现象，并伴随较大的岩体破裂声响。5 月 1 日~5 月 7 日期间，共发生 25 次岩体破裂声响，并伴有喷层开裂、掉块、锚索拉断现象，如图 8.4.2 所示。

经统计，8#尾水调压室井身共发育 8 条裂缝，分布于方位角 250°~350°高程 570~616m 范围，裂缝以竖向为主，少量斜向，断续延伸，最大延伸度约 46m，宽 0.5~3.0cm 为主，局部 5~10cm，局部喷护混凝土鼓胀、脱落。另外，方位角 263°~310.8°高程

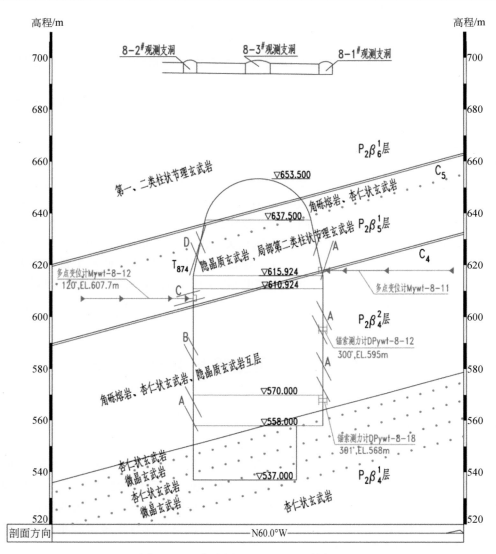

图 8.4.1 8#尾水调压室工程地质剖面图

572.5~610m 区域内有约 10 束锚索钢绞线拉断弹出，每束弹出 1~2 股。

8.4.2.2 围岩大变形

在 8#尾水调压室发生喷层开裂破坏期间，多点变位计监测成果显示尾水调压室井身出现了围岩大变形现象。

多点变位计 Mywt-8-11 位于 8#尾水调压室上游侧穹顶方位 300°高程 617.80m 处，紧邻层间错动带 C_4，如图 8.4.3（a）所示。2019 年 4 月之前，该点位移增长较为缓慢，至 3 月底时孔口累计位移为 40mm 左右。进入 4 月之后，孔口及孔深 3m 测点位移增速变大，孔口位移至 4 月 30 日增至 65.31mm，4 月份平均位移增长速率为 0.92mm/d，增速较快。2019 年 5 月 1 日，位移发生陡增，孔口位移日增量 24.94mm，累计位移达到 90.25mm，

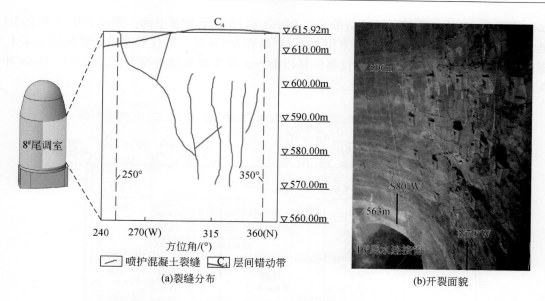

图 8.4.2　8#尾水调压室井身喷护混凝土开裂

孔深 3m 处位移日增量 18.46mm，累计位移为 12.77mm，深度 9m 及 24.31m 处位移无明显变化。而后位移增速逐渐放缓，进入 6 月后逐渐收敛，孔口位移最终稳定于 132mm 左右，孔深 3m 处位移为 51mm 左右，见图 8.4.3（b）。

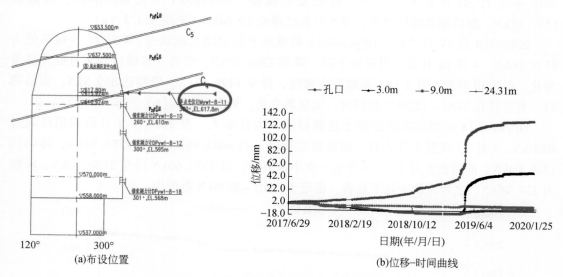

图 8.4.3　多点变位计 Mywt-8-11 监测成果

8.4.2.3　锚索荷载突降

在发生喷层开裂破坏的区域内，有多台锚索测力计荷载发生突降，主要有锚索测力计 DPywt-8-10、DPywt-8-12 和 DPywt-8-18。DPywt-8-10 位于 8#尾水调压室井身上部，方位

260°高程 610m 处，紧邻层间错动带 C_4；DPywt-8-12 位于井身中部，方位 300°高程 595m 处；DPywt-8-18 位于井身下部，方位 301.35°高程 568m 处。各仪器布设位置见图 8.4.4，图中红色框线为喷层开裂区域，仪器标号以 DPywt 开头的为锚索测力计，标号以 Mywt 开头的为多点变位计。

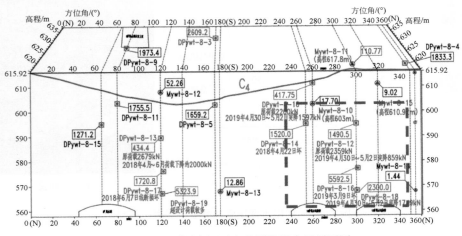

图 8.4.4 8#尾水调压室监测仪器布置展开图

在井身开挖期间，DPywt-8-10 荷载变化不明显，一直维持在 1500～2000kN 范围内。2019 年 4 月 30 日至 5 月 2 日，荷载发生骤降，自 2199kN 降至 601.09kN，降幅达 1597.91kN。而后荷载继续降低，至 5 月底已降至 23.64kN，见图 8.4.5（a）。

2019 年 4 月 17 日之前，DPywt-8-12 荷载处于稳定增长的状态，4 月 17 日荷载值为 2518.06kN。4 月 18 日荷载值开始下降，降至 2360.10kN，然后一直维持到 4 月底无显著变化。4 月 30 日至 5 月 2 日，荷载发生骤降，降至 1499.83kN，降幅达 859.5kN。而后荷载一直维持在 1480～1520kN 范围内，无显著变化，见图 8.4.5（b）。

DPywt-8-18 前期荷载增速较上述两锚索测力计更大，至 2019 年 4 月荷载值已超过 4000kN。4 月 30 日至 5 月 2 日，荷载发生骤降，自 4033.98kN 降至 2284.94kN，降幅达 1749.04kN。而后在 6 月 13 日又发生一次小幅突降，自 2351.66kN 降至 2136.70kN，降幅为 214.96kN。之后荷载变化不显著，稳定于 2020～2030kN 范围内。

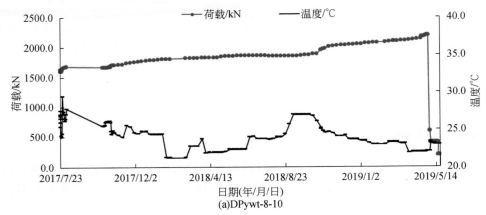

(a)DPywt-8-10

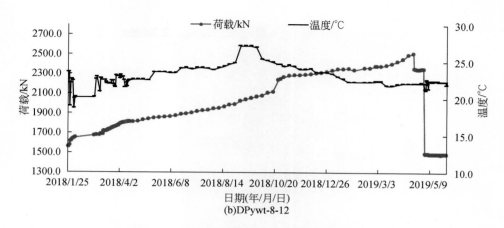

图 8.4.5　锚索测力计荷载–时间曲线

此外，喷层开裂区域内还有锚索测力计出现了荷载值过大的现象。锚索测力计 DPywt-8-16 位于 8#尾水调压室井身中下部，方位 302°高程 577m 处，具体位置见图 8.4.4，其上、下两束锚索发生了钢绞线弹出现象。DPywt-8-16 荷载增长速度较快，至 2019 年 3 月 9 日增至 5592.51kN，超出设计荷载值较多。后因仪器故障无法测量，后续荷载变化无法获取。

8.4.3　数值模拟

8.4.3.1　模型与参数

本节利用 3DEC 软件模拟计算 8#尾水调压室分层开挖过程中围岩应力与变形的演化特征。计算模型尺寸为 116m×114m×180m（长×宽×高），网格平均尺寸为 5m。模型中块体的本构模型采用弹塑性模型，接触本构模型采用库伦滑移模型。系统支护措施模拟通过等效提高锚固区域内岩体的力学参数来实现，具体采用方法与第 7 章相同。模型中围岩及主要结构面力学参数取值与第 7 章相同。在模型四面施加 x、y 向的约束，底部边界为 x，y，z 向位移约束，上表面为自由面，在初始条件下依据地应力资料对模型内部块体进行相应约束，建立的数值计算模型见图 8.4.6。

8.4.3.2　计算结果

1. 围岩应力

8#尾水调压室各层开挖期间 E、W 方位围岩第一主应力分布见图 8.4.7。如图所示，在 8#尾水调压室穹顶开挖期间，正穹顶和底脚部位出现压应力集中，最大压应力 40 ~ 48MPa。在井身开挖期间，当层间错动带 C_4 开挖揭露时，其出露部位也出现了压应力集中，最大压应力为 40 ~ 50MPa，而且应力集中区在 E、W 方位上分布范围较大。井身 NS 方位以卸荷为主，而 EW 方位局部存在应力集中。随着调压室逐层下挖，井身中下部应力

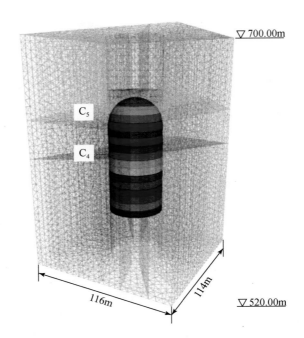

图 8.4.6　8#尾水调压室计算模型透视图

集中不明显，仅底脚处存在应力集中。当 8#尾水调压室开挖完成时，在正穹顶、C_4 揭露部位以及底脚处存在压应力集中，最大压应力为 40~50MPa，其中 C_4 揭露部位以 W~NW 方位较为显著。

2. 围岩变形

8#尾水调压室各层开挖期间 E、W 方位围岩变形分布见图 8.4.8。如图所示，当 8#尾水调压室开挖完成时，围岩变形以 C_4、C_5 揭露部位较大，达 120~220mm，而在其余部位，穹顶围岩变形一般为 45~55mm，井身为 20~70mm，底板上抬变形 30~90mm。同时可以看到，井身围岩变形以 NS 方位较大，EW 方位相对较小。

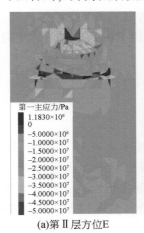

(a)第Ⅱ层方位E　　　　(b)第Ⅳ层方位E　　　　(c)第Ⅵ层方位E　　　　(d)第Ⅷ层方位E

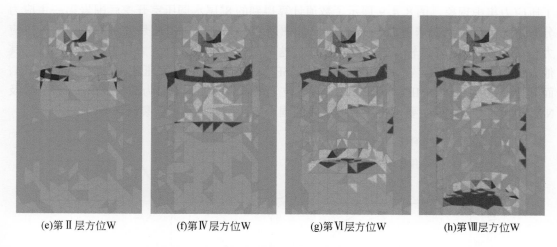

(e)第Ⅱ层方位W　　(f)第Ⅳ层方位W　　(g)第Ⅵ层方位W　　(h)第Ⅷ层方位W

图 8.4.7　8#尾水调压室各层开挖围岩第一主应力分布图

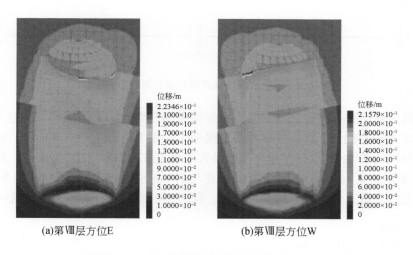

(a)第Ⅷ层方位E　　　　(b)第Ⅷ层方位W

图 8.4.8　8#尾水调压室各层开挖围岩变形分布图

8.4.4　原因分析

8.4.4.1　开挖后 NW-SE 方位的应力集中

右岸地下洞室群区域第一主应力方向为 N0°～20°E，量值一般为 22～26MPa，方向近似水平略倾向于上游一侧。初始地应力场的分布与地下洞室的空间结构决定了开挖后围岩二次应力场的基本特性，而二次应力则是围岩变形破坏现象的原动力之一。

由数值计算结果可知，尾水调压室开挖后围岩应力发生调整，在与第一主应力方向近似平行的 NS 方位卸荷较为显著，而在与第一主应力方向近似垂直的 SE 及 NW 方位上出现了压应力集中现象。图 8.4.9 展示了数值计算得到的 8#尾水调压室开挖后围岩第一主应力分布情况（计算工况未考虑地质构造）。如图所示，无论是穹顶还是井身部位，第一主应力均在 SE 及 NW 方位较高。在穹顶区域，这两个方位的最大压应力约为 34 ~ 43MPa，其他方位为 30 ~ 34MPa；在井身中部高程处，SE 及 NW 方位的最大压应力约为 17 ~ 33MPa，而其他方位为 11 ~ 25MPa。因此，在 NS 方位上围岩响应机制主要为卸荷变形，而在 SE 及 NW 方位应力集中处主要发生压应力主导的围岩破坏，如片帮、破裂破坏等。

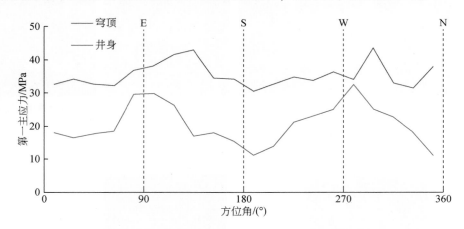

图 8.4.9　8#尾水调压室开挖后围岩第一应力分布

　　8#尾水调压室开挖过程中揭露的应力主导型破坏现象也印证了围岩二次应力场的分布特性。据现场勘察及统计，穹顶区域片帮范围最大的是 E ~ S 和 S70°W ~ N20°W 方位，片帮面积占比分别为 27% 和 17%，井身区域最大的也是 S70°W ~ N20°W 方位，片帮面积占比为 18%，如图 8.4.10（a）所示。可见，在与第一主应力方向垂直的 ES 和 NW 方位上，由于压应力集中导致了更为显著的片帮破坏，同时喷护混凝土开裂也发生在这一区域。

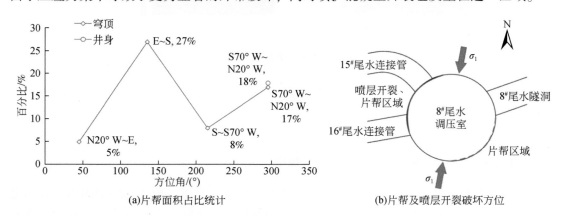

(a)片帮面积占比统计　　　　　　　(b)片帮及喷层开裂破坏方位

图 8.4.10　8#尾水调压室应力主导型破坏分布

8#尾水调压室开挖后，在穹顶及井身与初始第一主应力垂直的方位（NW、SE）上出现压应力集中的机制如图8.4.11所示，应力集中区内围岩出现片帮、破裂等破坏现象。

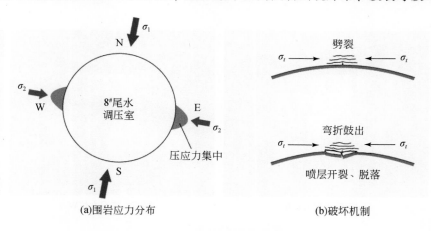

(a)围岩应力分布   (b)破坏机制

图 8.4.11   8#尾水调压室喷层开裂破坏机制

8.4.4.2   层间错动带 C_4 影响下的应力集中增强

右岸厂区初始地应力的方位以及尾水调压室的空间结构决定了开挖后围岩二次应力场的总体分布格局。另一方面，层间错动带这一大型地质构造，也会对局部的应力重分布产生影响。

图 8.4.12 为两种工况下数值计算得到的 8#尾水调压室开挖后第一主应力分布（单位：Pa），其中图 8.4.12（a）、（b）为数值模型包含了层间错动带 C_4 的计算工况，而图 8.4.12（c）、（d）的模型中无 C_4。当考虑 C_4 时，由图可知，调压室开挖后在井身 C_4 揭露部位出现了明显的应力集中，尤其是在 W～NW 方位上，C_4 揭露处应力集中显著，最大压应力为 34～42MPa，在 E 方位上的 C_4 揭露处最大压应力为 33～38MPa。相比之下，在无 C_4 分布的工况下，井身应力集中程度明显降低。在井身 E 方位上最大压应力为 27～30MPa，在 W 方位上最大压应力为 28～32MPa。可见，由于 C_4 的存在，其开挖揭露后围岩应力集中程度显著增加，重分布应力量值相比无 C_4 出露的调压室（或部位）明显更大。在 8#尾水调压室井身的 C_4 出露部位，最大压应力达到甚至超过了片帮破坏的应力门槛值，因而片帮面积和程度相比其他调压室更大。

围岩开挖损伤情况也印证了 C_4 对应力重分布的影响。现场声波测试结果显示，尾水调压室在方位角90°和270°处围岩 EDZ 深度较大，这表明在与第一主应力方向近似垂直的 EW 方位上，由于应力集中导致围岩损伤更为严重。因此围岩的损伤情况一定程度上也能反映围岩二次应力的分布特性。分析右岸尾水调压室围岩 EDZ 检测成果可知，7#与8#尾水调压室均呈现在 EW 方位上 EDZ 深度较大的规律，但 8#尾水调压室 EDZ 深度明显更大。在 EW 方位上，7#尾水调压室围岩 EDZ 深度为 0.8～2.8m，平均深度为 1.66m；8#尾水调压室围岩 EDZ 深度为 1.2～3.2m，平均深度为 2.23m。两尾水调压室规模及结构相似，并处于几乎相同的初始地应力条件下，赋存环境的主要区别在于 8#尾水调压室井身部位有

C_4大范围出露。开挖过程中 C_4 出露部位出现了显著的压应力集中，应力集中区内围岩受压发生损伤、开裂，因而导致 $8^{\#}$ 尾水调压室围岩损伤程度相比 $7^{\#}$ 尾水调压室更为严重。

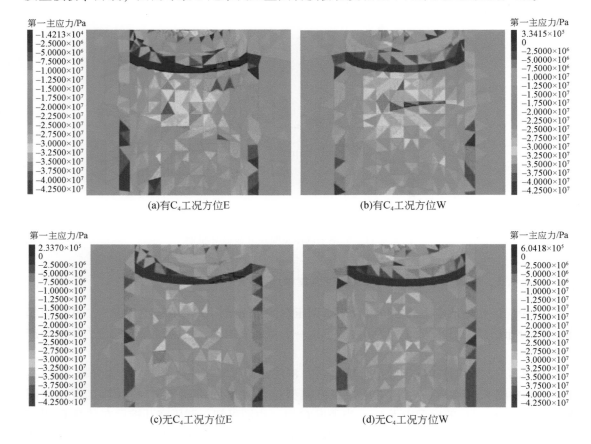

图 8.4.12　 $8^{\#}$ 尾水调压室井身围岩第一主应力分布

总的来看，厂区初始地应力的方位与洞室结构决定了尾水调压室开挖后围岩二次应力场的总体分布格局，穹顶及井身与第一主应力近似垂直的 NW 和 SE 方位上出现压应力集中；厂区分布的层间错动带 C_4 影响了应力分布，使得 $8^{\#}$ 尾水调压室井身 C_4 下部一定范围应力集中增强。这两个因素共同导致了 $8^{\#}$ 尾水调压室井身 NW 方位应力集中增强，从而导致喷护混凝土开裂破坏。

8.5　本 章 小 结

在高地应力、复杂地质构造背景下，白鹤滩地下洞室群的典型部位出现了一些特别的围岩变形破坏现象。本章综合现场勘察、数值模拟等成果，研究了这些问题的主要特征和演化规律，并对原因机制进行了深入分析。

左岸厂房排水廊道 LPL5-1 喷护混凝土开裂破坏是洞群初始地应力大小与方位、洞室特定部位、结构面分布等综合因素影响的结果，即厂房开挖到一定程度，在上游拱肩部位产生的应力集中区扩展至 LPL5-1 处导致其发生破坏。伴随厂房边墙持续下挖及由此带来的应力调整，厂房上游拱肩应力集中区逐渐向上游侧的排水廊道 LPL5-1 处扩展转移，致使排水廊道上游拱肩围岩承受高切应力，上游边墙墙脚受陡倾向上游侧的最大主应力。在高切应力的持续作用下，围岩压致拉裂、弯折鼓出，挤压喷层使其发生开裂、掉块，钢筋被高切应力压弯变形。上下游墙脚岩体受应力集中影响，产生变形，底板混凝土受挤压向上部隆起变形，导致表层混凝土鼓胀开裂，产生错台。

左岸厂房发育的层间错动带 C_2 在洞室群开挖期间下游边墙发生剪切变形，导致厂房边墙变形突增、边墙及母线洞喷护混凝土开裂等。厂房边墙开挖时围岩强烈卸荷，下游边墙 C_2 上盘岩体发生了朝向临空面的剪切错动现象，从而导致边墙 C_2 上部变形陡增，边墙喷护混凝土沿 C_2 轨迹线发生开裂。C_2 剪切变形同时引起母线洞发生变形，导致母线洞喷护混凝土发生开裂。

右岸厂房小桩号洞段围岩大变形具有变形增量大、持续时间长、不收敛等特点，这一问题是高地应力、层间错动带、洞群效应等多因素共同作用的结果。在厂房开挖过程中顶拱部位出现应力集中，在小桩号洞段层间剪切带 C_4 切割顶拱围岩，其阻隔作用导致下盘一定范围应力集中加剧，高压应力作用下围岩出现损伤、扩容，从而发生大变形。而下游边墙进厂交通洞南侧支洞-2 和电缆廊道增加了临空面，洞群效应致使应力集中叠加，从而导致下游边墙围岩最终发生大变形。

$8^\#$ 尾水调压室在开挖完成后发生了喷护混凝土开裂、鼓胀、掉块，裂缝延伸长，局部出现大变形、锚索拉断，并伴有岩体爆裂声响。综合现场调查及数值计算可知，尾水调压室开挖后，穹顶及井身与初始第一主应力方向垂直方位上（NW、SE）出现压应力集中，而在应力集中区内，井身层间错动带 C_4 导致应力集中增加。在高切向应力的持续作用下，井身 NW 方位 C_4 下盘岩体劈裂弯折并鼓出，挤压混凝土喷层使其开裂、脱落。局部岩体破裂、崩解，导致锚墩失效、锚索钢绞线拉断弹出，造成锚索测力计荷载陡降。

第9章 地下洞室群围岩变形破坏时间效应及长期稳定性

9.1 概　　述

　　白鹤滩水电站地下洞室群的一些围岩变形破坏现象表现出了明显的时间效应，变形破坏在非开挖时段仍不断发展，变形随时间增长不收敛。这种现象超出了前期预测和现有认知，也使得洞室群的围岩稳定性倍受关注。本章对现场长期监测成果进行深入分析，总结归纳地下洞室群围岩时效变形典型类型，并介绍其主要特征及表现形式。基于边界面理论及亚临界裂纹扩展概念，建立能够有效刻画高地应力环境下硬脆岩石时效变形力学行为的本构模型。基于本构模型的数值模拟，计算分析了洞室群开挖期间围岩变形演化趋势，阐述了典型部位变形的时效特征。在此基础上，对地下洞室群围岩变形时间效应的形成机制进行全面分析，对比了两岸洞室群时效变形机制的异同。最后通过数值模拟手段计算分析了围岩在施工期及长效运行阶段的变形系数，并结合现场变形监测成果，对整个洞室群的围岩稳定性进行综合评价。

9.2 围岩变形时间效应特征

　　本节对白鹤滩地下洞室群围岩变形监测成果进行深入分析，对两岸洞室群反映出的围岩变形时间效应特征进行归纳总结，梳理出围岩时效变形的典型类型，并分析其主要特征及表现形式。

9.2.1 左岸地下洞室群

　　围岩变形的时间效应可以总结为当开挖中止时，围岩变形仍随时间不断发展。相反地，当开挖中止之后，围岩变形马上或逐渐收敛，可以认为变形无时间效应。

　　对左岸主副厂房、主变洞、尾水管检修闸门室及尾水调压室围岩变形监测曲线进行总结梳理可知，左岸洞室群典型围岩变形监测曲线如图 9.2.1 所示。该曲线由多点变位计 Mzc0+267-3 测得，位于主副厂房左厂 0+267.0m 下游边墙岩锚梁部位。该曲线总体呈台阶状增长模式，在每一层刚开挖后的一段时间内，变形呈台阶状增长，随着开挖面远离及支护措施起效，台阶状逐渐不明显，变形曲线趋于收敛。变形增长集中发生在每层开挖的前期阶段，在非开挖阶段变形基本不增长，因此这一种变形演化趋势基本无时间效应。

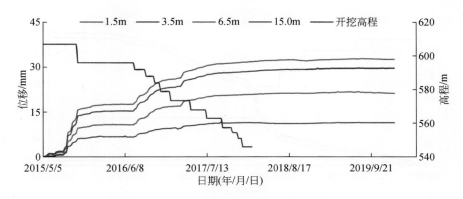

图 9.2.1　左岸地下洞室群典型位移–时间曲线

9.2.2　右岸地下洞室群

对右岸主副厂房、主变洞、尾水管检修闸门室及尾水调压室围岩变形监测曲线进行总结梳理可知，右岸洞室群几种典型围岩变形监测曲线如图 9.2.2 所示。右岸围岩变形时间效应特征主要类型包含长时间陡增型、短时间陡增型和缓慢增长型，其中图 9.2.2（a）为多点变位计 Myc0-047-1 测得，位于厂房右厂 0–047.7m 断面下游边墙高程 611.69m 处；图 9.2.2（b）为 Mywt-8-11 测得，位于 8# 尾水调压室穹顶方位 300°高程 617.80m 处；图 9.2.2（c）为 Myzb0+18-1 测得，位于主变洞右厂 0+18m 顶拱。

如图 9.2.2（a）所示，该处围岩变形在 2017 年 10 月至 2018 年 2 月期间发生位移陡增，变形增长历时长达 4 个月之久。孔口位移自 27.32mm 增至 73.70mm，增幅为 46.38mm，平均变形增长速率为 0.39mm/d。而后变形缓慢增长，持续近一年后才收敛。这种变形演化趋势时间效应较强，在非开挖阶段变形随时间显著增加，而且长时间、大速率、不收敛的变形增长是主要特征。这种时效变形类型主要出现在厂房小桩号洞段。

如图 9.2.2（b）所示，该处围岩变形（孔口）在 2019 年 5 月 1 日内陡增 24.94mm，累计变形达到 90.25mm。在发生陡增之前，围岩变形在非开挖期间随时间缓慢增长，陡增发生之后，变形增速放缓。这种时效变形类型与上一种的主要区别在于发生陡增的时长较短，表现为一天之内的变形突增。这种时效变形主要出现在 8# 尾水调压室喷护混凝土开裂区域，并伴随有岩体爆裂声响及局部锚索失效。

如图 9.2.2（c）所示，该处围岩变形在开挖初期与前述图 9.2.1 中变形曲线类似，呈现阶跃增长，而区别在于其在非开挖期间变形并不收敛，以一定速率随时间缓慢增长。虽然变形速率不大，但增长历时较长。该变形监测曲线的台阶状不明显，并且与前述变形曲线不同的是，前者曲线多呈上凸形，而这种曲线经常表现为凹形。这种时效变形在厂房、主变洞和尾水管检修闸门室均有出现。

除上述 3 种时效变形之外，右岸洞室群围岩变形监测曲线一般表现为如左岸类似的台阶状增长，变形的时间效应不明显。

通过对左右两岸洞室群围岩时效变形典型类型进行总结梳理可知，右岸洞室群围岩变

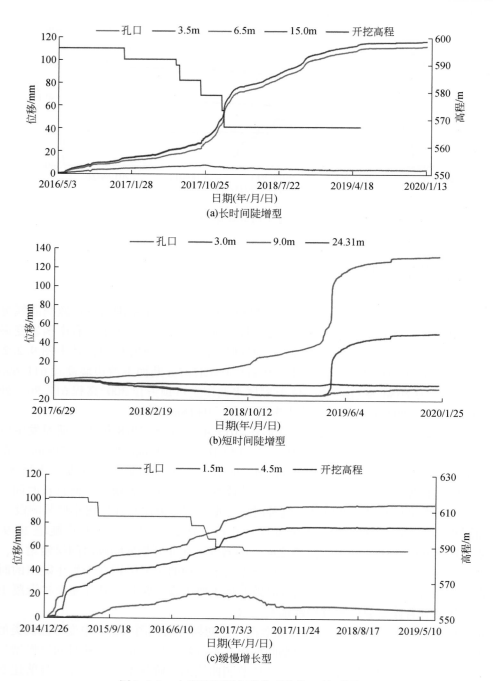

(a)长时间陡增型

(b)短时间陡增型

(c)缓慢增长型

图 9.2.2　右岸地下洞室群典型位移–时间曲线

形的时间效应相比左岸更为显著。左岸洞室群围岩变形基本无时间效应，变形在开挖初期阶跃增长，随着开挖中止及支护措施起效，变形逐渐收敛稳定。右岸洞室群围岩变形时间效应明显，且表现出了长时间陡增、短时间陡增以及缓慢增长等多种类型。正是由于右岸的时效变形，导致右岸洞室群围岩变形整体量值大于左岸。

9.3　脆性硬岩时效变形本构模型

现有研究一般将脆性岩石的时效变形行为归因于应力侵蚀作用，该理论认为环境中的化学成分与裂纹尖端产生的化学反应降低了裂纹扩展所需能量，因此岩石最终将在裂纹发育密度或扩展速率增长至临界值时产生宏观破坏（Anderson and Grew，1977；Atkinson，1982；Atkinson and Kean，1984）。本节针对白鹤滩水电站地下洞室群围岩时效变形现象及主要特征，基于边界面理论及亚临界裂纹扩展概念，建立能够合理描述复杂应力条件下脆性硬岩时效变形过程的本构模型，为围岩时效变形数值分析及力学机制分析打下基础。

9.3.1　三维霍克布朗强度准则

Hoek 和 Brown（1980）通过对大量岩石三轴试验资料和现场岩体实验成果的统计分析，提出了可反映岩石破坏时主应力间非线性关系的 Hoek-Brown 强度准则，其表达式为

$$\sigma_1 = \sigma_3 + \left(m_i \frac{\sigma_3}{\sigma_c} + 1 \right)^{0.5} \tag{9.3.1}$$

式中：σ_1 和 σ_3 分别为最大和最小主应力；σ_c 为岩石单轴抗压强度；m_i 为无量纲的岩石经验参数，反映岩石的软硬程度，取值范围为 $0.001 \sim 25$。

为使 Hoek-Brown 强度准则可同时应用于岩石和岩体，Hoek 等（1992）提出了广义 Hoek-Brown 强度准则，其表达式为

$$\sigma_1 = \sigma_3 + \sigma_c \left(m_b \frac{\sigma_3}{\sigma_c} + s \right)^a \tag{9.3.2}$$

式中：m_b，s，a 为反映岩体特征的经验参数，其中，m_b 和 a 为描述不同岩体力学性质的无量纲经验参数，s 反映岩体破碎程度，取值范围为 $0 \sim 1$。对于完整岩体（即岩石），$s = 1$，$a = 0.5$。

Hoek 等（1992）通过引入一个可考虑爆破影响和应力释放的扰动系数 D（取值范围为 $0 \sim 1$，现场无扰动岩体为 0，而强烈扰动岩体为 1），提出了基于地质强度指标（GSI）的 m_b，s 和 a 参数取值新方法：

$$\left. \begin{array}{l} m_b = \exp\left(\dfrac{GSI - 100}{28 - 14D} \right) m_i \\[3mm] s = \exp\left(\dfrac{GSI - 100}{9 - 3D} \right) \\[3mm] a = 0.5 + \dfrac{1}{6} \left[\exp(-GSI/15) - \exp(-20/3) \right] \end{array} \right\} \tag{9.3.3}$$

虽然传统的 Hoek-Brown 准则有很多优点，但也存在着不能考虑中间主应力影响和罗德角效应等缺陷。为了使 Hoek-Brown 能应用于真三轴条件下的岩石力学行为模拟分析，下面将引入三维 Hoek-Brown 强度准则。

首先将各主应力分量表示为应力张量不变量的形式：

$$\begin{Bmatrix} \sigma_1 \\ \sigma_2 \\ \sigma_3 \end{Bmatrix} = \frac{2\sqrt{J_2}}{\sqrt{3}} \begin{Bmatrix} \sin\left(\theta + \dfrac{2}{3}\pi\right) \\ \sin\theta \\ \sin\left(\theta - \dfrac{2}{3}\pi\right) \end{Bmatrix} + \begin{Bmatrix} \dfrac{I_1}{3} \\ \dfrac{I_1}{3} \\ \dfrac{I_1}{3} \end{Bmatrix} \tag{9.3.4}$$

式中：I_1 为应力张量第一不变量，$I_1 = \sigma_{ii}$；J_2 为偏应力张量第二不变量，$J_2 = s_{ij}s_{ij}/2$，s_{ij} 为应力偏量，$s_{ij} = (\sigma_{ij} - \sigma_{kk}\delta_{ij}/3)$，其中 δ_{ij} 为克罗内克符号（$i=j$ 时，$\delta_{ij} = 1$；$i \neq j$ 时，$\delta_{ij} = 0$）；θ 为应力罗德角，表示岩石的不同受力状态，当 θ 为 $-30°$ 时为常规三轴压缩应力状态（$\sigma_1 \geqslant \sigma_2 = \sigma_3$），而当 θ 为 $30°$ 时为常规三轴拉伸应力状态（$\sigma_1 = \sigma_2 \geqslant \sigma_3$）。罗德角可由下式确定：

$$\theta = \frac{1}{3}\sin^{-1}\left(-\frac{3\sqrt{3}\,J_3}{2J_2^{3/2}}\right) \tag{9.3.5}$$

式中：J_3 为偏应力张量第三不变量，$J_3 = s_{ij}s_{jk}s_{ki}/3$。

将式（9.3.4）代入式（9.3.2），则可将广义 Hoek-Brown 强度准则表示为应力不变量的形式：

$$\sigma_c^{(1-1/a)}\left(2\cos\theta\sqrt{J_2}\right)^{1/a} + \left(\frac{\sin\theta}{\sqrt{3}} + \cos\theta\right)m_b\sqrt{J_2} - \frac{m_b I_1}{3} - s\sigma_c = 0 \tag{9.3.6}$$

上式仅在 $a=0.5$ 时，有显式解，记为

$$\sqrt{J_2} = \frac{-\left(\dfrac{\sin\theta}{\sqrt{3}} + \cos\theta\right)m_b\sigma_c + \sqrt{\left(\dfrac{\sin\theta}{\sqrt{3}} + \cos\theta\right)^2 m_b^2\sigma_c^2 + 16\cos^2\theta\left(\dfrac{I_1}{3}m_b\sigma_c + s\sigma_c^2\right)}}{8\cos^2\theta} \tag{9.3.7}$$

当罗德角为 $-30°$ 时，可得到 Hoek-Brown 准则的压缩子午线表达式为

$$\left(\sqrt{J_2}\right)_c = \frac{-m_b\sigma_c + \sqrt{m_b^2\sigma_c^2 + 12m_b\sigma_c I_1 + 36s\sigma_c^2}}{6\sqrt{3}} \tag{9.3.8}$$

当罗德角为 $30°$ 时，可得到 Hoek-Brown 准则的拉伸子午线表达式为

$$\left(\sqrt{J_2}\right)_t = \frac{-m_b\sigma_c + \sqrt{m_b^2\sigma_c^2 + 3m_b\sigma_c I_1 + 9s\sigma_c^2}}{3\sqrt{3}} \tag{9.3.9}$$

因此，Hoek-Brown 准则的拉压强度比可表示为

$$K = \frac{\left(\sqrt{J_2}\right)_t}{\left(\sqrt{J_2}\right)_c} = \frac{-2m_b\sigma_c + 2\sqrt{m_b^2\sigma_c^2 + 3m_b\sigma_c I_1 + 9s\sigma_c^2}}{-m_b\sigma_c + \sqrt{m_b^2\sigma_c^2 + 12m_b\sigma_c I_1 + 36s\sigma_c^2}} \tag{9.3.10}$$

三维 Hoek-Brown 准则需和传统 Hoek-Brown 准则具有相同的拉伸和压缩子午线，同时应能有效考虑岩石材料的中间主应力效应及罗德角效应等岩石强度特性。三维 Hoek-Brown 准则的一般形式可写为

$$\sqrt{J_2} = g(\theta)\left(\sqrt{J_2}\right)_c \tag{9.3.11}$$

式中：$g(\theta)$ 为偏函数，用于控制屈服面在偏平面的形状，可表示为

$$g(\theta) = \frac{\sin\left(\dfrac{\pi}{3}\xi - \dfrac{1}{3}\sin^{-1}A\right)}{\sin\left[\dfrac{\pi}{3}\xi - \dfrac{1}{3}\sin^{-1}(A\sin 3\theta)\right]} \tag{9.3.12}$$

式中：A 为内摩擦角 φ 或静水压力 I_1 的函数，其取值影响 $\theta = \pm 30°$ 时屈服面在偏平面上的斜率；ξ 用于控制拉压强度比，其取值同样随 I_1 变化。值得注意的是，为了保证偏函数满足外凸性和光滑性，A 和 ξ 需满足如下取值范围：

$$\xi \in [1, 1.5], A \in [0, 1] \tag{9.3.13}$$

参数 A 的取值方式为

$$\left.\begin{array}{l} A = \sqrt{\dfrac{\omega^2(\omega - 9)}{(\omega - 3)^3}} \\[3mm] \omega = \dfrac{9 - \sin^2\varphi}{1 - \sin^2\varphi} \\[3mm] \varphi = \sin^{-1}\left(\dfrac{9\ell}{3\ell + 2\sqrt{3}}\right) \\[3mm] \ell = \dfrac{d(\sqrt{J_2})_c}{d(I_1)} = \dfrac{m_b \sigma_c}{\sqrt{3}\sqrt{m_b^2 \sigma_c^2 + 12 m_b \sigma_c p + 36 s \sigma_c^2}} \end{array}\right\} \tag{9.3.14}$$

参数 ξ 的取值方式为

$$\xi = \frac{3}{\pi}\tan^{-1}\left[\frac{1+K}{1-K}\tan\left(\frac{1}{3}\sin^{-1}A\right)\right] \tag{9.3.15}$$

下面将基于三维 Hoek-Brown 准则建立真三轴应力条件下岩石时效变形本构模型。

9.3.2　黏塑性边界面损伤模型

黏塑性模型被广泛运用于描述不同加载速率条件下的材料时效变形行为。在岩土工程领域，目前最常用的黏塑性理论是 Perzyna（1963，1966）提出的过应力模型，其根据应力点与屈服面在加载过程中的相对距离表征黏塑性应变的发展速率。然而，现有的过应力模型尚存在一些不足之处：

（1）过应力函数没有统一的表达式，且部分已提出的函数形式缺乏明确物理意义（Shahbodagh et al.，2020）；

（2）仅能描述材料的减速与匀速蠕变现象，而无法捕捉其加速蠕变力学行为（Liingaard et al.，2004）；

（3）无法限制材料在应力状态超出屈服面后的力学响应，因此可能预测出过高的材料强度（Shi et al.，2019）。

因此，针对过应力模型的固有缺陷，本书将结合边界面理论和亚临界裂纹扩展概念建立具有明确物理意义、可限制材料高应变率响应、以及能合理描述岩石减速、匀速和加速三阶段蠕变特征的黏塑性边界面损伤模型。

根据 Lemaitre（1979）提出的应变等效假设，名义应力 σ_{ij} 作用在损伤材料上引起的应

变与有效应力 $\tilde{\sigma}_{ij}$ 作用在无损材料上引起的应变相同，因此损伤岩石的应力应变关系可写为

$$\sigma_{ij} = (1-d)\tilde{\sigma}_{ij} = (1-d)\tilde{D}_{ijkl}\varepsilon_{kl}^e = (1-d)\tilde{D}_{ijkl}(\varepsilon_{ij}-\varepsilon_{ij}^{vp}) \tag{9.3.16}$$

式中：d 为损伤变量，由于本书考虑岩石为各向同性体，因此 d 可简化为标量；ε_{ij}^e 为弹性应变；ε_{ij} 为总应变；ε_{ij}^{vp} 为黏塑性应变；$\tilde{D}_{ijkl}$ 为无损材料的弹性刚度矩阵，可表示为

$$\tilde{D}_{ijkl} = \frac{\tilde{E}\,\tilde{v}}{(1+\tilde{v})(1-2\tilde{v})}\delta_{ij}\delta_{kl} + \frac{\tilde{E}}{2(1+\tilde{v})}(\delta_{ik}\delta_{jl}+\delta_{il}\delta_{jk}) \tag{9.3.17}$$

式中：$\tilde{E}$ 和 $\tilde{v}$ 分别为无损材料的弹性模量和泊松比。

本书采用如下所示的流动准则描述材料的黏塑性应变发展速率：

$$\dot{\varepsilon}_{ij}^{vp} = \dot{\lambda}_{vp}\frac{\partial g}{\partial \sigma_{ij}} \tag{9.3.18}$$

式中：$\dot{\lambda}_{vp}$ 为黏塑性乘子；g 为黏塑性势函数。

因此，任一时刻 t 的岩石时效变形可根据下式计算获得：

$$\varepsilon_{ij}^{vp} = \int_0^t \dot{\varepsilon}_{ij}^{vp}dt = \int_0^t \dot{\lambda}_{vp}\frac{\partial g}{\partial \sigma_{ij}}dt \tag{9.3.19}$$

根据 Charles（1958）和 Atkinson（1984）的研究，岩石材料的亚临界裂纹扩展速度 V 可通过应力强度因子 K_i 进行描述：

$$V = A_1\left(\frac{\langle K_i-K_0\rangle}{K_c-K_0}\right)^{n_1} \tag{9.3.20}$$

式中：A_1 和 n_1 为材料参数；K_0 为材料开始产生亚临界裂纹扩展时的应力强度因子阈值，K_c 为裂纹扩展速度达到最大值时对应的临界应力强度因子，$\langle\;\rangle$ 是 Macaulay 括号，即 $\langle x\rangle = (x-|x|)/2$。

考虑岩石微观裂纹扩展与宏观力学行为的内在联系，可采用岩石的应力状态表征材料的亚临界裂纹扩展速度（Aubertin et al.，2000）：

$$V = A_2\left(\frac{\langle \Gamma_i-\Gamma_0\rangle}{\Gamma_c-\Gamma_0}\right)^{n_2} \tag{9.3.21}$$

式中：A_2 和 n_2 为材料参数；Γ_i 为岩石的应力状态参数，Γ_0 和 Γ_c 分别为岩石开始产生微裂纹扩展和发生宏观破坏时的应力状态。

岩石的蠕变速率通常与亚临界裂纹扩展速度成比例关系（Brantut et al.，2013；Meredith et al.，1985）。对于式（9.3.18）中所示的黏塑性流动准则，考虑到黏塑性变形增量主要取决于黏塑性乘子 $\dot{\lambda}_{vp}$，而 $\frac{\partial g}{\partial \sigma_{ij}}$ 一项主要影响应变增量的方向（郑颖人和孔亮，2010），可将黏塑性乘子表示为亚临界裂纹扩展速度的函数：

$$\dot{\lambda}_{vp} = A_{vp}\left(\frac{\langle \Gamma_i-\Gamma_0\rangle}{\Gamma_c-\Gamma_0}\right)^{n_{vp}} \tag{9.3.22}$$

式中：A_{vp} 和 n_{vp} 为材料参数。

下面将采用边界面概念定义岩石材料的应力状态参数 Γ。如图 9.3.1 所示，对于子午面中的应力状态 (p,q)（其中 $p=\sigma_1+\sigma_2+\sigma_3$，$q=\{[(\sigma_1-\sigma_2)^2+(\sigma_2-\sigma_3)^2+(\sigma_3-\sigma_1)^2]/6\}^{1/2}$），以投影中心 $(p,0)$ 为起点作过当前应力状态 (p,q) 的延长线并与边界面 F 相

交于点 $(\bar{p}, \bar{q})$。根据 Voyiadjis 等（1994）的研究，本书将边界面定义为岩石应力状态的最外层包络线，表征不同加载路径下岩石应力点所能达到的极限状态。当应力点位于边界面内时，岩石仍能承受更大的外部荷载；而当应力点与边界面相遇时，岩石达到峰值强度，宏观表现为微裂纹不断扩展贯通并最终导致岩石破坏。因此在边界面的约束下，模型捕捉的材料强度将无法超出边界面所表征的岩石强度阈值，进而有效限制了应力状态超出屈服面后的岩石力学响应。

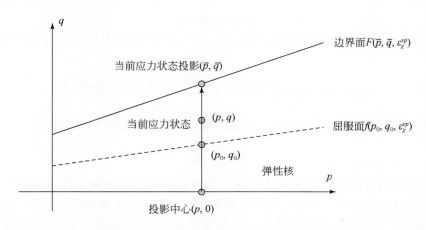

图 9.3.1　子午面中的边界面模型示意图

对于真三轴条件下的岩石应力状态，可采用如式（9.3.11）所示的三维 Hoek-Brown 准则描述岩石边界面方程：

$$F(p, q, \theta, \varepsilon_\chi^{vp}) = \bar{q} - \bar{\alpha}(\varepsilon_\chi^{vp}) g(\theta) \left(\frac{-m_b \sigma_c + \sqrt{m_b^2 \sigma_c^2 + 12 m_b \sigma_c \bar{p} + 36 s \sigma_c^2}}{6\sqrt{3}} \right) = 0 \quad (9.3.23)$$

式中：$\bar{\alpha}(\varepsilon_\chi^{vp})$ 用于描述岩石边界面随黏塑性变形的演化趋势；ε_χ^{vp} 为表征黏塑性应变发展程度的内变量。

假设当前应力状态 (p, q) 及其在边界面上的投影点 $(\bar{p}, \bar{q})$ 与投影中心 $(p, 0)$ 之间满足如下线性投影关系：

$$\bar{q} = bq, \bar{p} = p \quad (9.3.24)$$

式中：b 为边界面与当前应力点所在加载面的相似系数。当应力点位于边界面上时，$b=1$；而当应力点远离边界面并向投影中心 $(p, 0)$ 移动时，b 逐渐增大并趋于 $+\infty$。

由于投影点位于边界面上，可将式（9.3.24）代入边界面方程 F［式（9.3.23）］，进而解出相似系数 b 为

$$b = \bar{\alpha}(\varepsilon_\chi^{vp}) g(\theta) \left(\frac{-m_b \sigma_c + \sqrt{m_b^2 \sigma_c^2 + 12 m_b \sigma_c \bar{p} + 36 s \sigma_c^2}}{6\sqrt{3} q} \right) \quad (9.3.25)$$

由于岩石仅在应力状态超出屈服面时才会产生非弹性变形，而当应力状态低于其屈服面时仅产生弹性应变，因此需额外定义岩石的弹性域范围。本书认为岩石的屈服面 f 同样可由三维 Hoek-Brown 准则进行描述：

$$f(p_0, q_0, \varepsilon_\chi^{vp}) = q_0 - \alpha(\varepsilon_\chi^{vp}) g(\theta) \left(\frac{-m_b \sigma_c + \sqrt{m_b^2 \sigma_c^2 + 12 m_b \sigma_c p_0 + 36 s \sigma_c^2}}{6\sqrt{3}} \right) = 0 \quad (9.3.26)$$

式中：$\alpha(\varepsilon_\chi^{vp})$ 为描述岩石屈服面演化的参数；(p_0, q_0) 为屈服面上的应力点。

采用相同的投影准则，以投影中心 $(p, 0)$ 为起点将位于屈服面上的应力点 (p_0, q_0) 投影至边界面并交于一点 $(\bar{p}, \bar{q})$，如图 9.3.1 所示。假设边界面与屈服面的相似系数为 b_0，则有

$$\bar{q} = b_0 q_0, \bar{p} = p_0 \quad\quad\quad (9.3.27)$$

将式（9.3.27）代入边界面方程式（9.3.23），可得到岩石屈服面与边界面的相似系数为

$$b_0 = \bar{\alpha}(\varepsilon_\chi^{vp}) g(\theta) \left(\frac{-m_b \sigma_c + \sqrt{m_b^2 \sigma_c^2 + 12 m_b \sigma_c p_0 + 36 s \sigma_c^2}}{6\sqrt{3} q_0} \right) \quad (9.3.28)$$

联立式（9.3.26）和（9.3.28），可最终解得岩石屈服面的相似系数为

$$b_0 = \frac{\bar{\alpha}(\varepsilon_\chi^{vp})}{\alpha(\varepsilon_\chi^{vp})} \quad\quad\quad (9.3.29)$$

在岩石的蠕变过程中，微裂纹的扩展速度随裂纹尖端应力强度因子的增大而不断增大，考虑宏微观的相似性，岩石的应力状态参数 Γ_i 也应随之不断提高。同时，由于相似比 b 将随岩石偏应力的提高而同步减小，因此可将应力状态参数 Γ_i 定义为相似比 b 的相反数：

$$\Gamma_i = \frac{1}{b} \quad\quad\quad (9.3.30)$$

将式（9.3.30）代入式（9.3.22）可得到黏塑性乘子的表达式为

$$\dot{\lambda}_{vp} = A_{vp} \left(\frac{\left\langle \dfrac{1}{b} - \dfrac{1}{b_0} \right\rangle}{\dfrac{1}{b_c} - \dfrac{1}{b_0}} \right)^{n_{vp}} \quad\quad\quad (9.3.31)$$

式中：b_c 为岩石产生宏观破坏时的相似比值。根据边界面理论观点，当加载过程中的应力状态与边界面相遇时，岩石达到峰值强度，此时相似比 b_c。

将式（9.3.31）代入式（9.3.18），则岩石的时效变形速率最终可由下式描述：

$$\dot{\varepsilon}_{ij}^{vp} = A_{vp} \left(\frac{\left\langle \dfrac{1}{b} - \dfrac{1}{b_0} \right\rangle}{1 - \dfrac{1}{b_0}} \right)^{n_{vp}} \frac{\partial g}{\partial \sigma_{ij}} \quad\quad\quad (9.3.32)$$

该表达式的物理意义为

（1）考虑到 b_0 恒 >1，则上式（9.3.32）中的分母 $1 - 1/b_0$ 项恒为正。同时由相似系数 b 的定义可知，应力状态离边界面越近（即离投影中心越远），相似系数越小。因此，若当前应力状态位于岩石的屈服面外，即表明 $b_0 > b$ 同时 $\langle 1/b - 1/b_0 \rangle > 0$，此时岩石将产生时效变形。反之，若当前应力状态位于屈服面内，即表明 $b_0 < b$ 同时 $\langle 1/b - 1/b_0 \rangle > 0$，因此岩石将不产生时效变形。

（2）若应力状态在加载过程中逐渐超出岩石屈服面而向边界面不断靠近（偏应力增

大），则 b 值逐渐减小，因此式（9.3.32）中的 $\langle 1/b-1/b_0 \rangle > 0$ 项从 0 开始逐渐增大，岩石蠕变不断加快；而当应力状态逐渐远离边界面并向岩石屈服面靠近时（偏应力减小），则 b 值逐渐增大，式（9.3.32）中的 $\langle 1/b-1/b_0 \rangle > 0$ 项减小，因而岩石时效变形将产生衰减。特别地，由于地质材料的摩擦角大于 0，因此当保持偏应力恒定而增大围压时，应力点离边界面的距离将逐渐增大，进而导致 b 值变大，即式（9.3.32）中的 $\langle 1/b-1/b_0 \rangle > 0$ 项减小，最终造成岩石时效变形速率变缓。

可见，本书根据边界面概念与亚临界裂纹扩展理论建立的岩石时效变形本构模型具有明确的物理意义，同时能较好地反映不同加载条件下的时效变形发展特征。

此外，为合理捕捉岩石在加载过程中的体积变化行为，本书将黏塑性势函数 g 定义为

$$g(p,q,\varepsilon_\kappa^{vp}) = q + \beta(1-D)g(\theta)(p+C)\ln\left(\frac{p+C}{p_\beta}\right) = 0 \tag{9.3.33}$$

式中：C 为塑性势面与 p 轴负半轴的交点，$C = (3s\sigma_c)/m_b$，p_β 为塑性势面与 p 轴正半轴的交点，可由 $g(p,q,\varepsilon_\kappa^{vp}) = 0$ 确定，β 为控制塑性体积压缩和膨胀临界转换的参数，可由 $\partial g/\partial p = 0$ 确定，即 $\beta = q/[(1-D)g(\theta)(p+C)]$。

岩石材料的损伤累积在本质上是微裂纹不断扩展、贯通的过程。由于本书将细观的亚临界裂纹发展转化为由宏观的黏塑性应变表征，因此可引入如下损伤加载函数描述岩石损伤随黏塑性应变的演化规律：

$$f_d(\varepsilon_\chi^{vp}, d) = \chi[1 - \exp(-\varepsilon_\chi^{vp})] - d \tag{9.3.34}$$

式中：χ 用于表征围压 p_c 对岩石损伤演化速率的影响：

$$\chi = \kappa_1\left[\frac{\langle p_c - p_a \rangle + p_a}{p_a}\right]^{\kappa_2} \tag{9.3.35}$$

式中：κ_1 和 κ_2 为材料参数。

此外，为考虑黏塑性体积应变和黏塑性偏应变对岩石材料损伤发展的不同贡献，可将反映黏塑性应变发展程度的内变量定义为

$$\varepsilon_\chi^{vp} = \int \sqrt{(\eta \dot{\varepsilon}_v^{vp})^2 + (\gamma \dot{\varepsilon}_q^{vp})^2} \tag{9.3.36}$$

式中：η 和 γ 为材料参数。

岩石损伤演化采用如下流动法则计算：

$$\dot{d} = \dot{\lambda}_d \frac{\partial f_d(\varepsilon_\chi^{vp}, d)}{\partial \varepsilon_\chi^{vp}} \tag{9.3.37}$$

式中：$\dot{\lambda}_d$ 为黏塑性损伤乘子，可根据损伤一致性准则求解：

$$\dot{f}_d(\varepsilon_\chi^{vp}, d) = \frac{\partial f_d(\varepsilon_\chi^{vp}, d)}{\partial d}\dot{d} + \frac{\partial f_d(\varepsilon_\chi^{vp}, d)}{\partial \varepsilon_\chi^{vp}}\dot{\varepsilon}_\chi^{vp} = 0 \tag{9.3.38}$$

结合式（9.3.36）～（9.3.38），可得黏塑性应变驱动的岩石损伤演化速率表达式为

$$\dot{d} = \chi\exp(-\varepsilon_\chi^{vp})\sqrt{(\eta \dot{\varepsilon}_v^{vp})^2 + (\gamma \dot{\varepsilon}_q^{vp})^2} \tag{9.3.39}$$

当岩石材料未产生损伤时（$d = 0$），边界面保持初始状态；当岩石开始产生损伤后，边界面将随着损伤的发展而不断收缩，直至与当前应力点相遇时材料达到峰值强度，随后岩石开始出现应力软化现象；而当岩石完全损伤时（即 $d = 1$），边界面收缩至残余状态，

同时岩石达到残余强度。因此，本书采用如下表达式描述边界面在加载过程中随岩石损伤的演化趋势：

$$\bar{\alpha}(\varepsilon_\chi^{vp}) = \bar{\alpha}_i\left[1-d(\varepsilon_\chi^{vp})\right]+\bar{\alpha}_r d(\varepsilon_\chi^{vp}) \tag{9.3.40}$$

式中：$\bar{\alpha}_i$ 和 $\bar{\alpha}_r$ 分别为初始边界面和残余边界面对应的 $\bar{\alpha}(\varepsilon_\chi^{vp})$ 值。

当应力状态超出岩石屈服面后，材料开始产生微裂纹扩展（即黏塑性变形）。加载初期，均布的微裂纹扩展主要对岩石力学行为起强化作用，材料表现出硬化特征，因此屈服面将随黏塑性变形的发展而逐渐增大。当岩石中的微裂隙扩展贯通并形成宏观裂纹后，黏塑性变形驱动的损伤发展将造成岩石力学性质的持续劣化，屈服面将不断收缩，岩石因而表现出软化的行为特征。本书采用下式反映岩石屈服面在加载过程中随黏塑性应变发展先增大后减小的演化规律：

$$\alpha(\varepsilon_\chi^{vp}) = \left[1-d(\varepsilon_\chi^{vp})\right]\left(\alpha_0+(1-\alpha_0)\frac{\varepsilon_\chi^{vp}}{\varepsilon_\chi^{vp}+B}\right) \tag{9.3.41}$$

式中：α_0 表示岩石屈服面的初始参数，参数 B 用于控制屈服面的演化速率。

9.3.3　模型参数标定

本节依据现场收集的白鹤滩隐晶质玄武岩的室内三轴压缩试验与单轴蠕变试验成果，详细阐述本书提出的黏塑性边界面损伤模型的参数标定过程。

9.3.3.1　标定损伤演化参数

损伤变量的演化实质上反映了材料的无损弹性模量 $\tilde{E}$ 向割线弹性模量 E_{sec} 转变的过程，即：

$$d = 1-\frac{E_{\mathrm{sec}}}{\tilde{E}} \tag{9.3.42}$$

割线弹性模量可根据三轴压缩试验中应力-应变曲线上各点的割线斜率进行计算：

$$E_{\mathrm{sec}} = \frac{\sigma_1-\sigma_3}{\varepsilon_1} \tag{9.3.43}$$

利用式（9.3.42）和（9.3.43）可获取岩石三轴压缩试验曲线上各点对应的损伤值，然后根据式（9.3.39）计算出岩石损伤在不同围压条件下随黏塑性内变量的演化趋势，并通过不断调节各损伤参数使模拟得到的损伤演化过程符合实际的岩石损伤发展趋势，参数标定结果列于表9.3.2。

9.3.3.2　标定岩石边界面参数

根据式（9.3.42）可获得三轴压缩试验中岩石峰值强度对应的损伤值 d_f，然后根据等效应力原理计算材料有效应力（式9.3.16），如表9.3.1所示。

表 9.3.1　不同围压条件下的隐晶质玄武岩有效应力计算

围压 P_c/MPa	10	20	30	40
峰值损伤 d_f	0.022	0.045	0.083	0.103
峰值应力/MPa	292.55	301.09	400.36	446.75
无损应力/MPa	299.13	315.28	436.59	498.05

由于有效应力点均位于岩石的初始边界面上（损伤为 0），因此可利用式（9.3.23）对有效应力点进行拟合，从而得到初始边界面的空间形态，如图 9.3.2 所示。同时通过拟合岩石残余强度的实验数据，可获得残余边界面的空间形态（图 9.3.2）。

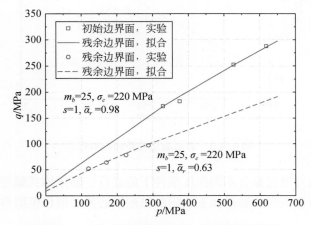

图 9.3.2　岩石的初始边界面与残余边界面标定

9.3.3.3　标定岩石屈服面演化过程

岩石屈服面的初始参数 α_0 可利用式（9.3.26）拟合三轴压缩实验中岩石开始产生非弹性变形的应力点（记为 σ_{ci}）进行标定，如图 9.3.3 所示。

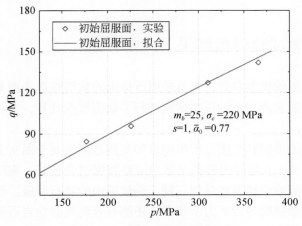

图 9.3.3　岩石初始屈服面标定

9.3.3.4　标定黏塑性势面参数

找出三轴压缩试验的偏应力–体积应变曲线的斜率突变点，此时岩石开始发生剪缩–剪胀转换（即 $\partial g/\partial p=0$），然后利用 $\beta=q/[\,q(\theta)(p+C)\,]$ 进行拟合，如图9.3.4所示。

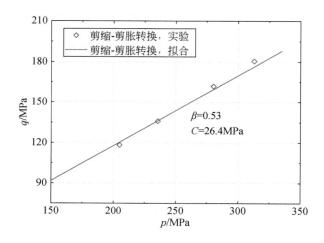

图 9.3.4　岩石黏塑性势面参数标定

黏塑性流动参数可通过拟合不同围压条件下的岩石三轴压缩或蠕变试验曲线确定。最终将通过上述标定方法获得的隐晶质玄武岩的黏塑性边界面损伤模型参数列于表9.3.2。

表 9.3.2　隐晶质玄武岩的黏塑性边界面损伤模型参数

E/GPa	ν	m_b	σ_c/MPa	s	$\bar{\alpha}_i$	$\bar{\alpha}_i$	α_0
10	0.25	25	220	1	0.98	0.63	0.77
β	B	η	γ	κ_1	κ_2	A_{vp} (1/s)	n_{vp}
0.5	0.05	100	80	1	−0.08	5 10^{-4}	8

9.3.4　室内力学试验模拟结果

基于表9.3.2所示的模型参数，本节采用所提出的黏塑性边界面损伤模型对不同围压条件下的白鹤滩隐晶质玄武岩三轴压缩试验进行了数值模拟计算，并将模拟结果和试验数据绘制于图9.3.5。

将隐晶质玄武岩的单轴蠕变实验模拟结果和实测数据绘制于图9.3.6。

从图9.3.5和图9.3.6可看出模拟结果与试验数据吻合较好，表明本文提出的黏塑性边界面损伤模型不仅能够合理描述常规三轴压缩试验中的岩石屈服、硬化和软化等复杂力学响应以及峰值和残余强度等特征力学状态，还能有效刻画脆性岩石减速、匀速以及加速的三阶段时效变形特征。

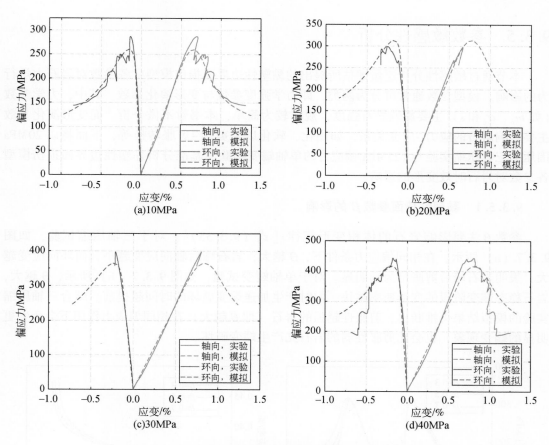

图 9.3.5　隐晶质玄武岩三轴压缩模拟结果与实测数据对比

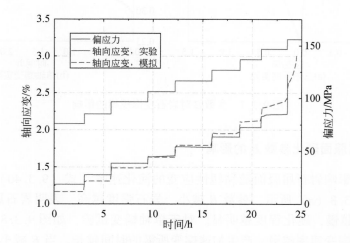

图 9.3.6　隐晶质玄武岩单轴蠕变模拟结果与实测数据对比

9.3.5 参数敏感性分析

本节通过敏感性分析定量评估所提出的黏塑性边界面损伤模型中各参数对岩石力学行为的影响。模型参数通常可分为两类，即力学强度参数与变形演化参数。其中，力学参数（如 m_b、σ_c 和 s）主要影响岩石强度，规律较为简单，本书暂不做分析。而变形演化参数主要影响岩石的应力-应变关系，如硬化、软化以及剪缩-剪胀转换等，下面将以 20MPa 围压的三轴压缩实验与 125MPa 偏应力的单轴蠕变实验为基准分析黏塑性边界面损伤模型各参数对岩石时效变形的影响。

9.3.5.1 黏塑性势面参数 β 的影响

参数 β 主要影响岩石的体积变形规律 [式（9.3.33）]。对于三轴压缩试验，如图 9.3.7（a）所示，在相同偏应力条件下，β 越大，岩石峰后轴向应变越小，而环向应变越大，表明岩石峰后剪胀行为越明显。对于单轴蠕变试验，如图 9.3.7（b）所示，β 越大，岩石稳态蠕变阶段的变形速率越快，同时产生加速蠕变破坏的时间越提前。结合三轴压缩实验的模拟结果可推断出，剪胀性越强的岩石（即 β 越大）在相同偏应力作用下会产生更明显的蠕变现象，也会比剪胀性弱的岩石先产生蠕变破坏。

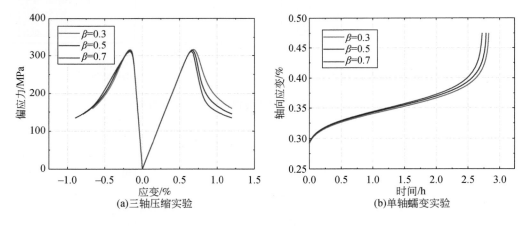

图 9.3.7 参数 β 对岩石变形规律的影响

9.3.5.2 屈服面硬化参数 B 的影响

参数 B 主要影响岩石屈服面随黏塑性应变的演化速率 [式（9.3.40）]。对于三轴压缩试验，如图 9.3.8（a）所示，参数 B 越小，岩石强度越高，表明岩石屈服面随黏塑性应变的演化速率越慢，硬化程度越明显。对于单轴蠕变试验，如图 9.3.8（b）所示，参数 B 越小，岩石蠕变速率越慢，产生加速蠕变所需的时间越长。当 B 减小到一定值后（$B=0.03$），岩石在相同偏应力的作用下将不会产生加速蠕变破坏。

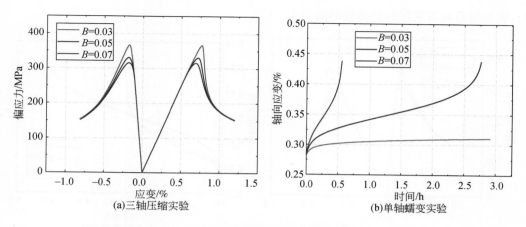

图 9.3.8　参数 B 对岩石变形规律的影响

9.3.5.3　黏塑性内变量参数 η 的影响

参数 η 主要影响黏塑性体积应变对损伤参数演化的贡献程度 [式 (9.3.36)]。对于三轴压缩试验，如图 9.3.9 (a) 所示，参数 η 越小，相同偏应力下的岩石峰后轴向应变与环向应变均越大。对于单轴蠕变试验，如图 9.3.9 (b) 所示，参数 η 的变化几乎不影响岩石的稳态蠕变速率，但随着 η 变小，岩石产生加速蠕变的时间延迟，临界轴向应变增大。

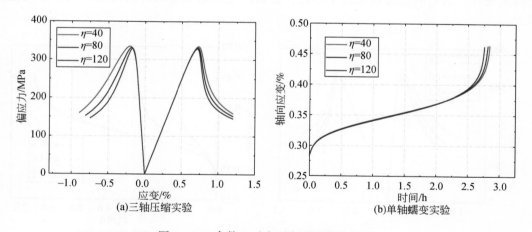

图 9.3.9　参数 η 对岩石变形规律的影响

9.3.5.4　黏塑性内变量参数 γ 的影响

参数 γ 主要影响黏塑性偏应变对损伤参数演化的贡献程度 [式 (9.3.36)]。对于三轴压缩试验，如图 9.3.10 (a) 所示，参数 γ 越小，岩石的硬化作用越明显，峰值强度越高。对于单轴蠕变试验，如图 9.3.10 (b) 所示，参数 γ 越小，岩石的稳态蠕变速率基本保持不变，但减速蠕变阶段变得更明显，且发生加速蠕变时对应的临界轴向应变大幅增加,表示岩石具有更强的抵御变形的能力。

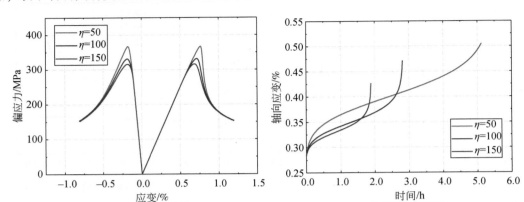

图 9.3.10 参数 γ 对岩石变形规律的影响

9.3.5.5 损伤演化参数 κ_1 的影响

参数 κ_1 主要影响不同围压条件下的岩石损伤参数演化速率 [式 (9.3.35)]。对于三轴压缩试验,参数 κ_1 越小,相同黏塑性内变量对应的损伤值越小,表明岩石损伤发展越慢,因此岩石强度越高 [图 9.3.11 (a)]。对于单轴蠕变实验,如图 9.3.11 (b) 所示,参数 κ_1 越小,岩石的稳态蠕变速率越低,岩石产生加速蠕变的时间越迟,临界轴向应变越大。

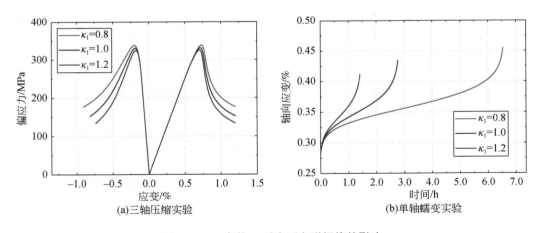

图 9.3.11 参数 κ_1 对岩石变形规律的影响

9.3.5.6 损伤演化参数 κ_2 的影响

参数 κ_2 的作用与 κ_1 类似 [式 (9.3.35)],均是影响不同围压条件下的岩石损伤参数演化速率,但由于 κ_2 仅作用于围压不为零的情况,因此本节改为对围压 10MPa 条件下的三轴蠕变试验进行模拟, 以说明 κ_2 对三轴蠕变实验中岩石损伤发展的影响。如图 9.3.12 (a) 所示, 对于三轴压缩试验, 参数 κ_2 越小, 岩石损伤发展越快, 因此岩石强度越低。对于三轴蠕变试验, 如图 9.3.12 (b) 所示, 参数 κ_2 越小, 岩石的稳态蠕变速率越快, 产生加速蠕变的时间越早。但应注意的是, 不同 κ_2 条件下岩石产生加速蠕变对应的临界轴向应变均相同, 表明 κ_2 仅影响岩石损伤的演化速率, 而不影响岩石发生蠕变破坏时的临界损伤值。

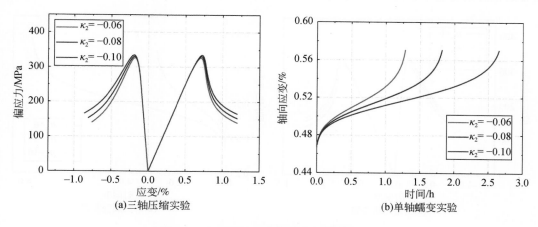

图 9.3.12　参数 κ_2 对岩石变形规律的影响

9.3.5.7　黏塑性流动参数 A_{vp} 的影响

参数 A_{vp} 主要影响黏塑性应变的发展速率 [式 (9.3.22)]。对于三轴压缩试验, 如图 9.3.13 (a) 所示, 参数 A_{vp} 越小, 黏塑性应变发展越慢, 因此损伤演化越缓, 岩石强度越高。对于单轴蠕变试验, 如图 9.3.13 (b) 所示, 参数 A_{vp} 越小, 岩石的稳态蠕变速率越低, 产生加速蠕变的时间越迟, 临界轴向应变越大。

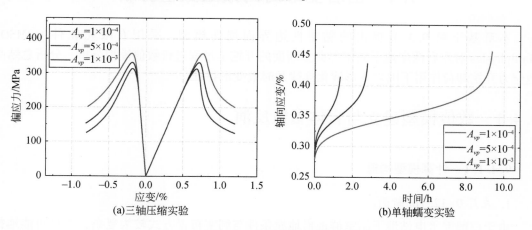

图 9.3.13　参数 A_{vp} 对岩石变形规律的影响

9.3.5.8　黏塑性流动参数 n_{vp} 的影响

与参数 A_{vp} 的作用相似，参数 n_{vp} 也主要影响黏塑性应变的发展速率［式（9.3.22）］。对于三轴压缩试验，如图 9.3.14（a）所示，参数 n_{vp} 越大，黏塑性应变发展越慢，因此损伤演化越缓，岩石强度越高。对于单轴蠕变试验，如图 9.3.14（b）所示，参数 n_{vp} 越大，岩石的稳态蠕变速率越低，产生加速蠕变的时间越迟，临界轴向应变越大。

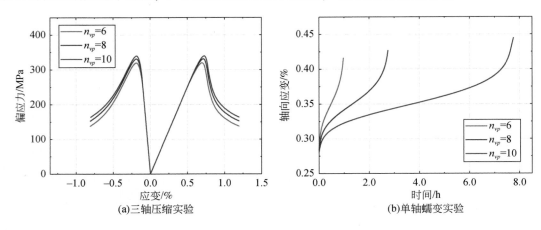

图 9.3.14　参数 n_{vp} 对岩石变形规律的影响

本节主要基于室内力学试验数值模拟，分析了所提出的黏塑性边界面损伤模型中各参数变化对岩石力学性质的影响。当对实际洞室开挖过程中的围岩变形规律进行评价时，需要综合考虑上述参数的敏感性分析结果，同时结合现场实测的位移与应力数据，反演标定出能反映工程岩体力学特征的模型参数。

9.4　围岩变形时间效应数值分析

本章基于第 9.3 节提出的黏塑性边界面损伤模型，采用有限元软件 COMSOL Multiphysics 对左右两岸地下洞室群典型断面的开挖全过程进行数值模拟分析，分析总结高地应力开挖卸荷作用下围岩变形演化规律及时效变形特征。

9.4.1　数值模型建立与岩体参数反演

9.4.1.1　计算模型构建

1. 左厂 0-12.7m 断面

由于白鹤滩水电站地下洞室群地形地质条件与洞室布置方式较为复杂，为尽可能地提高数值计算效率，在计算模型的构建过程中采用了如下简化假设。

① 使用平面应变模型：整个地下厂房沿轴线方向的长度远大于垂直轴线方向的断面

尺寸，同时主应力方向与洞轴线夹角较大，因此可以不考虑沿轴线方向的剪切变形；

②仅考虑主变洞开挖对厂房围岩变形的影响：相比尾水管检修闸门室、尾水调压室等其他洞室，主变洞与主副厂房距离较近且尺寸较大，因此其开挖应力调整对厂房围岩变形的影响被考虑在内，而其他洞室由于相距较远、影响较小，建模时可不予考虑；

③通过提高加固区的围岩力学参数对支护措施进行等效模拟：虽然采用结构单元模拟系统支护可以较好地反映岩体的受力特征，但其也将同时导致模型计算量的增加以及计算时间的延长，因此在本数值模拟中，对支护措施的模拟采取与第 7 章相同的方法，即通过等效强化岩体力学参数实现对支护的模拟；

④围岩统一设置为 III_1 类：左岸地下厂房以 III_1 围岩为主，占比 90% 以上，因此可等效将围岩设定全部为 III_1 类；

⑤模型仅对宏观结构面进行显式建模：包括层间错动带 C_2，层内错动带 LS_{3152} 与 LS_{3254}，以及对左厂 0-12.7m 断面影响较大的断层 F_{720}，如图 9.4.1（a）所示。

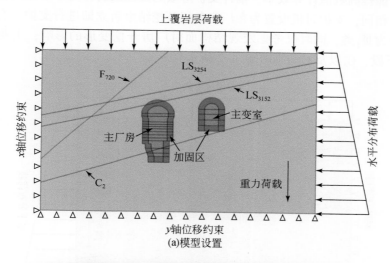

(a)模型设置

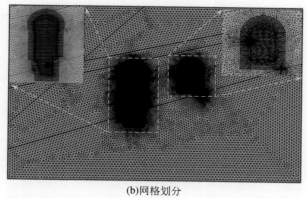

(b)网格划分

图 9.4.1　左厂 0-12.7m 断面数值模型

　　结合地下洞室群设计资料及工程地质资料，利用 COMSOL Multiphysics 软件建立了左厂 0-12.7m 断面的洞室开挖模型，如图 9.4.1 所示。其中主厂房的尺寸为 88.7　34m（岩锚梁以下宽 31m），主变洞的尺寸为 39.5　21m。模型底部高程为 450m，顶部高程为 730m，二维模型整体尺寸为 456m×280m（水流方向×铅直向），大于洞室开挖可能引起的二次应力重分布范围（4~6 倍洞室半径），因而可确保计算结果的准确性。整个计算模型共划分为 24762 个单元，包含节点数 12565［图 9.4.1（b）］。模型左侧和底部边界设置为 Roller 位移约束，顶部边界施加上覆岩层荷载，右侧边界施加沿埋深逐渐增大的水平分布荷载，最后对模型整体施加重力荷载。洞室开挖通过单元激活功能进行模拟，各层的开挖时序与实际分层开挖方案保持一致，其中主厂房分为 10 层开挖，主变洞分为 4 层开挖。

　　2. 右厂 0-055m 断面

　　对于右岸地下洞室群，同样使用平面应变模型对右厂 0-055m 断面开挖过程进行模拟分析，以尽可能提高数值计算效率。锚杆支护等效为加固区岩体力学参数的提高，锚杆参数取值与左岸相同，支护时机设置为在厂房各层开挖结束后立即进行支护。右岸厂房围岩类别统一划分为 III_1 类，同时仅考虑宏观结构面对厂房开挖变形的影响，主要包括层间错动带 C_3 上、下段，C_4 以及 C_5（如图 9.4.2 所示）。

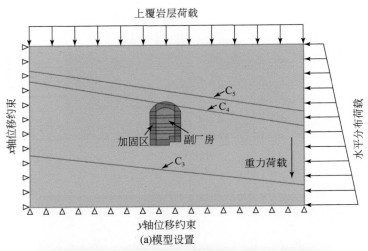

(a)模型设置

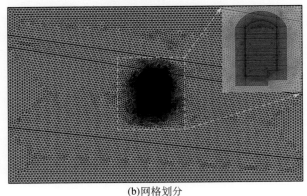

(b)网格划分

图 9.4.2　右厂 0-055m 断面数值模型

根据地下洞室群设计资料及工程地质资料,利用 COMSOL Multiphysics 软件建立了右厂 0-055m 断面的开挖模型,如图 9.4.2 所示。同时应注意的是,由于右厂 0-055m 断面不与主变洞相交,因此本节中建立的数值模型仅包含副厂房部分。其余模型边界条件设置与左厂模型保持一致。

9.4.1.2　岩体力学参数反演

1. 左岸地下洞室群岩体与结构面力学参数反演

虽然 9.3 节已根据常规三轴压缩和单轴蠕变试验确定了白鹤滩隐晶质玄武岩的物理力学参数,但由于工程岩体赋存环境复杂,结构面与微裂隙广泛发育,岩体相较于完整岩块通常存在强度弱化现象,因此由室内力学实验获得的岩石强度参数无法直接用于模拟实际的洞室开挖过程。同时,在地质建议的岩体力学参数区间范围内,有必要进一步确定计算定值。近年来,基于现场监测信息的反分析方法为确定岩体力学参数提供了一种新的途径,并已在岩体工程施工过程中的变形预测、施工反馈设计以及稳定性评价中发挥了重要作用。反分析法指将现场监测得到的岩体位移或应力等信息作为已知条件,利用相应的数学模型来反推出岩体参数,随后将这些参数反馈回模型中,从而对岩体的稳定性进行综合评价的一种逆向分析方法。反分析法可以分为应力、位移以及应力与位移混合等方法,其中,位移反分析法应用最为广泛。

本节拟采用位移反分析方法,以左厂 0-12.7m 断面多点变位计的位移监测数据为基础,建立数值反分析模型对工程岩体的力学参数进行反演。具体步骤如下:

(1) 以室内试验获得的岩块力学参数作为待反演的第一组岩体参数未知量 $\{E\}_1 = (e_1, e_2, \cdots, e_n)_1$,将 $\{E\}_1$ 代入数值模型进行计算,得到监测点对应位置的位移量 $\{U\}_1 = (u_1, u_2, \cdots, u_m)_1$;

(2) 给予初始岩体参数 $\{E\}_1$ 中的第 i 个分量一个小增量 ε_i,并代入数值模型计算得到一组新的位移量 $\{U_1\}_i$,定义 ε_i 对岩体变形的影响系数 $\{\xi_1\}_i$ 为

$$\{\xi_1\}_i = \frac{\{u_1\} - \{u_1\}_i}{\Delta \varepsilon_i} = (\xi_{11}, \xi_{12}, \cdots, \xi_{1m})_i \qquad (9.4.1)$$

计算所有分量的影响系数,得到影响系数矩阵 $[\xi_{ij}]_1$

(3) 第二次试算值为 $\{E\}_2 = \{E\}_1 + \{\Delta E\}_1$,其中 $\{\Delta E\}_1$ 的计算方法为

$$\{\Delta E\}_1 = \frac{\{u_1\} - \{u_1\}_i}{[\xi_{ij}]_1} \qquad (9.4.2)$$

(4) 第三次及之后的试算值按上述方法进行重复迭代,直至获得与位移监测结果基本一致的试算值作为岩体力学参数反演的最终结果。

采用位移反分析方法对地下洞室开挖群模型进行反演迭代计算,直至模拟获得的围岩变形结果与监测数据基本吻合,最终确定的岩体力学参数与结构面力学参数见表 9.4.1 和表 9.4.2。

2. 右岸地下洞室群岩体与结构面参数反演

同样地,采用位移反分析法对右厂 0-055m 断面的厂房开挖模型进行反演迭代计算,直至最终获得的围岩位移结果与监测数据基本符合,最终确定的岩体力学参数与结构面参

数见表 9.4.3 和表 9.4.4。

表 9.4.1　左岸地下洞室群岩体物理力学参数

岩体分类	密度 $P/$（kg/m^3）	弹性模量 E/GPa	泊松比 ν	Hoek-Brown 强度参数		
				m_b	σ_c/MPa	s
Ⅲ₁类	2750	12	0.25	19	100	0.1

表 9.4.2　左岸地下洞室群结构面物理力学参数

编号	构造类型	变形模量 E/GPa	厚度 /cm	法向刚度 /（GPa/m）	剪切刚度 /（GPa/m）	抗剪强度	
						f	c/MPa
C_2	层间错动带	0.12	20	0.20	0.24	0.25	0.04
LS_{3152}	层内错动带	0.30	3.5	8.57	3.42	0.50	0.10
LS_{3254}	层内错动带	0.25	15	1.67	0.67	0.46	0.15
F_{720}	断层	0.30	25	1.20	0.48	0.50	0.10

表 9.4.3　右岸地下洞室群岩体物理力学参数

岩体分类	密度 $\rho/$（kg/m^3）	弹性模量 E/GPa	泊松比 ν	Hoek-Brown 强度参数		
				m_b	σ_c/MPa	s
Ⅲ₁类	2750	10	0.25	15	80	0.1

表 9.4.4　右岸地下洞室群结构面物理力学参数

编号	构造类型	变形模量 E/GPa	厚度 /cm	法向刚度 /（GPa/m）	剪切刚度 /（GPa/m）	抗剪强度	
						f	c/MPa
C_3 上段		2.00	20	10.0	4.0	0.60	0.40
C_3 下段	层间错动带	0.18	40	0.45	0.72	0.28	0.04
C_4		0.13	40	0.33	0.35	0.25	0.03
C_5		0.12	30	0.40	0.48	0.25	0.03

9.4.2　左岸地下洞室群围岩时效变形数值分析

9.4.2.1　初始地应力

左岸地下洞室群开挖前左厂 0-12.7m 断面的初始地应力分布模拟结果如图 9.4.3 所示，其中正值表示压应力。从图 9.4.3 可看出，第一和第三主应力整体自上而下逐渐增大，呈现明显的重力分层现象。第一主应力介于 15 ~ 23MPa，第三主应力介于 6 ~ 10MPa 之间。同时受结构面影响，主应力在错动带及断层附近有一定分异现象。

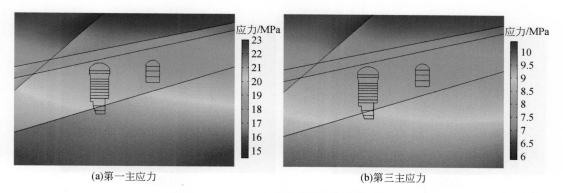

(a)第一主应力　　　　　　　　　　　(b)第三主应力

图 9.4.3　左厂 0-12.7m 断面初始地应力场

为进一步验证数值计算的准确性，将左岸洞室群通过水压致裂法测试得到的地应力数据与数值计算结果进行比较，如表 9.4.5 所示。

表 9.4.5　不同埋深处实测地应力与数值计算结果对比

孔号	测点埋深/m	数据来源	最大主应力/MPa	最小主应力/MPa
DK1	506	实测	16.5	5.9
		模拟	15.8	7.8
DK2	512	实测	13.1	6.7
		模拟	16.0	7.9
σCZK3	455	实测	13.0	7.0
		模拟	15.4	7.2

由表 9.4.5 可看出，本节模拟得到的岩体原位应力状态与现场实测的地应力分布较为吻合，表明数值模型采用的力学参数与边界条件设置合理，为下一节洞室分层开挖模拟提供了准确的初始应力条件。

9.4.2.2　围岩变形

为反映左岸厂房开挖过程中的围岩变形趋势，图 9.4.4 分别展示了左厂 0-12.7m 断面各层开挖期间围岩位移分布情况。

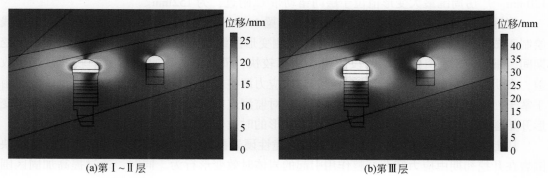

(a)第Ⅰ~Ⅱ层　　　　　　　　　　　(b)第Ⅲ层

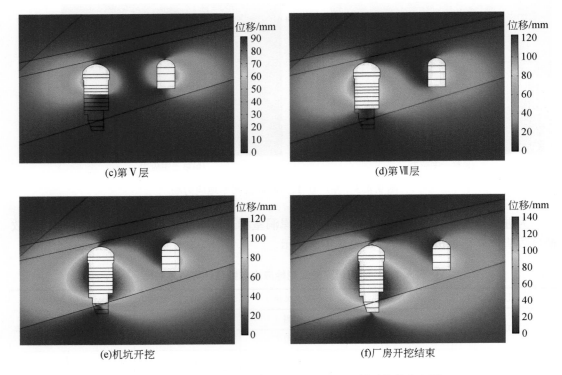

图 9.4.4　厂房各层开挖期间左厂 0−12.7m 断面位移分布图

由图可知，在厂房顶拱开挖期间，两侧拱肩在地应力瞬态卸荷的作用下发生显著变形，变形值约为 15~25mm。在 Ⅲ~Ⅳ 层开挖期间，厂房的每一层开挖都会导致围岩变形的"阶跃式"增长，同时受缓倾的层内错动带 LS_{3152} 影响，上下游两侧边墙的变形呈不对称分布，且上游侧边墙的围岩变形范围与最大变形值均大于下游侧边墙。在第 Ⅴ 层开挖结束后，上游边墙的最大变形值约 90mm，位于岩锚梁下部 10m 处（高程 593m），而下游侧边墙的最大变形为 60mm 左右，位于高程 590m 处。随着厂房的进一步下挖，层间错动带 C_2 开始逐渐揭露并对厂房围岩变形产生影响。在厂房机坑开挖阶段，下游侧边墙变形与上游侧边墙基本相同。厂房开挖结束后，受层间错动带 C_2 的影响，下游侧边墙的变形范围与变形量级均大于上游侧，下游侧边墙变形值为 110~140mm，上游侧边墙变形值为 90~120mm。厂房周围最大变形值位于层间错动带 C_2 附近，为 152mm。

将计算获得的左厂 0−12.7m 断面上游岩梁 1.5m 和 15.0m 深度处的围岩位移时间曲线绘制于图 9.4.5，可看出数值模拟结果与实测变形曲线吻合较好。在厂房 Ⅱ 层~Ⅵ 层下挖期间，围岩变形在开挖初期阶段的增长速率较快，而在非开挖期变形速率较低且趋于收敛，表明围岩变形主要源于开挖引起的二次应力调整。而在厂房 Ⅵ 层至机坑开挖阶段，由于掌子面逐渐远离监测断面，开挖卸荷过程对监测点的扰动作用逐渐降低，测点的围岩变形开始逐渐收敛，这也进一步说明了围岩变形的时效性较弱。

从上述分析可看出，9.3 节中所提出的脆性硬岩黏塑性边界面损伤模型能较好地反映围岩在开挖初期由应力卸荷调整作用引起的岩体时效变形行为。同时，通过提高加固区围

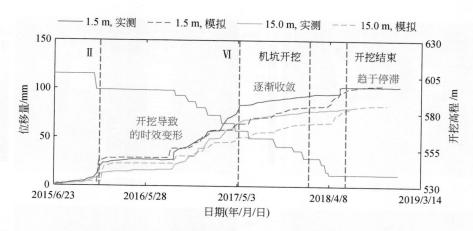

图 9.4.5　左厂 0-12.7m 上游岩锚梁计算位移曲线与实测结果对比

岩力学参数对锚杆支护进行等效模拟也能合理描述开挖后期的围岩变形收敛趋势。

9.4.2.3　围岩第一主应力

图 9.4.6 为左厂 0-12.7m 断面各层开挖期间的围岩第一主应力分布云图。由图可知，厂房 Ⅰ ~ Ⅱ层开挖之后的最大压应力集中区域主要位于顶拱位置，同时在两侧边墙底部形成了较高的应力奇点，应力量级为 35MPa。在厂房 Ⅲ ~ Ⅳ层开挖阶段，最大主应力卸荷深度较浅，围岩应力分布的变化主要表现为顶拱和两侧拱脚的应力集中效应继续升高，因此可能产生围岩片帮、破裂等破坏问题。随着开挖的持续进行，围岩应力进一步调整，卸荷影响区逐步加深。当围岩开挖至第 Ⅴ ~ Ⅶ层时，拱顶及开挖底面的压应力集中区逐渐稳定，同时边墙主应力卸荷区急剧增大，整个边墙出现了大面积受拉区。在机坑开挖阶段，拱顶及开挖底面的压应力集中区应力保持稳定，同时由于洞室截面形态的改变，边墙拉应力区域继续扩大，较高的拉应力会使岩体结构面拉裂张开，导致围岩损伤破裂。当厂房开挖结束后，岩体应力分布基本不再变化。

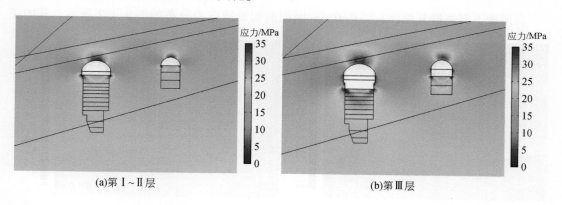

(a)第 Ⅰ ~ Ⅱ层　　　　　　　　　　　　　　　(b)第 Ⅲ层

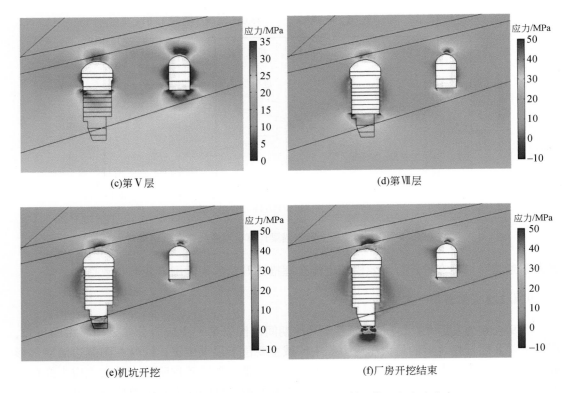

图 9.4.6　厂房各层开挖期间左厂 0−12.7m 断面第一主应力分布

9.4.3　右岸地下洞室群围岩时效变形数值分析

9.4.3.1　初始地应力分布

右岸地下洞室群开挖前右厂 0−055m 断面的初始地应力分布如图 9.4.7 所示，其中正

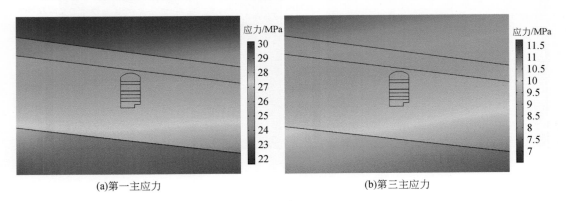

图 9.4.7　右厂 0−055m 断面初始地应力场

值表示压应力。从图 9.4.7 可看出，第一和第三主应力整体自上而下逐渐增大，呈现典型的重力分层现象。第一主应力介于 22~30MPa，第三主应力介于 7~11.5MPa，均大于左岸的初始地应力量值。同时受结构面影响，主应力在错动带及断层附近有一定分异现象。

为进一步验证数值计算的准确性，将右岸洞室群通过水压致裂法测试得到的地应力数据与数值计算结果进行比较，如表 9.4.6 所示。

表 9.4.6　不同埋深处实测地应力与数值计算结果对比

孔号	测点埋深/m	数据来源	最大主应力/MPa	最小主应力/MPa
DK4	506	实测	21.1	5.2
		模拟	26.1	9.2
DK5	512	实测	21.3	11.5
		模拟	25.9	9.1
DK6	455	实测	22.9	6.9
		模拟	24.7	8.6

由表 9.4.6 可看出本节模拟得到的岩体原位应力状态与现场实测的地应力分布较为吻合，为下一节洞室分层开挖模拟提供了准确的初始应力条件。

9.4.3.2　围岩位移

为反映厂房开挖过程中的围岩变形趋势，图 9.4.8 分别展示了右厂 0-055m 断面各层开挖期间的围岩位移分布情况。由图可知，在副厂房顶拱开挖期间（Ⅰ层），两侧拱肩在开挖卸荷作用下发生变形，同时受缓倾向下游侧的层间错动带 C_4 影响，上下游拱肩的变形呈不对称分布，下游侧拱肩的围岩变形范围与最大变形值均大于上游侧拱肩。在副厂房 Ⅱ ~ Ⅲ 层开挖期间，受强烈的卸荷扰动作用影响，厂房的每一层下挖都会造成围岩变形的大幅增长。在副厂房 Ⅳ ~ Ⅴ 层开挖阶段，可注意到围岩变形最大值从厂房 Ⅳ 层开挖结束时的 100mm 突增至 Ⅴ 层开挖结束时的 140mm，且发生变形突增的岩体主要集中分布于顶拱与层间错动带 C_4 之间，表明软弱错动带对围岩变形具有控制性作用。

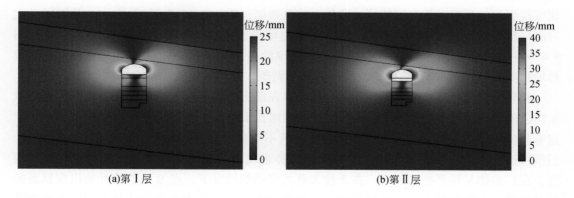

(a)第Ⅰ层　　　　　　　　　　　　　(b)第Ⅱ层

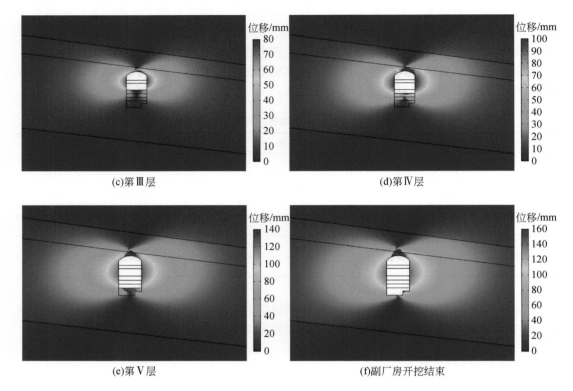

图 9.4.8　厂房各层开挖期间右厂 0-055m 断面位移分布图

　　将计算获得的右厂 0-055m 断面下游边墙高程 605m 处 1.5m 深度（记为点 A）以及下游拱肩高程 622m 处 1.5m 深度（记为点 B）的围岩位移时间曲线绘制于图 9.4.9，同时与下游边墙高程 605m 处 1.5m 深度（点 A）的实测位移时序过程线进行对比。从图 9.4.9 可看出，在厂房Ⅲ层开挖之前，由于监测点离开挖面较近，受强烈的卸荷扰动作用影响，位移监测曲线呈类似台阶状增长。在Ⅲ层至Ⅴ层开挖期间，围岩变形不仅在开挖过程中保持增长趋势，而且在开挖间歇或停工支护期间仍具有一定的增长速率，岩体表现出由自身流变性引起的显著时效变形特征。此外，监测数据表明，在 2017 年 10 月~11 月期间（此时副厂房开挖已结束），0-055m 断面下游边墙高程 605m 处的围岩变形发生突增（图 9.4.9 中 A 点的实测曲线），平均变形增长速率约 0.3~0.6mm/d，并在短短三四个月间位移增加约 60mm，同时伴有喷护混凝土开裂、剥落、掉块等现象。

　　相较于监测数据在 2017 年 10~11 月期间表现出的明显时效变形特征，相同位置的点 A 在数值模拟过程中的位移增长趋势呈现缓慢增长型特征，即围岩位移在开挖期间以一定速率随时间缓慢增长，变形监测曲线的台阶状不明显，这与实际监测数据存在一定差异。但值得注意的是，下游拱肩处点 B 的变形趋势表现为典型的短时间陡增型特征。具体而言，在厂房第Ⅴ层开挖结束后，在无较大开挖扰动的情况下，点 B 的位移开始出现显著的增长趋势，在短短数个月内位移从 90mm 增至 160mm，这与多点变位计观测到的下游边墙处的围岩变形突增现象极为相似。同时应注意，在实际工程中，由于不同部位岩体的力学性质受节理裂隙影响具有一定离散性，因此发生变形突增的位置与数值计算结果略有区别，但实测数据与模拟得到的位移曲线均具有相似的变形趋势与变形量值，表明所提出的黏塑性边界面损伤本构模型能较好反映厂房小桩号洞段的变形突增现象。

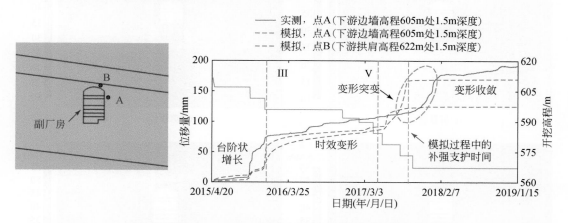

图9.4.9　右厂0-055m下游侧计算位移曲线与实测结果对比

通过对围岩局部变形增长较快的部位进行了针对性的加强支护，小桩号洞段的围岩变形已逐渐趋于收敛，如图9.4.9所示。

9.4.3.3　围岩第一主应力

图9.4.10为右厂0-055m断面各层开挖期间的围岩第一主应力分布云图。由图可知，厂房Ⅰ～Ⅱ层开挖后的最大压应力集中区域主要位于顶拱与两侧边墙底部，最大应力量级为35～40MPa。此外，受缓倾向下游侧的层间错动带C_4影响，顶拱与C_4之间的岩体应力集中程度较高，而C_4之外的岩体应力相对较低，即层间错动带表现出了对应力的"阻隔"作用。在厂房Ⅲ～Ⅴ层开挖阶段，顶拱与两侧边墙底部的应力集中区域持续扩大，应力量级不断提高。随着厂房不断下挖，围岩应力进一步调整，卸荷影响区逐步加深。

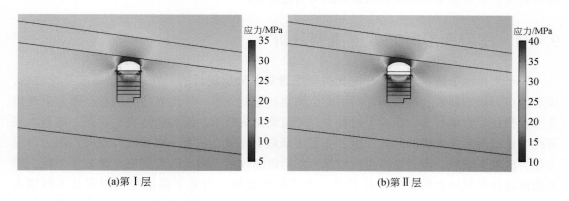

(a)第Ⅰ层　　　　　　　　　　　　　　　(b)第Ⅱ层

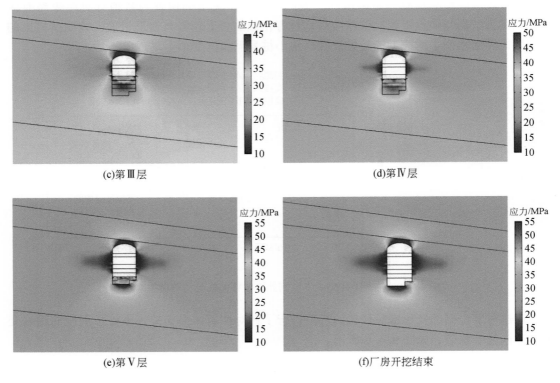

图 9.4.10　厂房各层开挖期间右厂 0−055m 断面第一主应力分布图

可以看出，在层间错动带 C_4 的影响下，下游拱肩处在厂房第 Ⅴ 层开挖结束时压应力量值较高。应力集中区内压应力值已达到或超过玄武岩的损伤强度，岩体中的裂纹发生不稳定扩展，岩体出现显著的损伤和急剧扩容，从而表现为变形突增。综上所述，由于右岸地下厂房区域的初始地应力量级较左岸更大，同时在软弱错动带的影响下局部应力集中加剧，因此围岩变形表现出了比左岸更为显著的时效性特征。

9.4.4　围岩变形时间效应机制分析

对于大型地下洞室来说，开挖支护程序通常是分层进行的。在每一层爆破开挖之后，围岩内应力瞬态释放，应力因卸荷而发生调整与重新分布，伴随着应力调整，围岩表现出变形及损伤等力学行为。在这个过程中，如监测曲线所示，围岩变形发生阶跃。随着本层开挖中止以及系统支护的起效，围岩变形逐渐趋于收敛。在下一层爆破开挖时，围岩内应力场再次发生调整，围岩变形再次增加，然后逐渐收敛。因此随着洞室不断分层下挖，围岩变形总体呈现出台阶状的增长趋势。由于变形监测点与掌子面的竖直距离是不断增大的，因此随着距离的增加，厂房下部开挖对监测点的扰动影响逐渐减弱，变形阶跃增长的特征逐渐变得不明显，变形曲线变得平滑并趋于收敛。这是当变形无时间效应时，地下洞室围岩变形演化的一般规律，也是左岸洞室群典型的围岩变形演化趋势。

但在开挖卸荷及应力调整过程中，不同的应力重分布特性以及不同围岩受力状态，导致围岩变形呈现出与上述规律不同的演化特性，表现出时间效应。

首先是在洞室开挖后围岩应力集中区域，如洞室的顶拱、拱肩部位，围岩承受量值较高的压应力，当压应力超过岩体的损伤强度时，围岩内部裂纹发生不稳定扩展，围岩损伤加剧，外在表现为显著的扩容、大变形。在这种情况下，尤其是当支护力度不足时，围岩变形会呈现出快速增长，如不及时采取加固措施，变形将持续增长不收敛。伴随着变形增长，围岩内部也会出现开裂，开挖损伤区（EDZ）范围也会随变形增长发生扩展。这是长时间陡增型围岩时效变形的形成机制。右岸厂房小桩号洞段围岩在开挖过程中经历了集中-卸荷的应力路径，围岩已出现显著的损伤和力学性质劣化，最终在高二次应力作用下发生时效大变形。

同样是在应力集中区内，若浅层围岩承受量值较高的切向应力，围岩受压发生劈裂，并在切应力持续作用下向临空面弯折、鼓出。在这个过程中，围岩变形先是缓慢增加，在围岩外鼓至一定程度发生折断之后，变形快速增长，从而表现为短时间陡增型时效变形。这种变形模式往往伴随着浅层岩体的破裂崩解，以及喷护混凝土鼓胀开裂、锚索失效。局部锚索失效导致锚固力丧失，致使围岩变形在后续阶段呈现缓慢增长。

对于缓慢增长型时效变形，其机制与上述两种不同，应力集中并非是其必要条件，开挖卸荷导致的围岩损伤是其主要内因。伴随着洞室开挖后应力调整，洞周围岩径向应力卸载，切向应力增加，在较大应力差作用下围岩内部微裂纹扩展贯通，围岩出现损伤，在洞周一定范围内形成 EDZ。并且随着长时间开挖及多次应力调整，围岩损伤会由浅入深渐进扩展，导致 EDZ 范围扩大。当围岩内损伤累积至一定程度时，围岩变形会呈现恒定速率的缓慢增长，即使是在非开挖阶段，变形也会持续增加不收敛，直至补充支护措施提供足够锚固力或洞室开挖扰动结束，变形才会趋于稳定。右岸地下洞室群初始地应力量值高，洞室开挖后的强烈卸荷导致围岩损伤松弛较为显著，因此出现相比左岸洞室群更为普遍的时效变形现象。

在缓慢增长型时效变形中，岩体结构面有时也会发挥一定作用。在局部节理裂隙较为发育部位，岩体完整性较差，洞室开挖后更容易出现这种时效变形，而且在一些地质构造、软弱结构面出露部位，岩体性质较为软弱，也会出现这种变形模式。

需要说明的是，大型地下洞室群的开挖及应力调整本身具有时间及空间效应。洞室开挖需要一个过程，同时应力调整也并非瞬态完成，而是需要一定时间。在应力调整过程中，围岩表现出变形、损伤、破坏等一系列力学行为，而随着围岩损伤的发展、力学性质的劣化，应力进一步向更为完整的岩体处扩展转移，以及在系统支护措施的作用下，围岩-支护联合体不断动态调整最终达到平衡状态。这是洞室每层爆破开挖引起的响应过程，在此过程中发生的围岩变形并非时效变形，而是由应力调整的时空渐进性导致的。

通过对左右两岸洞室群围岩时效变形特征及机制进行对比分析，得出以下结论：

（1）左岸地下洞室群的围岩变形基本无时间效应，变形监测曲线呈台阶状增长趋势。围岩变形随时间演化规律主要源于开挖引起应力调整的时空渐进性，而在非开挖期间，围岩变形保持稳定。现场钻孔声波测试结果表明，围岩在开挖早期阶段产生 EDZ，而随着下挖的进行，EDZ 范围基本保持不变，表明围岩损伤发展的时效性较弱。

（2）右岸地下洞室群多个洞室围岩变形呈现出时间效应，并且有长时间陡增型、短时间陡增型和缓慢增长型 3 种时效变形类型。陡增型时效变形由开挖引起应力集中导致，缓慢增长型时效变形由卸荷损伤导致。声波测试结果表明，局部围岩 EDZ 范围随时间不断增大，表明围岩损伤发展具有时效性。右岸相比左岸更高的初始地应力量值是围岩变形时间效应显著的主要原因，同时错动带出露导致局部应力集中加剧是出现陡增型时效变形的直接原因，而左岸未出现此类现象。

9.5　地下洞室群围岩长期稳定性评价

伴随洞室开挖引起的围岩变形、损伤、破坏等一系列力学响应，围岩的力学性能发生了显著弱化，承载能力降低，而在支护措施的强化作用下，围岩能否维持稳定是工程技术人员亟须解决的问题。白鹤滩水电站地下洞室群施工期间出现了多种围岩变形破坏问题，尤其是一些变形破坏随时间持续发展，洞室群长期运行稳定引发关注。本节将从数值模拟分析和监测数据分析两方面出发，对白鹤滩水电站地下洞室群的围岩稳定性进行综合评价。

9.5.1　数值分析

9.5.1.1　变形系数定义

一般认为岩石从开始产生时效变形到最后发生失稳破坏将经历 3 个典型阶段：即减速、匀速以及加速变形阶段。其中，减速到匀速阶段的特点是岩石变形速率随时间逐渐减小，直至近乎保持恒定；而加速阶段的岩石变形速率将随时间逐渐增大，并在达到一定阈值后造成岩石的宏观失稳破坏。根据上述的岩石时效变形特征，可将反映围岩稳定性的变形系数 n 定义为体积应变的二阶导数：

$$n = \frac{\partial^2 \varepsilon_v}{\partial t^2} \tag{9.5.1}$$

上式的物理意义为

（1）当变形系数 n 小于或等于 0 时，岩石的体积变形速率将逐渐减小或保持不变，表明岩石正处于减速或匀速变形阶段，因此其产生失稳破坏的概率较低，也即围岩的稳定性较好。

（2）当变形系数 n 大于 0 时，岩石的体积变形速率将逐渐增大，表明岩石正处于加速变形阶段，且变形系数 n 越大，岩石的体积变形速率增长越快，因此其产生失稳破坏的概率越高，也即围岩的稳定性越差。

可见，根据体积应变的二阶导数（即变形系数 n）来判断岩石的时效变形特征具有明确的物理意义，因此可用于对洞室围岩稳定性进行综合评价。

9.5.1.2　左岸地下洞室群稳定性分析

分别计算出左厂 0−12.7m 断面在厂房开挖结束后不同时刻的变形系数分布，如图

9.5.1 所示。可以看到,当厂房边墙开挖结束时,变形系数大于 0 的部位仅集中分布于厂房顶拱、边墙局部与底板,而厂房其余部位的围岩均能保持较好的稳定性。而当厂房开挖完成之后,随着开挖扰动的终止以及支护措施的起效,上述区域的变形系数已显著减小,变形收敛,围岩处于稳定状态。随着时间推移,变形系数大于 0 的区域逐渐消失,表明在厂房开挖完成后,潜在的失稳破坏区域已不存在。事实上,地下洞室群的围岩变形演化是一个动态协调的过程,在支护措施的作用下,岩体的应力和变形动态调整并相互影响。这种围岩变形与应力间的互馈作用不仅影响围岩的时效变形演化趋势,也最终决定厂房结构的稳定性。

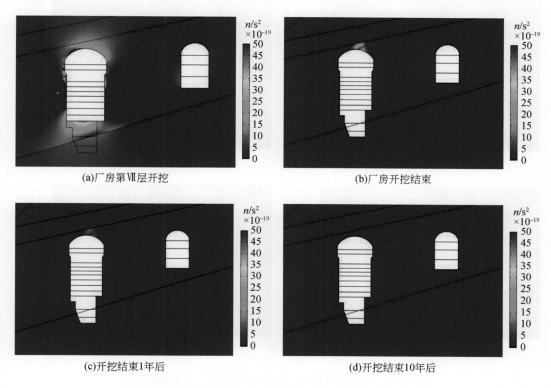

(a)厂房第Ⅶ层开挖　　　　　　　　　　(b)厂房开挖结束

(c)开挖结束1年后　　　　　　　　　　(d)开挖结束10年后

图 9.5.1　不同时刻下左厂 0-12.7m 断面围岩变形系数分布

　　对于左岸地下洞室群,虽然在开挖过程中,顶拱与层间错动带之间的岩体以及边墙局部区域处于潜在失稳状态(即围岩变形处于加速阶段),但在系统支护的作用下,以及开挖终止围岩应力调整趋于稳定,这些部位围岩变形逐渐减速,直至恢复稳定状态。在开挖结束 10 年后,洞室群周围已没有变形系数大于 0 的区域,说明洞室群能保持较好的稳定性。

9.5.1.3　右岸地下洞室群稳定性分析

　　分别计算出右厂 0-055m 断面在厂房开挖结束后不同时刻的变形系数分布,如图 9.5.2 所示。可以看到,当厂房第Ⅶ层开挖结束时厂房顶拱存在变形系数大于 0 的区域,表明此时该处围岩处于不稳定状态；而当对顶拱围岩采取预应力锚杆等针对性的补强支护措施后，该部位围岩变形速率显著降低，转变为安全状态。在厂房开挖结束后，顶拱区域的变形系数进一步减小，随着时间推移，厂房周围几乎不存在变形系数大于 0 的区域，表明潜在的变形破坏区域已消失，围岩处于稳定状态。因此，虽然厂房顶拱围岩在开挖过程中存在大变形以及失稳破坏的风险，但在补强支护之后，围岩变形得到有效抑制，围岩恢复稳定状态，并且在开挖结束 10 年后，洞室群周围已没有变形系数大于 0 的区域，说明洞室群能保持较好的稳定性。

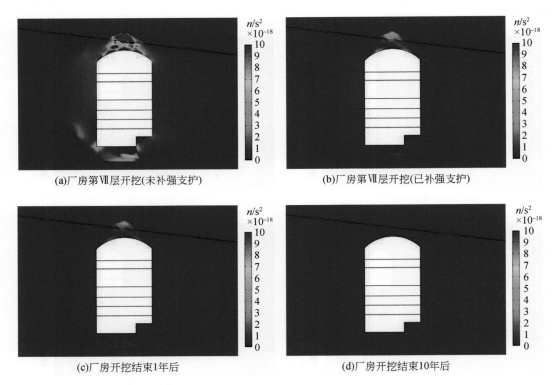

(a)厂房第Ⅶ层开挖(未补强支护)　　　　　　(b)厂房第Ⅶ层开挖(已补强支护)

(c)厂房开挖结束1年后　　　　　　　　　　(d)厂房开挖结束10年后

图 9.5.2　不同时刻下右厂 0−055m 断面围岩变形系数分布

9.5.2　监测成果分析

9.5.2.1　左岸地下洞室群

1. 主副厂房

截至 2020 年 1 月（下同），主副厂房围岩变形周变化量为−0.02～0.02mm，平均值为 0.00mm，围岩变形均收敛稳定，围岩处于稳定状态。

2. 主变洞

主变洞围岩变形周变化量为−0.01～0.01mm，平均值为 0.00mm，围岩变形均收敛稳定,围岩处于稳定状态。

3. 尾水管检修闸门室

尾水管检修闸门室围岩变形周变化量为 -0.01 ~ 0.01mm,平均值为 0.00mm,围岩变形均收敛稳定,围岩处于稳定状态。

4. 尾水调压室

$1^{\#}$ ~ $4^{\#}$ 尾水调压室围岩变形周变化量为 -0.01 ~ 0.01mm,平均值为 0.00mm,围岩变形均收敛稳定,围岩处于稳定状态。

9.5.2.2　右岸地下洞室群

1. 主副厂房

主副厂房围岩变形周变化量为 -0.02 ~ 0.02mm,平均值为 0.00mm,围岩变形均收敛稳定,围岩处于稳定状态。

2. 主变洞

主变洞围岩变形周变化量为 -0.02 ~ 0.01mm,平均值为 0.00mm,围岩变形均收敛稳定,围岩处于稳定状态。

3. 尾水管检修闸门室

尾水管检修闸门室围岩变形周变化量为 -0.01 ~ 0.01mm,平均值为 0.00mm,围岩变形均收敛稳定,围岩处于稳定状态。

4. 尾水调压室

$5^{\#}$ ~ $8^{\#}$ 尾水调压室围岩变形周变化量为 -0.01 ~ 0.01mm,平均值为 0.00mm,围岩变形均收敛稳定,围岩处于稳定状态。

9.6　本 章 小 结

本章通过监测数据分析、本构模型构建、数值分析及力学机制分析,对白鹤滩水电站地下洞室群围岩变形破坏时间效应问题进行了全面研究。

对现场多点变位计监测结果进行总结分析发现,左岸地下洞室群围岩变形基本无时间效应,变形呈台阶状增长,收敛性较好;右岸洞室群围岩变形时间效应显著,时效变形主要有长时间陡增型、短时间陡增型以及缓慢增长型 3 种类型。长时间陡增型主要发生在右岸厂房小桩号洞段,短时间陡增型主要位于 $8^{\#}$ 尾水调压室喷护混凝土开裂区域,而缓慢增长型在右岸厂房、主变洞和尾水管检修闸门室均有出现。

针对白鹤滩水电站地下洞室群围岩时效变形现象,开发了能够合理描述复杂应力条件下脆性硬岩时效变形的黏塑性边界面损伤本构模型。相较于现有的各类非连续介质(离散元模型与断裂力学模型)与连续介质(经验模型,元件模型、弹塑性模型、传统黏塑性模型)等方法,所开发的黏塑性边界面损伤模型具有计算效率高,参数标定方便,应力状态可控等特点,可应用于大型工程尺度的地下洞室群围岩时效变形数值模拟。分别对不同围压下隐晶质玄武岩的室内三轴试验与分级加载蠕变试验进行模拟，计算结果表明该模型不仅能够合理描述常规三轴压缩试验中的岩石屈服、硬化和软化等复杂力学响应以及峰值和残余强度等特征力学状态，还能有效刻画岩石减速蠕变、匀速蠕变以及加速蠕变的三阶段变形特征。

基于提出的黏塑性边界面损伤模型，建立了左右两岸洞室群典型断面的数值模型，对洞室群分层开挖过程进行了数值模拟。结果表明，左岸洞室群围岩变形呈现台阶状增长趋势，在非开挖阶段变形趋于收敛；右岸厂房下游拱肩围岩变形在厂房边墙开挖期间出现急剧增长，同时在非开挖期间，围岩变形也以低速率缓慢增长，收敛性较差。左岸洞室群围岩变形演化趋势主要源于分层开挖引起应力调整的时空渐进性，右岸洞室群由于初始地应力量值更高、开挖引起的卸荷更强，同时长大错动带出露导致局部应力集中加剧，因此围岩变形相比左岸的时效性更为显著。

对地下洞室群开挖期间及长期运行阶段围岩变形系数进行数值计算，结果表明，随着厂房开挖完成并且在支护措施的作用下，左岸洞室群围岩潜在失稳区域随时间逐渐减小最终消失，表明围岩在厂房运行期间能够保持较好的长期稳定性。而右岸洞室群虽然在开挖后期有不稳定区域集中分布于厂房顶拱与层间错动带之间，但在对不稳定区域采取针对性补强加固措施后，围岩也能保持较好的长期稳定性。同时现场变形监测成果显示，在开挖完成之后，左右两岸洞室群围岩变形均收敛稳定。综合数值分析及监测数据分析结果认为，白鹤滩水电站地下洞室群围岩处于安全稳定状态。

参 考 文 献

白世伟, 李光煌. 1982. 某水电站坝区岩体应力场研究 [J]. 岩石力学与工程学报, 1 (1): 255-285.

陈国庆, 冯夏庭, 江权, 等. 2010. 考虑岩体劣化的大型地下厂房围岩变形动态监测预警方法研究 [J]. 岩土力学, 31 (9): 3012-3018.

陈海军. 2005. 巨型地下洞室群围岩稳定性数值分析 [D]. 同济大学.

程丽娟, 李仲奎, 郭凯. 2010. 锦屏一级水电站地下厂房洞室群围岩时效变形研究 [J]. 岩石力学与工程学报, (S1): 3081-3088.

程丽娟, 侯攀, 李治国. 2014. 尾水调压室围岩变形原因分析及加固措施研究 [J]. 人民长江, 45 (8): 55-59.

邓建辉, 李焯芬, 葛修润. 2001. BP 网络和遗传算法在岩石边坡位移反分析中的应用 [J]. 岩石力学与工程学报, 20 (1): 1-5.

邓玉华. 2015. 基于水力压裂的深部三维地应力测量及增透机理研究 [D]. 重庆大学硕士学位论文.

董家兴, 徐光黎, 李志鹏, 等. 2014. 高地应力条件下大型地下洞室群围岩失稳模式分类及调控对策 [J]. 岩石力学与工程学报, 33 (11): 2161-2170.

董志宏, 邬爱清, 丁秀丽. 2004. 基于数值流形元方法的地下洞室稳定性分析 [J]. 岩石力学与工程学报, (S2): 4956-4959.

端木杰超. 2014. 深切河谷地应力场分析研究 [D]. 长江科学院硕士学位论文.

冯夏庭, 江权, 向天兵, 等. 2011. 大型洞室群智能动态设计方法及其实践 [J]. 岩石力学与工程学报, 30 (3): 433-448.

葛修润, 侯明勋. 2011. 三维地应力 BWSRM 测量新方法及其测井机器人在重大工程中的应用 [J]. 岩石力学与工程学报, 30 (11): 2161-2180.

郭怀志, 马启超, 薛玺成, 等. 1983. 岩体初始应力场的分析方法 [J]. 岩土工程学报, 5 (3): 64-75.

郭运华, 朱维申, 李新平, 等. 2014. 基于 FLAC^{3D} 改进的初始地应力场回归方法 [J]. 岩土工程学报, 36 (5): 892-898.

何健. 2017. 西南地区地应力特征及工程区域地应力反演研究 [D]. 重庆大学硕士学位论文.

侯俊领. 2014. 煤矿深井地应力场反演及应用研究 [D]. 安徽理工大学博士学位论文.

胡斌, 冯夏庭, 黄小华, 等. 2005. 龙滩水电站左岸高边坡区初始地应力场反演回归分析 [J]. 岩石力学与工程学报, 22: 4055-4064.

胡炜, 段汝健, 杨兴国, 等. 2013. 高地应力条件下大型地下洞室群施工期围岩稳定特征 [J]. 四川大学学报: 工程科学版, 45 (S1): 24-30.

胡勇. 2016. 桑日-加查河谷段地应力场特征及隧道岩爆预测分析 [D]. 成都理工大学硕士学位论文.

胡中华. 2018. 开挖卸荷作用下大型地下洞室群围岩稳定性研究 [D]. 四川大学.

黄家然. 1986. 地下洞室工程的原型观测及其测试成果的反馈 [J]. 电网与清洁能源, 2: 26-34.

黄润秋, 黄达, 段绍辉, 等. 2011. 锦屏Ⅰ级水电站地下厂房施工期围岩变形开裂特征及地质力学机制研究 [J]. 岩石力学与工程学报, 30 (1): 23-35.

黄书岭. 2008. 高应力下脆性岩石的力学模型与工程应用研究 [D]. 中国科学院武汉岩土力学研究所博士学位论文.

蒋雄, 徐奴文, 周钟, 等. 2019. 两河口水电站母线洞开挖过程围岩破坏机制 [J]. 岩土力学, 40 (1): 305-314.

巨能攀. 2005. 大跨度高边墙地下洞室群围岩稳定性评价及支护方案的系统工程地质研究 [D]. 成都理工大学.

李桂林, 吴思浩. 2011. 大岗山地下厂房施工期阶段性安全监测及分析 [J]. 人民长江, 42 (14): 59-63.

李志鹏, 徐光黎, 董家兴, 等. 2014. 猴子岩水电站地下厂房洞室群施工期围岩变形与破坏特征 [J]. 岩石力学与工程学报, (11): 2291-2300.

李志鹏, 徐光黎, 董家兴, 等. 2017. 高地应力下地下厂房围岩破坏特征及地质力学机制 [J]. 中南大学学报 (自然科学版), 48 (6): 1568-1576.

李仲奎, 周钟, 汤雪峰, 等. 2009. 锦屏一级水电站地下厂房洞室群稳定性分析与思考 [J]. 岩石力学与工程学报, 28 (11): 2167-2175.

刘会波, 肖明, 陈俊涛. 2011. 岩体地下工程局部围岩失稳的能量耗散突变判据 [J]. 武汉大学学报 (工学版), 44 (2): 202-206.

刘会波, 肖明, 赵辰, 等. 2013. 复杂地应力环境大型地下洞室围岩时效变形机制及力学模拟 [J]. 岩石力学与工程学报, 32 (S2): 3565-3574.

刘健. 2018. 超大型地下洞室围岩变形特性及监控模型研究 [D]. 中国水利水电科学研究院硕士学位论文.

刘健, 朱赵辉, 蔡浩, 等. 2018. 超大型地下洞室拱圈围岩变形、破坏特性研究 [J]. 岩土工程学报, 40 (7): 1257-1267.

刘建友, 伍法权, 赵振华, 等. 2010. 锦屏一级水电站地下厂房下游拱腰喷层裂缝成因分析 [J]. 岩石力学与工程学报, 29 (S2): 3777-3784.

刘宇博. 2020. 双江口水电站坝址区初始地应力场反演分析 [D]. 中国地质大学 (北京).

刘允芳. 1998. 水压致裂法地应力测量的校核和修正 [J]. 岩石力学与工程学报, 17 (3): 297-304.

刘允芳, 罗超文, 景锋. 1999. 水压致裂法三维地应力测量及其修正和工程应用 [J]. 岩土工程学报, 21 (4): 465-470.

卢波, 王继敏, 丁秀丽, 等. 2010. 锦屏一级水电站地下厂房围岩开裂变形机制研究 [J]. 岩石力学与工程学报, 29 (12): 2429-2441.

卢波, 丁秀丽, 邬爱清, 等. 2012. 高应力硬岩地区岩体结构对地下洞室围岩稳定的控制效应研究 [J]. 岩石力学与工程学报, 31 (S2): 3831-3846.

陆晓敏, 任青文. 2001. 基于有限元与块体元法的地下洞室变形及稳定分析 [J]. 工程力学, 18 (4): 60-66.

孟楠楠. 2015. 地应力测量方法及研究 [D]. 内蒙古科技大学硕士学位论文.

彭加寿. 1998. 二滩水电站地下工程岩爆及其防护 [J]. 水力发电, 7: 39-40.

彭琦, 王俤剀, 邓建辉, 等. 2007. 地下厂房围岩变形特征分析 [J]. 岩石力学与工程学报, 26 (12): 2583-2587.

戚蓝, 崔溦, 熊开智, 等. 2002. 灰色理论在地应力场分析中的应用 [J]. 岩石力学与工程学报, 21 (10): 1547-1550.

钱波, 徐奴文, 肖培伟, 等. 2019. 双江口水电站地下厂房顶拱开挖围岩损伤分析及变形预警研究 [J]. 岩石力学与工程学报, 38 (12): 2512-2524.

苏国韶, 冯夏庭, 江权, 等. 2006. 高地应力下地下工程稳定性分析与优化的局部能量释放率新指标研究 [J]. 岩石力学与工程学报, 25 (12): 2453-2460.

汪雄. 2013. 兰新第二双线铁路大梁隧道地应力反演与支护参数优化研究 [D]. 西南交通大学.

王继敏. 2018. 锦屏二级水电站深埋引水隧洞群岩爆综合防治技术研究与实践 [M]. 北京：中国水利水电出版社.

王金安, 李飞. 2015. 复杂地应力场反演优化算法及研究新进展 [J]. 中国矿业大学学报, 44 (2): 189-205.

王猛, 石安池, 周家文, 等. 2021. 高地应力大型地下洞群围岩变形破坏响应特征分析 [J]. 工程地质学报, 29 (S1): 18-27.

王祥秋, 杨林德, 高文华. 2004. 软弱围岩蠕变损伤机理及合理支护时间的反演分析 [J]. 岩石力学与工程学报, 23 (5): 793-796.

魏进兵, 邓建辉, 王俤剀, 等. 2010. 锦屏一级水电站地下厂房围岩变形与破坏特征分析 [J]. 岩石力学与工程学报, 29 (6): 1198-1205.

向天兵, 冯夏庭, 江权, 等. 2011. 大型洞室群围岩破坏模式的动态识别与调控 [J]. 岩石力学与工程学报, 30 (5): 871-883.

谢红强, 何江达, 肖明砾. 2009. 大型水电站厂区三维地应力场回归反演分析 [J]. 岩土力学, 30 (8): 2471-2476.

严鸿川, 石安池, 谢红强, 等. 2021. 大型地下厂房洞室群围岩参数反演与稳定性研究 [J]. 工程地质学报, 29 (S1): 53-60.

杨静熙, 刘忠绪, 黄书岭. 2016. 高地应力条件下锦屏一级主厂房围岩松弛深度形成规律和支护时机研究 [J]. 工程地质学报, 24 (5): 775-787.

杨云浩, 王仁坤, 邢万波, 等. 2015. 猴子岩水电站洞群硬脆性围岩变形破坏特征的3DEC分析 [J]. 岩石力学与工程学报, 34 (S2): 4178-4186.

易达, 徐明毅, 陈胜宏, 等. 2004. 人工神经网络在岩体初始应力场反演中的应用 [J]. 岩土力学, 25 (6): 943-946.

尹菲. 1990. 声发射测地应力在黄河小浪底等坝址区的应用 [J]. 人民黄河, 6: 47-50.

岳晓蕾. 2006. 大岗山地应力反演与工程应用研究 [D]. 山东大学硕士学位论文.

张伯虎, 邓建辉, 高明忠, 等. 2012. 基于微震监测的水电站地下厂房安全性评价研究 [J]. 岩石力学与工程学报, 31 (5): 937-944.

张春生, 侯靖, 徐建荣, 陈建林, 等. 2019. 白鹤滩水电站巨型地下洞室群围岩稳定分析与设计方法 [M]. 北京：中国水利水电出版社.

张頔, 李邵军, 徐鼎平, 等. 2021. 双江口水电站主厂房开挖初期围岩变形破裂与稳定性分析研究 [J]. 岩石力学与工程学报, 40 (3): 520-532.

张勇, 肖平西, 丁秀丽, 等. 2012. 高地应力条件下地下厂房洞室群围岩的变形破坏特征及对策研究 [J]. 岩石力学与工程学报, 31 (2): 228-244.

郑颖人, 孔亮. 2010. 岩土弹塑性力学 [M]. 北京：中国建筑工业出版社.

周家文, 李海波, 杨兴国, 等. 2019. 水电工程大型地下洞群变形破坏与动态响应 [M]. 北京：科学出版社.

周小平, 王建华. 2002. 测量地应力的新方法 [J]. 岩土力学, 23 (3): 316-320.

朱大勇, 钱七虎, 周早生, 等. 1999. 复杂形状洞室映射函数的新解法 [J]. 岩石力学与工程学报, 18 (3): 279-282.

朱维申, 孙爱花, 王文涛, 等. 2007. 大型洞室群高边墙位移预测和围岩稳定性判别方法 [J]. 岩石力学与工程学报, 26 (9): 1729-1736.

Anderson O L, Grew P C. 1977. Stress corrosion theory of crack propagation with applications to geophysics [J].

Reviews of Geophysics, 15 (1): 77-104.

Atkinson B K. 1982. Subcritical crack propagation in rocks: theory, experimental results and applications [J]. Journal of Structural Geology, 4 (1): 41-56.

Atkinson, Kean B. 1984. Subcritical crack growth in geological materials [J]. Journal of Geophysical Research Atmospheres, 89 (B6): 4077-4114.

Aubertin M, Li L, Simon R. 2000. A multiaxial stress criterion for short- and long-term strength of isotropic rock media [J]. International Journal of Rock Mechanics and Mining Sciences, 37 (8): 1169-1193.

Brantut N A, Heap M J, Meredith P G, et al. 2013. Time-dependent cracking and brittle creep in crustal rocks: a review [J]. Journal of Structural Geology, 52 (5): 17-43.

Charles R J. 1958. Static fatigue of glass. I [J]. Journal of Applied Physics, 29 (11): 1549-1553.

Debernardi D, Barla G. 2009. New viscoplastic model for design analysis of tunnels in squeezing conditions [J]. Rock Mechanics and Rock Engineering, 42 (2): 259-288.

Duan S Q, Feng X T, Jiang Q, et al. 2017. In situ observation of failure mechanisms controlled by rock masses with weak interlayer zones in large underground cavern excavations under high geostress [J]. Rock Mechanics and Rock Engineering, 50 (9): 2465-2493.

Feng X T, Pei S F, Jiang Q, et al. 2017. Deep fracturing of the hard rock surrounding a large underground cavern subjected to high geostress: In situ observation and mechanism analysis [J]. Rock Mechanics and Rock Engineering, 50: 2155-2175.

Hatzor Y H, Feng X T, Li S J, et al. 2015. Tunnel reinforcement in columnar jointed basalts: the role of rock mass anisotropy [J]. Tunnelling and Underground Space Technology, 46: 1-11.

Hoek E, Brown E T. 1980. Empirical strength criterion for rock masses [J]. Journal of the Geotechnical Engineering Division, 106 (9): 1013-1035.

Hoek E, Wood D, Shah S. 1992. A modified Hoek – Brown failure criterion for jointed rock masses [C] //Rock Characterization: ISRM Symposium, Eurock'92, Chester, UK, 14- 17 September 1992. Thomas Telford Publishing, 209-214.

Kemeny J. 2003. The time- dependent reduction of sliding cohesion due to rock bridges along discontinuities: a fracture mechanics approach [J]. Rock Mechanics and Rock Engineering, 36 (1): 27-38.

Lemaitre J, Plumtree A. 1979. Application of damage concepts to predict creep-fatigue failures [J]. Journal of Engineering Materials and Technology, 101 (3): 284-292.

Li F, Zhang Q Y, Xiang W, et al. 2022. Failure mechanism and numerical simulation of splitting failure for deep high sidewall cavern under high stress [J]. Geotechnical and Geological Engineering, 40: 175-193.

Li H B, Yang X G, Zhang X B, et al. 2017. Deformation and failure analyses of large underground caverns during construction of the Houziyan Hydropower Station, Southwest China [J]. Engineering Failure Analysis, 80: 164-185.

Li Z Q, Xue Y G, Li S C, et al. 2020. Rock burst risk assessment in deep-buried underground caverns: a novel analysis method [J]. Arabian Journal of Geosciences, 13, 388.

Liingaard M, Augustesen A, Lade P V. 2004. Characterization of models for time-dependent behavior of soils [J]. International Journal of Geomechanics, 4 (3): 157-177.

Ma K, Zhang J H, Zhou Z, et al. 2020. Comprehensive analysis of the surrounding rock mass stability in the underground caverns of Jinping I hydropower station in Southwest China [J]. Tunnelling and Underground Space Technology, 104 (2): 103525.

Meredith P G, Atkinson B K. 1985. Fracture toughness and subcritical crack growth during high- temperature tensile deformation of Westerly granite and Black gabbro [J]. Physics of the Earth and Planetary Interiors, 39 (1): 33-51.

Miura K, Okui Y, Horii H. 2003. Micromechanics-based prediction of creep failure of hard rock for long-term safety of high-level radioactive waste disposal system [J]. Mechanics of Materials, 35 (3-6): 587-601.

Perzyna P. 1963. The constitutive equations for rate sensitive plastic materials [J]. Quarterly of applied mathematics, 20 (4): 321-332.

Perzyna P. 1966. Fundamental problems in viscoplasticity [M] //Advances in applied mechanics. Elsevier, 9: 243-377.

Potyondy D O. 2007. Simulating stress corrosion with a bonded-particle model for rock [J]. International Journal of Rock Mechanics and Mining Sciences, 44 (5): 677-691.

Read R S. 2004. 20 years of excavation response studies at AECL's Underground Research Laboratory [J]. International Journal of Rock Mechanics and Mining Sciences, 41 (8): 1251-1275.

Shahbodagh B, Mac T N, Esgandani G A, et al. 2020. A bounding surface viscoplasticity model for time-dependent behavior of soils including primary and tertiary creep [J]. International Journal of Geomechanics, 20 (9): 04020143.

Shao J F, Zhu Q Z, Su K. 2003. Modeling of creep in rock materials in terms of material degradation [J]. Computers and Geotechnics, 30 (7): 549-555.

Shi A C, Li C J, Hong W B, et al. 2022. Comparative analysis of deformation and failure mechanisms of underground powerhouses on the left and right banks of Baihetan hydropower station [J]. Journal of Rock Mechanics and Geotechnical Engineering, 14 (3): 731-745.

Shi Z, Hambleton J P, Buscarnera G. 2019. Bounding surface elasto-viscoplasticity: A general constitutive framework for rate-dependent geomaterials [J]. Journal of Engineering Mechanics, 145 (3): 04019002.

Tao J, Shi A C, Li H T, et al. 2021. Thermal-mechanical modelling of rock response and damage evolution during excavation in prestressed geothermal deposits [J]. International Journal of Rock Mechanics and Mining Sciences, 147, 104913.

Voyiadjis G Z, Abu-Lebdeh T M. 1994. Plasticity model for concrete using the bounding surface concept [J]. International Journal of Plasticity, 10 (1): 1-21.

Wang M, Shi A C, Li H B, et al. 2022. Deformation and failure mechanism analyses for the surrounding rock mass in a large cylindrical tailrace surge chamber [J]. Arabian Journal of Geosciences, 15, 400.

Xiao Y X, Feng X T, Feng G L, et al. 2016. Mechanism of evolution of stress-structure controlled collapse of surrounding rock in caverns: A case study from the Baihetan hydropower station in China [J]. Tunnelling and Underground Space Technology, 51: 56-67.

Xu T, Zhou G L, Heap M J, et al. 2017. The influence of temperature on time-dependent deformation and failure in granite: a mesoscale modeling approach [J]. Rock Mechanics and Rock Engineering, 50 (9): 2345-2364.

Xu T, Zhou G, Heap M J, et al. 2018. The modeling of time-dependent deformation and fracturing of brittle rocks under varying confining and pore pressures [J]. Rock Mechanics and Rock Engineering, 51: 3241-3263.

Yuan F, Shi A C, Zhou J W, et al. 2021. Deformation and failure analyses of the surrounding rock mass with an interlayer shear zone in the Baihetan underground powerhouse [J]. Advances in Civil Engineering, 2988998.

Zhang C Q, Zhou H, Feng X T. 2011. An index for estimating the stability of brittle surrounding rock mass: FAI and its engineering application [J]. Rock Mechanics and Rock Engineering, 44 (4): 401-414.

Zhao J S, Feng X T, Jiang Q, et al. 2018. Microseismicity monitoring and failure mechanism analysis of rock masses with weak interlayer zone in underground intersecting chambers: a case study from the Baihetan Hydropower Station, China [J]. Engineering Geology, 245: 44-60.

Zhao Y, Wang Y, Wang W, et al. 2017. Modeling of non-linear rheological behavior of hard rock using triaxial rheological experiment [J]. International Journal of Rock Mechanics and Mining Sciences, 93: 66-75.